普通高等教育"十三五"规划教材

汽车异响的故障诊断与维修

李三雁　主　编
张　鲁　副主编
谢　驰　主　审

中国石化出版社

内容提要

木书系统介绍了汽车发动机、离合器、变速箱、驱动桥、底盘、转向系统、差速器、制动系统、电气系统、车架和车桥以及混动/电动汽车部分的基本知识，同时将各个部分出现异响的种类与故障之间的关系作为重点突出部分，着重介绍了通过汽车异响迅速判断故障类型的方法并进行维修的步骤及要点。

本书可作为高等院校的汽车检测与维修、汽车运用技术等相关专业教材，也可用作汽车故障诊断与维修技术培训教材，还可供从事汽车维修工作的技术人员参考。

图书在版编目（CIP）数据

汽车异响的故障诊断与维修/李三雁主编．—北京：
中国石化出版社，2017.2（2025.2 重印）
普通高等教育"十三五"规划教材
ISBN 978-7-5114-3537-8

Ⅰ.①汽… Ⅱ.①李… Ⅲ.①汽车－故障诊断－高等学校－教材 ②汽车－车辆修理－高等学校－教材
Ⅳ.①U472.4

中国版本图书馆 CIP 数据核字（2017）第 028663 号

中国石化出版社出版发行

地址：北京市东城区安定门外大街 58 号
邮编：100011 电话：(010) 57512500
发行部电话：(010) 57512575
http：//www.sinopec-press.com
E-mail：press@sinopec.com
北京鑫益晖印刷有限公司印刷
全国各地新华书店经销

*

787 毫米 ×1092 毫米 16 开本 13.75 印张 293 千字
2017 年 2 月第 1 版 2025 年 2 月第 2 次印刷
定价：35.00 元

前　　言

随着我国经济的高速发展，人们生活得到极大改善，汽车正以前所未有的势态进入到人民生活的各个环节。目前中国汽车的保有量已居世界的前列，汽车拥有量为世人瞩目。同时这就给汽车服务行业与汽车维修行业提出了一个很关键的问题，就是如何用最快的速度维修与服务，使汽车在良好状态下运行工作。要保证汽车良好运行工作，就必须提高快速、高效维修服务的能力，首要的问题是能快速、正确的诊断故障，了解故障部位所在，这是排除故障的关键环节。本书的基本思路就是利用汽车各部件的异响声快速判断汽车各零部件故障，通过分析、诊断、推理，达到快速解决、排除汽车故障的目的，从而保证汽车安全运行。

本书系统介绍了汽车发动机、离合器、变速箱、驱动桥、底盘、转向系统、差速器、制动系统、电气系统、车架和车桥以及混动/电动汽车部分的基本知识，同时将各个部分出现异响的种类与故障之间的关系作为重点突出部分，着重介绍了通过汽车异响迅速判断故障类型的方法并进行维修的步骤及要点。本书可作为高等院校的汽车检测与维修、汽车运用技术等相关专业教材，也可用做汽车故障诊断与维修技术培训教材，还可供从事汽车维修工作的技术人员参考。

本教材由四川大学锦城学院机械工程学院李三雁主编，张鲁副主编，谢驰主审。其余参写编写的人员还有邓勇、黄晖、赵汝和、黄兰、秦琴、代春香、郭丽红、方秀梅、周思河等。

由于作者水平有限，书中不妥和错误之处在所难免，恳请同行和读者批评指正。

目　录

第一章　汽车发动机故障诊断与检修 …………………………………………（1）
第一节　根据发动机出现异响声判断故障原因……………………………（1）
第二节　发动机烧润滑油…………………………………………………（5）
第三节　发动机温升过高…………………………………………………（10）
第四节　缸内积炭…………………………………………………………（15）
第五节　发动机油耗增加…………………………………………………（18）
第六节　怠速不稳…………………………………………………………（20）
第七节　发动机发抖………………………………………………………（27）
附录……………………………………………………………………………（36）
第二章　摩擦式离合器工作原理与异响诊断 ………………………………（43）
第一节　摩擦式离合器的工作原理………………………………………（43）
第二节　摩擦式离合器的异响……………………………………………（47）
第三章　自动变速箱工作原理与异响诊断 …………………………………（53）
第一节　自动变速箱及其工作原理………………………………………（53）
第二节　自动变速器的异响故障及诊断维修……………………………（57）
第三节　典型自动变速器异响案例………………………………………（63）
第四章　离合器故障诊断与检修……………………………………………（66）
第一节　离合器的概述……………………………………………………（66）
第二节　摩擦式离合器的构造实例………………………………………（75）
第三节　离合器主要的故障类型和检修…………………………………（79）
第四节　离合器的故障实例………………………………………………（83）
第五节　离合器的使用和维护……………………………………………（88）
第五章　驱动桥的异响诊断 …………………………………………………（90）
第一节　行驶装置常见故障响声与故障判断……………………………（90）
第二节　汽车万向节传动装置异响声判断故障与排除…………………（92）

第六章　底盘故障排查方法与技巧 ……………………………………（94）
第七章　汽车转向系统的检测与故障诊断 ……………………………（108）
第一节　概述…………………………………………………………………（108）
第二节　转向系故障诊断……………………………………………………（109）
第三节　转向系维修…………………………………………………………（117）
附录……………………………………………………………………………（121）
第八章　差速器概述与异响诊断…………………………………………（126）
第九章　汽车制动系统概述与故障诊断 ………………………………（134）
第十章　汽车电器系统的系统故障和维修 ……………………………（142）
第一节　汽车电器系统的组成………………………………………………（142）
第二节　蓄电池故障判断与检修……………………………………………（144）
第三节　启动机故障判断及检修……………………………………………（148）
第四节　发动机点火系统故障及检修………………………………………（150）
第五节　信号系统喇叭故障判断与检修……………………………………（152）
第六节　照明及信号系统故障………………………………………………（154）
第七节　汽车电子电路与仪表………………………………………………（155）
第十一章　车架与车桥的概述与异响诊断 ……………………………（157）
第一节　概述…………………………………………………………………（157）
第二节　车架…………………………………………………………………（158）
第三节　车桥…………………………………………………………………（161）
第四节　异响声故障诊断……………………………………………………（166）
第十二章　混动/电动汽车故障检测与维修 ……………………………（173）
案例一：本田思域混合动力汽车的原理与故障诊断………………………（173）
案例二：比亚迪 F3DM 混合动力电动汽车加速失灵故障排除……………（186）
案例三：普锐斯混合动力汽车起步、行驶窜动的故障排除………………（192）
案例四：纯电动汽车启动困难的故障排除…………………………………（195）
案例五：纯电动汽车行驶无力、电机发热的故障排除……………………（202）
案例六：奇瑞 MlEV 故障诊断 ……………………………………………（209）

第一章　汽车发动机故障诊断与检修

第一节　根据发动机出现异响声判断故障原因

汽车发动机一旦出现异响声，就说明发动机已经出现故障，就必须进行诊断、检查、排除并进行维修。

一、故障现象、原因及检查步骤

(一)故障现象

发动机在运行过程中，发出不同敲击声、撞击声、抖动声、震动声和突爆声，就应该迅速查明声响来源，判断故障类型。

(二)产生故障原因

(1)节气门调整不当，不能全开。

(2)空气滤清器堵塞。

(3)燃油压力过低。

(4)汽缸缺火。

(5)点火正时不当或高压火花弱。

(6)空气流量计或进气歧管真空度传感器、冷却液温度传感器、节气门位置传感器故障。

(7)喷油器堵塞或雾化不良。

(8)废气再循环装置工作不良。

(9)汽缸压缩压力过低或配气正时失准。

(10)排气受阻，在发动机加载时，进气歧管真空度明显偏低。

(三)故障检查的一般步骤

(1)进行故障自诊断，检查有无故障码出现。有条件的话，需用专用诊断仪读取动态数据流，或用万用表检查数据。影响动力性的传感器和执行器有：冷却液温度传感器、空气流量计或进气歧管绝对压力传感器、节气门位置传感器、点火器、喷油器等。按所显示的故障码或数据流分析故障，查找故障原因。

(2)将加速踏板踩到底，检查节气门能否全开。如不能全开，应调整节气门拉索或踏板。

(3)检查空气滤清器有无堵塞。如有堵塞，应清洁或更换。

(4)用点火正时灯检查点火正时。在热车后的怠速运转中检查点火提前角，应为10°~15°或符合原厂规定，加速时点火提前角应能自动提前至20°~30°。如怠速时点火提前角不正确，应调整初始点火提前角；如果加速时点火提前角不正确，应检查点火提前控制线路及曲轴位置传感器、点火器等。

(5)检查有无明显缺缸。可做单缸断火、断油试验。

(6)检查所有火花塞、高压线、点火线圈。如有异常，应更换。可用点火示波器观察点火波形后确认。

(7)检查燃油压力。如压力过低，应进一步检查电动燃油泵、油压调节器、燃油滤清器等。

(8)拆卸喷油器，检查喷油量是否正常。如喷油量不正常或喷油雾化不良，应清洗或更换喷油器。

(9)检测空气流量计、节气门位置传感器、曲轴位置传感器、凸轮轴位置传感器、冷却液温度传感器、氧传感器、爆燃传感器信号。

(10)检查废气再循环装置工作是否正常。

(11)检查配气相位、气门间隙是否正确。

(12)检查进气增压装置、可变配气正时及气门升程装置的工作情况。

(13)检查排气是否畅通、三元催化转化器是否堵塞。用真空表与排气背压表检查，或拆检。

(14)测量汽缸压缩压力、检查气门积炭、拆检发动机等。如汽缸压力过低、气门弹簧过软、配气凸轮磨损等都可导致动力下降。

二、故障诊断、排除的相关要点

(一)确认汽车行驶无力是否是由发动机动力不足引起的

汽车加速时提速很慢，上坡时汽车行驶更加缓慢的现象，不要一下子就归罪于发动机，要注意如果传动系打滑或行驶系“罢劲”，均会使汽车提速迟钝，易被误解为发动机动力性能不佳。为确认汽车提速迟钝是否由发动机造成，可按以下办法鉴别。

(1)在公路上把汽车车速提起来，然后突然收回加速踏板并立即将变速手柄推入空挡。如果汽车借惯性滑行距离较长，证明汽车传动及行驶部分无“罢劲”故障。如果滑行车速降速明显，则为汽车行驶“罢劲”。

(2)汽车上坡时按常规换挡后，应注意发动机转速是否与车速匹配。若车速降速明显，而发动机的转速很高，则说明传动系打滑。

(3)对带有牵引力控制系统的车辆来说，则应关闭牵引力控制系统再试车一次。如果关闭牵引力控制系统后，汽车动力充足的话，故障就出在牵引力控制系统而非发动机。例如牵引力控制系统由于传感器依然工作并产生充足的电压，所以在这时并没有出现故障码，要注意到其中所含的噪声干扰。这种汽车装备有牵引力调节装置和防抱死制动系统，而 EBCM 将噪声干扰误以为轮速的增加。这样的话，EBCM 就会始终给这个车轮施加一定的制动力，以致驾驶员抱怨这种车动力不足。另外，驾驶员信息屏会显示“Traction Active”，而你可觉察到汽车正在施加制动。

干扰信号产生的原因在于轮速传感器磁体上的定位不好，可随意上下浮动或者是屏蔽不好。

(4)大负荷时感觉发动机无力，在已知自动变速器没故障时也可做一下失速试验，看失速转速是否过低。

(二)发动机动力不足的本质原因分析

燃油发动机动力性能不佳主要由以下几个方面促成：

(1)空燃比不良或供给量不足。

(2)点火性能不良。

(3)对电控燃油喷射式发动机，电控系统失常。

(4)发动机调整或装配不当，或发动机本身机械状态不佳。

对燃油发动机，若混合气的空燃比不当，混合气过稀或过浓，均会影响发动机的动力性能。若混合气过浓，排气管必冒黑烟；若混合气过稀，则会造成燃烧缓慢，严重时会导致气管回火放炮。但若空燃比失调不太严重，则上述症状便不十分明显。可燃混合气供给量不足也不是靠直觉可以察觉的。

造成空燃比不良或混合气供给量不足的主要原因是燃油供给不足或空气供给受阻，所以应检查油路及空气滤清器。

点火性能不良主要是指高压火花弱、缺火、高速大负荷时断火、点火不正时等。

发动机调整或装配不当，或发动机本身机械状态不佳，主要是机械磨损或装配调整不正确从而致使进、排气性能不佳，汽缸压力下降等，如正时带错齿、凸轮磨损、气门间隙不正确、气门积炭严重、气门弹簧过软导致高速运转时气门漂浮、缸套与活塞环磨损等。

电控系统失常是指电控系统的传感器、执行器或 ECU 出现某些问题导致喷油控制、点火提前角控制、进气控制、增压控制、可变配气相位及气门升程控制、可变排气控制等出现问题。

(三)燃油供给情况的检查

(四)汽车三元催化转化器的检查

三元催化转化器位于汽车下部正中央，用螺栓固定在排气歧管的后部管上。三元催化转化器为一整体式结构，在其排气管中央的栅格网表面涂有催化剂。三元催化转化器的作用是将废气中的 HC、CO 和 NO_x 等有害的气体转化成 CO_2，N_2 和水蒸气。

当理论空燃比为 14.7:1，废气温度在 400～800℃时，三元催化转化器能最有效地减少废气中 HC、CO 和 NO_x 的含量。

当发动机出现诸如熄火等故障时，可能导致废气温度超过 1400℃，从而使三元催化转化器基质熔化，烧坏三元催化转化器。应避免使用含铅燃油，因为废气中的铅会覆盖在催化剂表面，阻止催化反应的进行，废气中的残留燃油也有可能毒害催化剂。

1. 目测检查

检查三元催化转化器的外观。如发现外壳被压扁、锈蚀或出现凹痕，则应更换。

2. 堵塞检查

从汽车上拆除三元催化转化器时，用电筒照其排气处，看是否被积炭或铅污染物堵塞。

3. 损坏检查

轻轻摇动三元催化转化器，听听内部元件有无松动的迹象。如果发生元件堵塞、熔化或其他形式的损坏，都应更换三元催化转化器。

4. 功能测试

(1)以 2500r/min 的转速运转发动机约 2min，将三元催化转化器加热至工作温度。

(2)在三元催化转化器的废气人口处和出口处分别接一支表面温度探头，测量温度。

(3)出口处温度至少应比进口处温度高 38%。

(4)如果温差低于规定值，则应更换三元催化转化器。

(5)用排气背压表检测在氧传感器安装孔处或一氧化碳(CO)测试管处检测排气压力。

(6)在氧传感器(或一氧化碳测试管)处安装排气压力表。

(7)在正常工作温度下发动机怠速时，压力表读数不应超过 8.6kPa(有些车确也超过这一数值，此处仅供参考)。把发动机转速提高至 2000r/min，压力表的读数不应超过 20.7kPa。如果在两种转速中的任何一种情况下背压超出规定值，那么表明排气系统受阻。

(8)检查排气系统有无压扁的管路，系统是否发生热变形或内部消声器是否出现故障。如果没有找到排气系统背压过高的明显原因，那么可能是三元催化转化器受阻。完成检测后，在重新安装前用防黏剂涂敷氧传感器的螺纹。

5. 动力不足检查歌诀

动力不足原因多，基本检查不多说；

缺缸故障找一找，高压火弱迟或早；
混合气稀油压低，油泵油嘴滤清器；
进气压力流量计，各种重要传感器；
废气涡轮不增压，可变配气工作差；
进气不足排气堵，油门不能全开足；
弹簧过软气门浮，高速运转力不足；
气门积炭缸压低，拆开检查有道理。

第二节　发动机烧润滑油

发动机烧润滑油总是有轻微到严重，有无任何先兆到排气管排蓝烟，往往都要经历一个发展过程，容易被大家所忽视。发动机正常运转时，排出的废气应当是无色的或是很浅的淡灰色，眼睛几乎看不到。如果能看到有排蓝烟，说明润滑油进入燃烧室。发生这种故障时，应分析考虑润滑油能从哪些部位进入燃烧室，再根据零部件的磨损和使用情况，从中找出原因进行排除。

一、产生的主要原因

（一）活塞环功能失效或减弱

一是油环在环槽内胶结。由于积炭过多，使油环在环槽内胶结，导致油环失去下流油作用，汽缸壁上的润滑油便窜入了燃烧室被燃烧掉，并引起发动机排蓝烟。发生此种情况，应清除油环和环槽上的积炭。二是活塞环磨损过大，弹力减弱。活塞环弹力减弱、磨损后失圆和切口间隙过大，均会使汽缸的密封性降低。同时，因磨损过大使环槽与活塞环的端面间隙增大，活塞环的泵油作用加强，造成大量的润滑油经活塞环的切口和端面间隙窜到燃烧室燃烧。在正常情况下，把润滑油消耗量增大作为判断活塞环磨损过大的依据是有一定道理的。因此，当活塞环磨损过大，切口间隙和端面间隙超过规定或弹力消失时，应及时更换。活塞环磨损过大不但能引起发动机烧润滑油、排蓝烟，还会导致其功率下降、启动困难、燃烧不良等现象。三是活塞与汽缸配合间隙过大。由于装配不良或磨损等原因，使活塞与汽缸的配合间隙过大，飞溅到汽缸壁上的润滑油便进入燃烧室燃烧。

（二）活塞环与汽缸磨合不良

对新装配的发动机或修理中更换汽缸套和活塞环的发动机，如果磨合不良，接触面不平整，表面有残存的加工刀痕，使油环的刮油能力减弱，也会导致润滑油窜入燃烧室燃烧，并造成发动机排蓝烟。发生这种情况时，可降低发动机的负荷或卸去负荷，使发动机在低速下运行，磨合一段时间，润滑油窜入燃烧室的情况可自行消除。因此，新装配的发动机或修理后的发动机，均需要进行磨合运转。

（三）气门导管若损过大

气门导管磨损过大，使气门导管与气门杆配合间隙过大，以及气门顶部的密封圈漏油或者向气门导管加注的润滑油过多，都会使润滑油窜入燃烧室燃烧，引起发动机排蓝烟。这种情况往往也与发动机顶部阀体的润滑系统的回油管道被堵塞，润滑油无法及时返回，被吸入到燃烧室有关。对需要人工向气门导管加注润滑油的发动机，应按说明书的要求，按时按量加注润滑油，不可加注过多的润滑油。

（四）发动机内部相互运动部位磨损

在发动机运转过程中，发动机内部的轴承、轴、拉杆、销子之间磨损较为严重，相互之间的配合间隙增大。这些间隙产生了很强的挤油、甩油作用，将过量的润滑油甩在汽缸壁上，而活塞又无法及时将它刮下来，留在燃烧室里被燃烧掉。

（五）润滑系统 PCV 阀门堵塞

润滑系统装有 PCV 阀门的发动机，由于 PCV 阀门的堵塞，造成大量的高温、高压气体聚集在油底壳中，无法按正常的途径返回到燃烧室，使油底壳的压力增高，当发动机进入吸气行程时，燃烧室的压力下降，油底壳中的高压会将润滑油通过活塞环与汽缸壁之间的间隙，打入燃烧室引起燃烧润滑油的情况。

（六）发动机使用不当

发动机使用不合格的润滑油、超期不更换润滑油和润滑油虑清器、冷车大油门启动、长时间缺少润滑油下运转、长时间高温状态下运转、长期超负荷高转速下运转、长期在空气质量（灰尘含量超标）不好和到期不更换空气虑清器的状态下运转、机油泵油泵力不足、油压过低、润滑油油道堵塞等等，都会让发动机造成早期磨损，减少使用寿命，并导致燃烧润滑油的情况。

（七）增压器的密封环损坏

柴油机增压器的涡轮端装有合金密封环，如果此密封环损坏，发动机高速运转时，废气会通过密封环进入发动机润滑系统，将润滑油变脏，并使油底壳压力迅速升高，发动机低速运转时，润滑油会通过密封环从排气管排出或进入燃烧室燃烧，从而造成润滑油的过度消耗。因此，当出现上述异常情况时，即说明涡轮增压器有故障，必须拆下检修。同时，一定要注意，发动机高速运行后不能立即停机熄火。因为当增压发动机在高速运转时突然熄火，机油泵立即停止转动，增压器内的润滑油也停止流动。如果此时排气支管的温度很高，其热量会被吸收到增压器壳体上，将停留在那里的润滑油烤成积炭，阻塞进油口，导致轴套缺油，加速转轴与轴套的磨损，甚至产生“咬死”的严重后果。因此，停车熄火前要空运转3～5min左右，使各部机件逐渐冷却，以防止增压器轴承缺油、润滑油过热、增压器轴承及涡轮叶轮咬死、密封环失效等情况。

（八）曲轴箱内润滑油量过多

曲轴箱内润滑油过多，使大量润滑油飞溅到汽缸壁上，当壁面上的润滑油量超过了油环的刮油能力时，润滑油便窜入燃烧室燃烧。此时可用润滑油尺检查曲轴箱内的润滑油面高度。如果润滑油过多，应放出多余的润滑油，使油面位于油尺两刻度线之间。但应注意，检查曲轴箱油面高度时，应在发动机停车半小时以后进行，使各润滑部位的润滑油流回曲轴箱，以求得检查结果的准确性。驾驶员应注意，要经常拔出油标尺观察油底壳中润滑油油位的高低。如果突然发现油位出现异常，可能就是一个故障信号。要么是潜在的故障，要么就是故障已经发生了。所以要立即查明情况，不查明一定不能放过。如果发现油位没有慢慢地降低，反而突然过高或每天在慢慢地涨高，则有可能是燃油漏入了油底壳的润滑油中，造成燃油稀释润滑油的故障；或有可能是防冻液漏入了发动润滑油底壳的润滑油中，造成润滑油水乳化的故障。这些都是较严重的故障，必须马上想方设法查明原因并排除故障。因此，经常或每天拔出油标尺观察润滑油油位是非常重要的。

发动机燃烧润滑油是一种严重的问题，不仅燃烧室容易形成积炭，而且也加速了汽缸、活塞和活塞环的磨损，导致活塞环在环槽中胶结。同时也容易引起进排气阀门积炭使气门不能关严，降低了发动机的效率。

二、故障处置的方法

当发动机烧润滑油比较轻微时，可以通过观察排气来大致判断故障部位：如果冷车着车时烧润滑油，多半是气门油封出现问题；如果热车时烧润滑油则多半是活塞或活塞环有问题。

当发动机烧润滑油比较严重时，很难判断是缸体还是缸盖出现问题，必须拆散发动机检查，有时候还必须将活塞从缸筒中抽出来，用内径千分尺测量缸筒的圆度、锥度来判定。

在实际工作中可按照由简到繁、由易到难的步骤进行判断排除。

（一）检查排气管是否通畅

如果不通畅，应清洗或更换。再行驶一段时间后，查看润滑油是否缺少，排气管是否还冒蓝烟。

(二)测量汽缸压力是否正常

汽缸压力若正常，那应该是因气门油封老化破损导致的烧润滑油，更换气门油封，建议更换全部油封。如果汽缸压力单缸或多缸都低于正常值，那么只有揭开缸盖，检查缸垫是否冲油道令缸径磨损程度、活塞磨损程度、活塞环的弹性等等。如果只是冲油道，更换缸垫就行了。若缸径、活塞磨损过大，建议更换全部缸套(筒)、活塞、活塞环。若缸径磨损不大，可更换活塞、活塞环。如果是活塞环的原因，那只要更换全部活塞环就可以了。

目前，一些人靠使用添加剂来解决烧润滑油的问题，我认为这只是临时的办法，因为任何添加剂都不能彻底解决烧润滑油的问题，它只是可以在一定程度上缓解烧润滑油的现象。世面上流行的添加剂品种很多，首先，添加剂价格都不便宜，如果经常使用过不了多久，就和维修发动机的费用一样了，但却不如维修发动机可靠。其次，添加剂发挥作用多依赖于高温和高压环境，在发动机内部能提供这样环境的也只有活塞部分，而曲轴、凸轮轴等地方的压力和温度都不是很高，其他如气门导管、油封等位置，要不就是压力够温度不够，要不就是温度够压力不够，添加剂的作用将大大降低。因此如果不是想换车，不主张靠使用添加剂来维持或整治烧润滑油，解决烧润滑油最根本的办法是拆散修理，更换掉磨损或损坏部件，这样虽然一次性投入大一点，但耐久度和可靠性以及对车辆动力的恢复是有保障的。

三、看尾气颜色识故障

(一)排黑烟

故障现象：汽车行驶中，发动机排气管冒黑烟，排气管(消声器)有异常响声。

故障原因：混合气过浓，即缸内混合气过量，空气系数过小，燃烧不完全，部分燃油在高温下分解成游离炭从排气管排出，而形成黑烟。点火正时失准，也会使混合气燃烧不完全；或者发动机少数缸不工作，也会有少量黑烟排出。

(二)故障诊断与排除

(1)若发动机排气管排出大量黑烟，并伴随有放炮声，则可断定是混合气过浓所致。应及时检查阻风门是否完全打开，必要时进行高速检修；熄火后从化油器口看主喷管，若有油注出或滴油，则浮子室油面过高，应调整到规定范围，拧紧或更换主量孔；空气滤清器堵塞，应清洗或更换。

(2)若发动机排气管排出少量黑烟，并伴随有节奏的“突突”声，则可断定是少数缸不工作或点火正时失准所致。可用逐缸断火法找出不工作汽缸，或检查校正点火正时。

（三）排白烟

故障现象：汽车行驶中，发动机排气管排出大量白烟。一种是乳白色，另一种是水汽白烟，且排气管口有水珠。

故障原因：发动机运转时排气管排出大量白烟，有两种情况：

（1）排气管排出乳白色油雾。主要原因是燃油汽化不良，没有燃烧便从排气管排出，而形成乳白色烟。在冬季发动机启动时较为常见，这是因为温度低，燃油雾化不良所致。通常在发动机启动后随发动机温度升高而消失。

（2）排气管排出大量水汽白烟，且排气管口有水珠。主要原因是冷却水窜入汽缸或汽油中含有水分而形成的水蒸气所致。

（四）故障诊断与排除

（1）冬季或雨季停放的汽车初次发动时，常常可以看到排白烟。这不要紧，一旦发动机温度升高，白烟就会消失，此状况不必检修。若发动机温度升高后排气管变为排黑烟，则表明汽缸压力过低或个别缸不工作，应予检查和排除。

（2）发动机运转时排气管排出大量水汽白烟，应检查油箱内是否有积水，检查汽缸垫是否破损、缸体是否有裂纹，缸套密封圈是否良好等。

（五）排蓝烟

故障现象：汽车行驶中，发动机排气管排蓝烟或灰烟，并闻到焦臭的气味。

故障原因：发动机运转时排气管排蓝烟或灰烟，主要是机油窜入汽缸燃烧室参与燃烧所致。拆下火花塞即可发现严重的积炭，机油消耗量很高，多为机油窜入燃烧室。当机油进入汽缸受热蒸发成为蓝色油气随废气一齐排出汽缸，在排气管口会观察到蓝色烟气。

机油蹿入汽缸的原因主要有：

（1）汽缸磨损或活塞环密封不良，造成曲轴箱机油上窜进入燃烧室。

（2）油底壳机油油面过高或机油压力过高，使汽缸壁上黏附机油过多。

（3）气门及气门导管磨损使其配合间隙过大，机油被吸入燃烧室。

（4）空气滤清器油平面过高或滤芯严重堵塞，使机油被吸入燃烧室。

（六）故障诊断与排除

若发动机使用时间较长或已达到规定的大修间隔里程，发动机动力不足，则主要原因是活塞、活塞环严重磨损，密封性差而窜机油，应送到汽车修理厂进行大修。

第三节 发动机温升过高

本节论述了发动机温度过高的故障原因、故障危害、故障排除及故障预防。简述发动机冷却系统的组成。

一、发动机温度过高的故障原因

(一)冷却液泄漏

1. 一般发动机的冷却系是全封闭的，在正常情况下，冷却液不需要经常添加。如果冷却液液面下降很快，即表明冷却系有泄漏故障。

2. 故障原因

散热器盖及密封垫损坏。散热器盖及密封垫的损坏，将破坏冷却系的密封，在发动机工作时，冷却液蒸发逸出或汽车摇晃造成冷却液洒出损失。为检验散热器盖是否密封，可进行散热器盖加压检查。

外部渗漏，由于冷却液加有染料着色，很容易看到渗漏部位。常见的渗漏点是软管、软管接头、散热器芯和水泵等部位。

内部渗漏，若冷却液从冷却系内渗漏到发动机内，可检查缸盖螺栓是否拧紧，缸垫是否密封，缸盖是否损坏，缸体是否破裂。

(二)发动机温度过高

1. 故障现象

冷却液温警报灯闪烁或水温表指针长时间在红区，冷却液沸腾出现蒸汽，在上述情况下，发动机动力不足。

2. 故障原因

冷却系统的原因导致发动机过热的原因有：冷却液量不足，水泵损坏，冷却液泵堵塞或损坏，散热器或缸体内水套结垢多，堵塞，使冷却液冷却效果降低。

节温器失效、卡死或堵塞：节温器不能正常开启，冷却液不能流过散热器。节温器能否正常工作，可由实验确定，其表现应符合技术规定。

散热器风扇电机或散热器双温热敏开关出现故障。温控风扇的损坏不能正常工作，从而使发动机过热。

非冷却系统故障引起的发动机过热的原因：超负荷，低速挡行驶时间过长，点火过早过晚都会引起发动机过热。因此，必要时应检查点火提前角并予以调整。混合气过浓或过稀，燃烧室积炭过多等也会引起发动机过热。

汽车使用条件如气候，风向，道路，负荷等因素也影响发动机温度。

(三)冷却水温度过高的故障诊断

发动机冷却水温度的高度直接影响发动机的使用寿命。为保证发动机正常工作，要求冷却水温度一般保持在80~90℃的范围内，若温度过高，会导致发动机功率下降，零部件因润滑不良而加剧磨损等。

1. 故障原因

导致发动机冷却水温度过高的原因主要有以下几点：

(1)风扇，水泵皮带过松，引起皮带打滑，从而影响风扇的正常工作；风扇电磁离合器或风扇电动机的温控开关作用时机过迟，关闭过早；风扇始终不转；风扇硅油式离合器失效。

(2)水箱散热片大面积倒伏；散热片间有杂物堵塞；水箱前部的百叶窗未能完全打开。

(3)冷却水不足，内消耗能过大，具体原因有：汽缸垫损坏；汽缸盖和燃烧室空间腐蚀串通，部分冷却水流出燃烧室后经气管排出。

(4)冷却水循环量过小，具体原因有：水泵轮与轴间滑动；水泵内有空气；节温器损坏；在冬季下部循环管内的冷却水被冻结；水箱或机体水道内水沟过多。

(5)发动机工作不良，主要有点火时间过晚，混合气过稀、燃烧室积炭过多、发动机燃烧，这些方面也容易造成机温升高。

(6)水温表或警告灯指示有误，如感应塞损坏，线路搭铁或指示表失灵。

(7)润滑油量不足，致使各运动机件得不到足够的润滑，使摩擦阻力增加、磨损加剧，发热量增多；同时使润滑油温度上升，相应润滑油的黏度下降，更促进摩擦、发热、散热不良，从而使发动机过热。

2. 诊断方法

检查与判断冷却系故障时，应掌握以下的一些方法和要点：

(1)如果怀疑是指示系统失灵，应在冷机状态下，用玻璃棒式直感温度计插入水箱内，观察车上的水温指示表与试验温度计是否一致，或更换标准感应塞(通过验证的)与指示表以验证热车状态的实际温度。

(2)发动机故障的判断：在机温升高之前如有行驶无力、提速不良或时有回火“放炮”现象，多位点火时间过晚或混合气过稀。若在机温未升高之前发动机工作正常，而当机温上升之后出现爆燃，则证明燃烧是由机温过高或局部温度过高所造成的，反之为发动机爆燃导致机温过高。

(3)冷却水消耗异常的检查与判断：首先确定外部无泄漏，然后拔下机油尺，若观察机油量自行增多且呈乳白状，证明燃烧室与水道间串通或机体、缸盖间有沙眼；在不超过冷却水的沸点温度时，打开水箱盖并启动发动机，若能看到冷却水中有大量气泡冒出或有喷出水柱现象，可断定汽缸盖或汽缸垫损坏，气体在活塞的压缩行程串入水道，在进气行程中冷却水进入燃烧室，其大部分在排气过程被排除机体，但极少部分冷却水则在压缩行程中从活塞环间进入机油箱内，使机油呈乳白状。

(4)冷却水循环量过小的检查与判断：在冷却水沸点温度以下打开水箱盖，并旋开放水开关，待水面低于水箱偏管上口后，从水箱盖处观察偏管苫布是否脏污过多而堵塞严重。此外可用合适的钢丝折一个弯钩从偏管内往下投试，若有阻力而不能投通，且拔出的钢丝上沾有很多脏污，则需要解体水箱进行清除。在冷机状态下，折下水箱的上水管，启动发动机，并使转速提高到2500r/min左右，从上水管口应有大量冷却水冒出，否则表明冷却水循环不良。然后装上上水管，加足冷却水，启动发动机运行一段时间后，用分手别触摸水泵、节温器两端部及水箱上下进出水管，如果感觉在某部位两端的温度过大，则表明该部位有故障。在夏季如检查节温器损坏，应急情况下，可拆除节温器不用，若拆掉双向控制阀是节温器，必须同时堵住小循环胶管，否则仍会出现水温过高现象。同时注意：不允许长期不使用节温器，不然，在天气比较冷时及其磨损将增加1～2倍，并有其他危害。由于各种原因，在加注冷却水时水泵内会进入空气，使水泵出水量大大减少，此时应将水箱盖或贮水罐打开，并使车身(发动机前部)出水管一边略顶高一些，以利于空气排出，然后启动发动机反复转换发动机转速，直至空气被排出，泵出的水量增加为止。

(5)当冷却水温度超过临界线时，风扇电磁式离合器不结合或风扇不转，对此可短路实验感温开关：若风扇仍然不转，应首先确定线路熔丝是否良好，然后分析电磁离合器继电器、电动机是否损坏；若风扇立即转动，证明感温开关损坏，应急情况下可在驾驶室内附加一手动开关或直接短路感温开关。

(6)节温器的检修：拆下节温器，将其吊在盛有热水的容器中加热，并测量水温按上述的要求进行检查、试验。节温器完全开启空隙应不大于大循环管口的横截面积，如过小则证明节温器损坏，必须更换。

(7)对水泵叶轮的检查：先将冷却液放出，松开风扇皮带，拆下水泵散热器软管，将一铁丝端头折弯从出水管口插入水泵中拔动叶轮，然后转动水泵轴，如果能够转动，表明叶轮与轴间滑动，必须拆解修理；如果铁丝顶住水泵叶轮，使水泵轴不能够转动，表明叶轮并未滑动。

(8)电磁风扇离合器常见的故障有：电刷与继电器接触不良、电磁线圈断路或短路、主动盘间隙过大、导向衬套内的螺栓卡住或摩擦铁环等。检查与判断这类故障的方法是：打开点火开关、短路温控开关，若电磁离合器结合(有咔哒声)，表明温控开关有故障，反之为控制线路及电磁离合器有故障，然后用一根导线一端接入电源，另一端接电磁离合器接线点，若电磁离合器结合，表明线路中有故障，否则应对电磁离合器进行拆检。如故障无法及时排除，可在主、从动盘间焊接上三个点，并拆下电刷或温度开关接线，暂时改为无离合器式风扇以应急。

(9)硅油风扇离合器故障的检查与判断方法是：首先观察离合器外部有无硅油泄漏；然后启动发动机，当水温上升至90℃时，将发动机转速逐渐增高到2500r/min以上，这时风扇噪声应明显增强，然后将发动机熄火，用手拨动风扇叶，感觉有阻力为正常，反之为离合器有故障。检查故障时，先把金属片末端从固定槽中撬出，然后反时针转动双金属弹簧，观察转轴应转动，直到转不动为止(不可强用力)。此时，双金属弹簧末端与固定槽间应有一定距离(如北京切诺基为13mm)，试验后，再将双金属弹簧末端压入固定槽内。若转轴不能转动，则表明该离合器已损坏，如：阀片轴卡滞，阀片变形。

(四)发动机在使用时出现散热器加水口翻水导致温度过高

1. 发热翻水

现象：发动机温度过高，散热器内的防冻液沸腾，大量往外翻、喷气，稍不注意就会将人烫伤。

原因：散热器缺少冷却液、散热不良、冷却系统部件失效等。

2. 堵塞翻水

现象：冷却系统堵塞，防冻液循环不良，引起散热器翻水，堵塞不严重时，加油不翻，收油门翻。

原因：散热器堵塞，热车检查时可发现整个散热器温度差异很大，温度较低的区域说明内部已经堵塞。另外还有出水管变软，在发动机工作时被吸瘪也会产生堵塞翻水。

3. 气、水窜通翻水

现象：发动机汽缸内的高压气体窜入水道，发动机水道里的冷却介质在一个外加高压气体的作用下使经过进水管散热器上水室的水量急剧增加，引起散热器翻水。

原因：(1)汽缸垫烧损、汽缸盖螺丝松动，燃烧室内的高压气体通过密封不严的缝隙进入水道。(2)缸盖裂缝，缸盖上有水道的地方出现裂纹，也容易使气体蹿入，发生翻水。(3)湿式缸套与缸体座孔间歇配合不当，缸盖不坚固，引起缸套上下移动，气体通过缸套的缝隙蹿入水道，引起散热器翻水。

4. 不冻液混入石油产品造成翻水

添加不冻液时容器要干净，水箱不要有污垢，要清洗干净后才能加入。如果误将石油产品混入不冻液中，会使不冻液中的添加剂失效，并产生大量气泡，影响散热效能，严重时从水箱盖中溢出。

5. 不冻液添加过多造成翻水

不冻液在使用过程中，由于不冻液膨胀较大，加注不冻液时只能加注水箱容积的90%，在散热器上端留出膨胀空间，否则加的过满，在温度过高时容易溢出。

(五)其他导致发动机温度过高的原因

(1)风扇V带过松或折断

(2)风扇叶片变性的装反

(3)冷却液不足

(4)百叶窗不能完全打开

(5)散热器部分堵塞机垢过多

(6)发动机水到局部堵死

(7)环境温度过高

(8)点火时间延迟

(9)混合气过稀

(10)部分火花塞工作不良

(11)汽缸水到衬垫密封不严

(12)顶风方向低速行车

二、发动机温度过高的危害

若发动机冷却不够而温度过高，将会引起下列不良后果：

(1)汽缸壁温度过高会破坏缸壁的润滑油膜降低润滑性能，加速机件的磨损。

(2)汽缸中的活塞和活塞环因温度过高而膨胀破坏配合间歇，造成磨损阻力增加，严重时可能发生咬死现象。

(3)发动机运行温度过高，吸入可燃混合气热膨胀，进入发动机的混合气数量减少，导致发动机功率下降，还会引起爆震和早燃等现象，破坏发动机的正常工作。

三、怎样防止发动机温度过高

时至夏季，一些时令性故障又将在汽车上逐渐体现。其中，最让车主们烦恼的莫过于发动机温度过高了。发动机温度过高，会产生以下后果：

(1)进气膨胀较大，汽缸进气量减小，发动机充气效率降低。

(2)机体膨胀较大，造成相互运动的机件间配合间隙减少。同时，润滑油变稀，润滑情况变坏。这些都将加剧运动机件的磨损。为了防止夏季冷却液温度过高，在用车过程中，应注意如下几个方面：

①正确使用封闭式冷却系

现代汽车发动机都采用封闭式冷却系，散热器盖是密封的，并增添了一个膨胀水箱。发动机工作时，冷却液蒸汽进入膨胀水箱内，冷却后又流回散热器，可防止冷却液大量蒸发损失，并可提高冷却液的沸点温度。该冷却系应使用具有防腐蚀，防沸，防冻和防水垢的优质冷却液，并且在使用中必须保证密封，才能收到效果。

②保持冷却系外部和内部清洁

这一点是提高散热效能的重要条件之一。散热器外部沾有泥土、油污或散热片因碰撞变形时，均会影响风的通过，散热器散热效果变差，造成冷却液温度。因此散热器出现这种情况应及时清洗或者修整。另外，冷却系内积有水垢、泥沙或油污时，都会影响冷却液的传热。加注劣质冷却液或水，将会造成冷却系积垢增多，而水垢的传热能力只有金属的几十分之一，从而冷却效果变差。所以冷却系中应加注优质的冷却液。

③保持冷却液面充足

当发动机处于冷态时，冷却液面应该位于膨胀水箱的最高和最低标志之间，如果液面低于膨胀水箱的最低标志时，应及时添加。注意，膨胀水箱内的冷却液不能注满，应该留有膨胀余地。

④保持风扇胶带张紧力适度

风扇胶带过松，使水泵转速过低，影响冷却液的循环，并会加速胶带的磨损。但胶带过紧，又会使水泵轴承磨损。另外，胶带上不能沾有油污。因此，应定期检查调整风扇胶带的张紧力。

⑤避免发动机负荷工作时间过长

发动机负荷很大时，会引起冷却液温度过高。例如有些功率小的车，车主为了多拉快跑而加大油门，有些车在夏季使空调长时间运转等，都容易造成发动机“开锅”现象。因此，汽车需要大功率运行(如爬坡)时，为防止发动机温度过高，应及时换入低速挡，以适当减轻发动机负荷。

第四节 缸内积炭

燃油系统产生的积炭是造成车辆性能下降的主要原因，并对传统和现行的清理积炭的设备及方法进行了比较，提出现行的科学的积炭清洗方式才是既保证积炭的良好清理又能不影响发动机其他性能的首选方式。

一、汽车日常使用中常见故障

随着车辆里程数的不断上升，新车原有的良好动力性、经济性等许多性能会逐渐下降，在驾驶过程中时常会出现发动机动力不足、冷车启动不易、怠速不稳、加速不畅、爆震、排放超标、发动机过热及油耗升高等问题。

二、常见故障产生的原因

对上述故障进行简单分析，就可以知道其产生原因主要包括以下两个方面：一方面是由于机械和电路方面的原因，如发动机各零配年磨损加大、火花塞不定期更换、混合气过浓或过稀、点火时间过早过迟等；对于由机械及电路方面原因而引起的上述故障很容易检修；另一方面是由于燃油系统产生的积炭造成，对由积炭而引起的故障往往不易察觉和检查，目前最先进的解码器有时也无能为力。据权威部门统计，在汽车发动机内燃油系统故障有 80% 是由于积炭所造成的，对于其系统如进气系统，积炭也会使系统工作受到影响。因此，对汽车发动机内产生的积炭必须进行有效的清洗和控制，以保证车辆的正常运行。

三、积炭形成及其危害

在发动机工作时，进入燃烧室的有机化合物(燃油及润滑油)会在高温及金属的催化作用下，产生深度的氧化及综合，形成树脂和漆膜。由于树脂和漆膜具有一定的黏性，它能把进入燃烧室的燃料和润滑油燃烧生成的碳质沉积物、原有汽油抗爆剂生成的铅化物、燃料中的硫燃烧后与金属生成的盐类、润滑油中金属添加剂燃烧后形成的金属氧化物、空气携带的灰沙等硅化物、发动机零部件磨损下来的金属屑及其化合物等黏附在它上面，同时在杂质上又会不断形成树脂和漆膜。这样以树脂和漆膜为纽带不断黏附各种杂质，最后在高温下逐层炭化而形成积炭。

现在参差不齐的烯油品质和拥堵的城市路况都是造成积炭容易形成的原因。首先是燃油，汽油的储存、运输过程中，容易和空气发生氧化反应，生成胶状物质，或者汽油本身胶质的含量就很高，这些胶质随汽油通过车辆的燃油供给系统进入燃烧室内部，然后和汽油一同燃烧后，就会使燃油供给系统中的喷油器、发动机的燃烧室、活塞环槽、火花塞、进气门背部、进气道等部位产生很多积炭。其次是拥堵的城市路况，使车辆始终处于走走停停的状态，发动机不能高转带运转，燃油或窜入燃烧室的润滑油也不可能百分之百燃烧，未燃烧的部分油料在高温和氧的作用下形成胶质，黏附在发动机内部的零件表面上，再经过高温作用形成积炭。发动机工作产生积炭是不可避免的，但是当积炭在发动机内过多时就会造成发动机工作不良，产生不同的故障现象。

发动机内部的积炭过多时，冷启动喷油喷出的汽油会被积炭大量吸收，导致冷启动的混合气过稀，使得启动困难，直到积炭吸收的汽油饱和，才容易着车，着车后吸附在积炭上的汽油又会被发动机的真空吸力吸入汽缸内燃烧，又使混合气变浓，发动机的可燃混合气时稀时浓，造成冷启动后怠速抖动。由于气温越低，冷启动所需要的油量越大，积炭的存在就越会影响冷启动的顺利与否。在发动机内部的每一处，积炭都会对发动机的正常工作带来不好的影响。例如，燃烧室内的积炭过多时，会使发动机的压缩比增加形成许多炽热面，引起早燃和爆燃，缩短发动机的使用寿命，使发动机的动力性和经济性都大大降低；气门及其座圈工作面上有积炭，全引起气门关闭不严而漏气，出现发动机难启动、工作无力以及气门易烧蚀等不良现象；气门导管和气门杆部积炭结胶，将加速气门杆与气门导管的磨损，甚至会引起气门杆在气门导管内运动发涩而卡死，产生黏气门的故障；活塞环槽内积炭，全使活塞环边隙、背隙变小，甚至无间隙，造成活塞环失去弹性而拉缸；喷油嘴的积炭，会造成各缸喷油嘴喷油量的不同，造成发动机抖动或唑车；火花塞积炭过多时，造成火花塞漏电工作，发动机抖动；节气门处的积炭过多时也会造成启动困难及怠带抖动的故障。

只要发动机不作不止，积炭的形成就可能避免，也就是说，无论你使用的油品有多好，车辆维修技术水平及车辆挡次有多高也避免不了积炭的形成。积炭主要是覆盖在活塞顶、进排气门顶部和头部、火花塞电极、喷油嘴及燃烧室内。正是由于积炭的存在，使得发动机出现压缩比上升、散热不好、火花塞打火不良、气门关闭不严等不良的现象，有的甚至会在进气门打开时反窜至进气管道、节气门体等处，从而影响发动机的工作，使发动机的性能下降。随着汽车里程数的不断上升，积炭也会越积越多，最终出现上述常见故障。所以，应对积炭进行及时、有效的清理。

四、积炭的清洗

积炭的清除其实就是把日积月累附着沉积在气门、发动机汽缸内的胶质与积炭清洗掉，使发动机“返老还童”。主要有两种方法来清除——“解体”和“免拆”。

(一)积炭的传统清洗方式

由于积炭原因而引起上述故障后，传统的解决办法有两种：一是把喷油嘴拆下来用超声波或其他方式进得清洗，这样虽说把喷油嘴清洗干净了，便它同时也破坏了喷油嘴原有的装配性能，甚至有的专家认为有很多高挡车不是使用坏的而是修坏的；另外更重要的是对其他部位存在的积炭不能触及(如燃烧室内壁面等部位)，当然对这些部位也无从清洗，因此就不能彻底地消除发动机由积炭引起的故障；二是把发动机拆开，检查是否有积炭产生并进行清洗。气门积炭的清洗较为简单，在拆下进气歧管后，用手工或采用清洁药物浸泡即可清除。至于发动机缸内积炭的清洁，则必须“大动干戈”，拆下汽缸盖、正时皮带等才可以清洗。这样很直观，但是耗时耗力，而且不管什么部件每拆装一次都会或多或少影响其性能，减短其使用寿命。

(二)积炭的科学清洗方式

为了彻底清除各个部位的积炭，就必须采用科学有效的清洗方法—免拆清洗。目前国外采用的免拆清洗方法已逐渐被广大用户所接受。此种方法是利用专用清洗设备配合相应的清洗剂对整个燃油系统进行彻底清洗，它能在不拆卸原有零部件的情况下通过燃烧加入设备内的清洗产品，对喷油嘴、气门、活塞顶部及燃烧室等部位的积炭进行逐层清洗，清洗下来的积炭不会成块掉进汽缸内而加剧汽缸的磨损，而是成微粒状通过尾气排出，同时不会损坏氧传感器及堵塞三元催化转换器，这也是此种清洗方式的精髓及与传统清洗方法相互区别的本质所在。但是，仅仅通过燃烧加入设备的清洗方法还不能把形成已久的坚硬积炭清洗干净，它只能把喷油嘴及燃烧室、活塞顶等部位的刚形成不久的积炭清洗掉，同时软化形成积炭的纽带—树脂和漆膜。要想彻底清洗残余的坚硬积炭及整个油路中的胶质和杂质，最后还必须在油箱中加入另外的清洗剂，只要一箱油燃烧完后，即可把残余的坚硬的积炭及油箱和油路中的胶质和杂质清洗干净，从而恢复良好的驾驶性能。

“免拆清洗”简单省力，只需按正确的方法使用即可。但对于积炭严重的发动机，这种方法就显得力不从心，无法达到完全清洗洁净的目的。“免拆清洗”后，若发动机工作性能仍旧恶劣，而技师告诉您问题就是气门和缸体内积炭太多引起时，那就不得不采用拆卸发动机方法来解决了。

在使用清洗设备和清洗剂的过程中，应注意以下几点：

(1)确定该积炭清洗剂是否含有铅等重金属，是否合乎环保要求。因为如果其中含有铅，汽缸的抗磨能力虽然增强了，但其清洗能力却很弱；同时铅化物还易沉淀下来堵塞喷油嘴、油路，还容易使汽车的三元催化剂和氧传感器发生铅中毒现象。

(2)清洗、润滑同等重要。因为单纯清洗会破坏汽车发动机某些零部件的润滑，若长期使用，必定会使这些零部件的磨损加剧，传感器灵敏度下降，汽车综合功能变差。所以，必须注意您所使用的清洗剂应具有一定的润滑效能。

(3)积炭清洗应配备专用设备，这样才能使操作简单、安全和快捷，并且不会破坏汽车其他部件的功能。

(4)选择有足够剂量的产品。积炭清洗添加剂是一种化工产品，其工作情况的好坏和清洗能力的大小不仅取决于产品的品质，还取决于量的多少。

第五节　发动机油耗增加

一、油耗增加的原因分析

(1)进气道、喷油嘴、节气门太脏，这也是油耗增加病例中最常见的原因，要解决这个问题，只需要定期清洗这些部位就 OK 了；

(2)油路故障；

(3)电路故障，这两大原因也比较常见；

(4)火花塞坏了；

(5)点火线圈坏了，这两大原因可能导致发动机某个缸不做功，或者做功不足，发动机动力会降低，很多粗心车主感觉动力不足，很可能会长期猛踩油门，油耗自然增加；

(6)电脑的喷油时间不正确，这导致发动机在不该喷大油的时候却喷了大油，自然浪费燃油，油耗当然也增加了；

(7)不合理的用车习惯。

二、油耗增加的诊断

(1)轮胎充压力。如果轮胎亏气将导致行驶阻力增加造成油耗上升，相反如果在轮胎气压规定值内适当增加轮胎气压将有利于降低油耗。

(2)轮胎花纹。不同类型花纹的轮胎的燃油消耗率不同选择折线花纹轮胎有助于节省燃油。

(3)四轮定位。始终保持车轮定位值正确，可以保证较低的燃油消耗率。

(4)行驶环境。车辆行驶中怠速和低挡位对于整个行驶周期的时间占用率越低越有利于降低油耗。所以在市区拥堵路面油耗居高不下。

(5)道路情况。路面阻力越大上下坡路况越多燃油消耗率越高。所以尽量选择铺装的、平坦的大路行驶。

(6)车辆载重。尽量减少车内和行李箱内不必要的物品有助于降低油耗。

(7)平稳加速急加速时的瞬时燃油消耗率比平稳加速时高一半所以我们应尽量避免急加速、避免紧急制动。

(8)行车过程尽量在经济车速进行。经济车速，车速过高于过低都将使车辆燃油经济性变差。

(9)发动机技术状况。如果发动机的技术状况不良将导致发动机功率向下降造成大量燃油的浪费。

(10)自动变速器。确保自动变速器换挡正常。

(11)传动系统。定期检查传动轴、差速器、半轴、轮箍轴承等部件旋转阻力是否正常。

(12)制动系统。检查确保制动系统无拖滞现象。

(13)齿轮油的黏度。在气温比较低的环境将手动变速器和差速器中的齿轮油更换为黏度较低的标号有助于与节油。

(14)风阻系数。如果车辆外观受损打开车窗或由于不正当改装等变大的因素。

三、应对方法

(一)勤保养勤检查

确保油耗，平时使用中一定要勤保养，勤检查。首先一定要定程保养，定期检测，发现问题，最好立即解决，不要拖到小毛病变成大问题；其次，车主最好在每 7500 ~ 8000km 对爱车做一次保养。

气门和喷油嘴的清洗，每 1 万公里最好做一次进气道和燃烧室的清洗；最后随时检查轮胎的气压是否正常。

(二)改正错误驾驶习惯

自动挡踩油门要松脚：很多驾驶自动挡车的车主都习惯在加油的时候紧踩油门，因为不松油门，导致车辆电脑以为车主是需要超车或急加速，这时车辆往往不会自动升挡，而保持在低速挡，油耗自然增加。正确的方法是：在转速达到2000~3500r/min区间时，适当轻轻松一下油门，这样车辆就轻松升挡。

匀速收油：加油的时候要匀速地加油。如果猛收油，发动机电脑不能马上反应过来车主是要减速，会继续喷油，而这部分油也将白白浪费。

空挡滑行油耗=60km/h油耗：很多老师傅在传授节油经验的时候，往往会提到空挡滑行节油的道理，其实却不然。现在的汽车都是电喷的，空挡滑行危险不说，空挡滑行消耗的是怠速油耗，而这个油耗相当于车辆在60km/h的耗油。

第六节　怠速不稳

汽车怠速不稳，首先表现是发动机振动声，可用轿车故障自行诊断系统进行诊断。

一、怠速的概述

(一)发动机怠速的概念

发动机在无负荷情况下最低的稳定运转的转速，叫做发动机怠速。发动机启动后，冷却水没有达到正常温度之前，应自动提高发动机的怠速，以免发动机运转发抖声、不稳或熄火，同时缩短暖机时间。在发动机怠速工况下使用空调时，由于发动机负荷加大，需要自动提高发动机的怠速，以免发动机产生抖动声、熄火。

对动力转向司服机构来说，在发动机怠速工况下转向行驶时，需要自动提高发动机怠速，以免发动机产生抖动声、熄火，同时使转向轻便、可靠。

在驾驶员快速抬起加速踏板、发动机转速急剧下降时，需要不同程度地自动提高发动机怠速，以免急抬加速踏板时发动机抖动、熄火，同时减少排放污染。

(二)发动机怠速不良

怠速不正确，怠速太低、太高，怠速运转不柔和及怠速不稳等现象。电喷发动机构造原理与化油器式发动机有很大区别，怠速不良的故障原因多而复杂，增加了故障诊断和排除的难度，本文就L型电子燃油喷射系统发动机怠速不良主要故障原因进行概要分析，以供汽车维修人员参考。

二、发动机怠速不稳原因分析及排除

(一)怠速不稳的分类

1. 如何观察怠速不稳

①观察发动机缸体抖动程度，也可以观看机油尺把晃动的程度，平稳的油尺把很清晰，抖动的油尺把看起来是双的；②从发动机转速表或读数据块观察，转速以怠速期望值为中心抖动，或在期望值一侧剧烈抖动，程序中的怠速期望值包括标准怠速值、负荷(打开灯光，自动变速器挂上挡等)怠速值、空调怠速值、暖车怠速值；③原地启动发动机，坐在座椅上感觉车身剧烈抖动。

2. 按出现规律分类

①冷车(冷却液温度低于50℃)有节奏的不稳；②热车(冷却液温度高于50℃)有节奏的不稳；③无规律的剧烈抖动一、两下。

3. 按抖动程度分类

①正常，以怠速期望值±10r/min抖动；②一般不稳，以怠速期望值±20r/min抖动；③严重不稳，超过怠速期望值±20r/min抖动；④在怠速期望值的一侧剧烈抖动。

4. 按原因关联分类

①直接原因：指机械零件脏污、磨损、安装不正确等，导致个别汽缸功率的变化，从而造成各汽缸功率不平衡，致使发动机出现怠速不稳；②间接原因：指发动机电控系统不正常，导致混合气燃烧不良，造成各汽缸功率难以平衡，使发动机出现怠速不稳。

5. 按故障系统分类

①进气系统；②燃油系统；③点火系统；④发动机机械系统。

6. 怠速抖动机理

汽缸内气体作用力的变化(一个汽缸气体作用力变化或几个汽缸气体作用力变化)，引起各汽缸功率不平衡，导致各活塞在做功行程时的水平方向分力不一致，出现对发动机横向摇倒的力矩不平衡，从而产生发动机抖动。也可以说，凡是引起发动机汽缸内气体作用力变化的故障都有可能导致发动机怠速抖动。

(二)怠速不稳的原因

1. 进气系统

(1)进气歧管或各种阀泄漏

当不该进入的空气、汽油蒸汽、燃烧废气进入到进气歧管，造成混合气过浓或过稀，使发动机燃烧不正常。当漏气位置只影响个别汽缸时，发动机会出现较剧烈的抖动，对冷车怠速影响更大。常见原因有：进气总管卡子松动或胶管破裂；进气歧管衬垫漏气；进气歧管破损或其他机件将进气歧管磨出孔洞；喷油器O型密封圈漏气；真空管插头脱落、破裂；曲轴箱强制通风(PCV)阀开度大；活性炭罐阀常开；废气再循环(EGR)阀关闭不严等。

(2)节气门和进气道积垢过多

节气门和周围进气道的积炭、污垢过多，空气通道截面积发生变化，使得控制单元无法精确控制怠速进气量，造成混合气过浓或过稀，使燃烧不正常。常见原因有：节气门有油污或积炭；节气门周围的进气道有油污、积炭；怠速步进电机、占空比电磁阀、旋转电磁阀有油污、积炭。

(3)怠速空气执行元件故障

怠速空气执行元件故障导致怠速空气控制不准确。常见原因有：节气门电机损坏或发卡；怠速步进电机、占空比电磁阀、旋转电磁阀损坏或发卡。

(4)进气量失准

控制单元接收错误信号而发出错误的指令，引起发动机怠速进气量控制失准，使发动机燃烧不正常，属于怠速不稳的间接原因。常见原因有：空气流量计或其线路故障；进气压力传感器或其线路故障；发动机控制单元插头因进水接触不良或电脑内部故障。

2. 燃油系统

(1)喷油器故障

喷油器的喷油量不均、雾状不好，造成各汽缸发出的功率不平衡。常见原因有喷油器堵塞、密封不良、喷出的燃油成线状等。

(2)燃油压力故障

油压过低，从喷油器喷出的燃油雾化状态不良或者喷出的燃油成线状，严重时只喷出油滴，喷油量减少使混合气过稀；油压过高，实际喷油量增加，使混合气过浓。常见原因有：燃油滤清器堵塞；燃油泵滤网堵塞；燃油泵的泵油能力不足；燃油泵安全阀弹簧弹力过小；进油管变形；燃油压力调节器有故障；回油管压瘪堵塞。

(3)喷油量失准

各传感器或线路故障，导致控制单元发出错误指令，使喷油量不正确，造成混合气过浓或过稀，属于怠速不稳的间接原因。具体原因有：空气流量计(或进气歧管压力传感器)故障；节气门位置传感器故障；节气门怠速开关故障；冷却液温度传感器故障；进气温度传感器故障；氧传感器失效；以上传感器的线路有断路、短路、接地故障；发动机控制单元插头因进水接触不良或电脑内部故障。

3. 点火系统产生突爆声

(1)点火模块与点火线圈

近些年各车型多将点火模块与点火线圈制成一体，点火模块或点火线圈有故障主要表现为高压火花弱或火花塞不点火。常见原因有：点火触发信号缺失；点火模块有故障；点火模块供电或接地线的连接松动、接触不良；初级线圈或次级线圈有故障等。

(2)火花塞与高压线

火花塞、高压线故障导致火花能量下降或失火。常见原因有：火花塞间隙不正确；火花塞电极烧蚀或损坏；火花塞电极有积炭；火花塞磁绝缘体有裂纹；高压线电阻过大；高压线绝缘外皮或插头漏电；分火头电极烧蚀或绝缘不良。

(3)点火提前角失准

由于传感器及线路故障属于引起怠速不稳的间接原因，控制单元发出错误指令，使点火提前角不正确，或造成点火提前角大范围波动。常见原因有：空气流量计或进气压力信号故障；霍尔传感器故障；冷却液温度传感器故障；进气温度传感器故障；爆震传感器故障；以上传感器的线路有断路、短路、接地故障；发动机控制单元因进水引起插头接触不良或内部电路损坏。

(4)其他原因

三元净化催化器堵塞引起怠速不稳，这种故障在高速行驶时最易发现。自动变速器、空调、转向助力器有故障会增加怠速负荷，引起怠速不稳。发动机控制单元与空调、自动变速器控制单元之间的怠速提升信号中断，在安装 CAN－BUS 的车辆存在总线系统故障。随着新技术、新结构的增加，引起怠速不稳的因素会更多，诊断者必须全面考虑问题。

(三)怠速不稳的诊断方法

进气系统、燃油系统、点火系统、发动机机械故障均会导致发动机怠速不稳现象，因此诊断产生发动机怠速不稳现象的原因是一项涉及面较广、难度较大的工作，轻易换件的方法是不可取的。怠速不稳故障的原因有百般变化，应根据检测结果、理论分析、维修经验做出正确判断，所以说诊断工作是有规律可循的。

外观检查

打开发动机罩检查：观察发动机运转情况，抖动程度，同时观察发动机转速表指针的摆动幅度，是否偏离怠速期望值；观察是正常怠速抖动，还是负荷怠速抖动(打开空调、灯光、挂入挡位、打方向盘等)；发动机外部件是否有异常；真空管有无脱落、破损；电线插接器有无松脱；是否存在漏油、漏水、漏气、漏电的四漏现象；排气管是否“突、突”(说明燃烧不好)、冒黑烟、有生汽油味等不正常现象；节气门拉线是否调整合适。

三、电喷发动机怠速不良的原因解析

(一)怠速开关信号电路原因

发动机控制电脑(ECU)是根据怠速开关信号(IDL 端子)电位的高低来判断发动机是否处于怠速工况的。当怠速触点闭合，给 ECU 的 IDL 端子输入低电位时，ECU 判断发动机处于怠速工况，于是启动怠速控制程序控制发动机运转。因怠速触点间隙调整不当、接触不良、损坏及电路故障，发动机 ECU 将无法正确判定怠速工况，从而造成怠速控制失误，导致各种怠速不良现象。因此，在检查时应加以重视，一般应首先排除这一可能。

(二)怠速控制阀及其电路原因

怠速控制阀(ISC 阀)用来控制怠速工况下绕过节气门进入进气歧管的旁通空气量，以控制怠速大小，发动机 ECU 根据水温传感器信号(THW 端子)及空调(A/C)、发动机动力转向油泵等附属装置工作状态的开关信号，将发动机转速控制在所设定的目标转速稳定运转，控制过程采用反馈控制的形式。ISC 控制阀分步进电机型、旋转电磁阀型、占空比控制型、真空电磁阀型等，当 ISC 阀因积炭堵塞、卡住，控制线路出现短路、断路和搭铁时，发动机 ECU 无法正确控制 ISC 阀的开度，导致怠速不良，诊断时应加以重点检测。

(三)空气流量计及其电路原因

空气流量计检测进入发动机的空气量，是 ECU 控制燃油喷射的主要依据之一，空气流量计及其电路故障使 ECU 接收不到空气流量信号或收到的信号失真，造成喷油器喷油量失准，混合气过浓或过稀，导致转速过低、缺火或怠速运转不柔和。诊断时可用数字万用表检测怠速时空气流量信号输出端子及 ECU 相应输入端子电压，与标准值进行比较判断。

(四)喷油器及其电路原因

喷油器及其电路故障影响喷油数量及质量。如喷油器积炭堵塞造成喷油量减少、雾化不良，喷孔磨损使喷油过多、滴漏，喷油器电磁线圈及其控制线路电气故障(接触不良、短路、断路、搭铁)引起喷油量减少、不喷油等，导致怠速运转不柔和及缺火现象。

(五)冷却液温度传感器及其电路原因

怠速时，发动机 ECU 根据冷却液温度传感器输入信号(THW 端子)判断发动机热状态，对喷油量进行修正，水温低时，汽油蒸发困难，混合气形成困难且不均匀，因此低温时适当增大喷油量，加浓混合气。水温传感器不良使输出信号失真，ECU 从 THW 端子获得错误信号，造成修正不当。电路短路或断路时电脑采用跛行控制，固定采用 80℃水温控制怠速，往往使怠速过低、缺火及运转不柔软和。

(六)燃油泵及油路系统原因

燃油泵及油路系统影响燃油压力，如压力过低，使喷油器线圈在同样通电时间的情况下实际喷油量减少，喷雾质量变差，怠速混合气变稀；压力过高，则喷油量过多，混合气过浓。燃油系统压力与燃油压力调节器、燃油泵、油压电磁阀的技术状况及其电路工作状况有关。

(七)空调开关信号电路原因

空调(A/C)信号是一个开关信号，向电脑发出空调开关请求。当开空调时电脑根据A/C信号及时提高怠速以适应空调压缩机的负荷，A/C信号失常，将导致怠速过高、过低，发动机抖动和熄火。

(八)废气再循环阀及其电路原因

废气再循环阀(EGR阀)只在发动机处于正常工作温度并达一定转速时才打开，将一部分废气引入进气歧管并返回汽缸，以降低缸内最高燃烧温度，使 NO_x 排放降低，EGR阀卡死在开启位置，或在怠速时关不严，或电路故障引起怠速打开，冲淡怠速混合气，造成怠速过低、运不柔和熄火等。

(九)空挡启动开关电路原因

配置自动变速器的汽车，ECU根据空挡启动开关的信号，提高怠速转速，当变速控制杆处于倒挡或前进挡时，自动提高怠速转速，否则降低转速。空挡启动开关电路故障，ECU收到错误信号使怠速过高或过低。

(十)点火系故障

点火系中点火线圈、点火器或点火ECU、分电器、点火信号发生器、相关影响点火正时的传感器及高压线不良，造成缺火、火花弱、点火正时不准等，导致怠速不良。

(十一)其他故障

除以上故障原因，以下故障同样会引起某种怠速异常：ECU故障；主氧传感器电路；EFI主继电器电路；备用电源电路；冷启动喷油器电路；混合气调节可变电阻器电阻；燃油质量；进气管漏真空；空气滤清器堵塞；汽缸压缩不良等。

总之，电喷发动机怠速运转不良故障原因较多，维修诊断时，应针对具体表现的征状，结合发动机电喷系统组成和结构型式进行综合分析，借助电脑故障解码器调出故障码，对照相关技术资料和技术数据进行检测判断。如没有读出故障代码则从易出现的和容易排除可能的故障入手，逐步诊断，做到高效准确地找出原因并排除故障。

四、发动机怠速的控制措施

汽油发动机是靠驾驶员通过加速踏板操纵节气门，利用调节吸入空气量的方法来控制发动机输出功率的，发动机怠速运转时，节气门处于全关闭状态，空气通过节气门缝隙及旁通节气门的怠速调节通路进入发动机。发动机利用这些空气配合成混合气进燃烧，产生的输出扭矩与发动机本身摩擦力矩相平衡，使发动机在怠速下稳定运转，当发动机的摩擦力矩产生变化时，或者悬浮在空气中的细小灰尘附着在节气门隙处引起空气量变化时，怠速运转转速都会发生变化。如果怠速运转转速下降，将引起发动机运转不稳，或者引起启动时发动机熄火，反之，如果怠速运转转速升高，则使怠速燃料消耗增加。为了防止发生这些问题，发动机控制系统具有维持怠速运转的机能，也就是能实现怠速控制，而且这种控制是必要的。

（一）发动机怠速控制

发动机怠速工况是指发动机运行中，节气门开度最小，汽车处于空挡，发动机只带附件而维持最低转速的稳定工况。怠速工况是汽车发动机常见的工况之一，所以，怠速控制是汽车发动机控制的一个重要环节。

怠速转速越高，发动机工作越稳定，油耗也就越高。由于工作稳定，每一循环的排放污染量下降，但由于转速高，所以在一定时间内排出的有害物质总量的下降程度很小。所以为了降低怠速工况时发动机有害物质的排放量，提高汽车使用过程的经济性，并使汽车发动机在怠速工况时在低而稳定的转速下运行，必须对发动机的怠速工况加以控制。当车内空调开启时，该控制系统还能提高怠速运转时的发动机转速，以适应空调压缩机转速的要求。

（二）怠速控制系统的功能

发动机怠速控制方法采用怠速控制阀（ISCV）控制节气门旁路中的空气流量，使发动机怠速运转总是处于最佳的转速下。在发动机怠速控制系统中需要接收各相关传感器所发出的信号，并采用一台步进电机。

（1）发动机启动时的怠速控制功能

当发动机启动时，由于节气门关闭，空气进入量很小，为了使发动机启动容易，该怠速控制功能可使旁通空气量达到最大，以改善发动机的启动性能。在发动机启动后，电子控制单元根据冷却水温度对进气量进行调节，使发动机怠速运转得以稳定，并受到控制。发动机启动时怠速控制阀开启程度的大小与发动机冷却水温度之间的关系。

（2）发动机升温期间的怠速控制

当发动机启动后的升温期间，怠速控制系统将进气量逐渐地调整到由冷却水温度所决定的进气量水平，使发动机处于最佳的怠速运转状态。

（3）发动机升温结束后的怠速控制

发动机升温结束后，怠速控制系统通过接收各传感器的输出信号，来检测发动机的负荷情况。怠速控制系统所接收的信号包括自动变速器空挡信号，此信号用来标明当前变速挡所处的位置，以及空调器是否处于开启的信号。然后根据这些条件，怠速控制系统计算出一个最佳的怠速运转速度，并根据发动机实际转速与计算所得的最佳怠速转速之间的差别进行反馈控制，使进气量发生改变，逐渐缩小这一转速差别，直到发动机怠速转数达到计算所得的最佳值。当变速器挂挡或开启空调使发动机的负荷突然改变时，有可能使发动机熄火。为了防止这种由于发动机负荷突然改变导致发动机熄火的现象，在实际所需的负荷加载到发动机之前，这类使发动机负荷发生变化的信号已输入怠速控制系统，使怠速控制阀(ISCV)立即动作，以确保发动机怠速运转能够稳定而不熄火。

(三)发动机怠速控制执行器——ISCV

怠速运行时空气流量的调节是根据怠速电子控制单元发出的脉冲信号数目，使步进电机的转子转动，启闭阀门以达到控制进气量的目的。步进电机的转子轴向固定，当转子转动时转子中心的螺杆上下移动带动阀门，使空气的流通面积发生变化，从而达到调节进气量的目的

怠速控制阀由点火开关供电，只要点火开关转至 ON 位置，怠速控制阀即通电，发动机电脑控制其电路搭铁。当发动机的工作参数偏离正常值时，便使用该阀来调整怠速转速。怠速转速是通过控制旁通节气门体的空气量来调整的。发动机启动后，怠速控制阀开启一段时间进气量增加，使发动机怠速转速提高约 150 ~ 300r/min。当发动机冷却液温度较低时，怠速控制阀开启，以获得适当的快怠速。发动机电脑根据不同的冷却液温度，通过改变传到怠速控制阀的信号强度来控制怠速控制阀柱塞的位置，从而稳定怠速，并达到理想的怠速转速。

第七节 发动机发抖

经常会有车友说，我这车抖得厉害，跟拖拉机一样，或者有的说发动机抖得厉害，发动机为什么会抖动呢？到底是正常现象还是故障呢？实际上这两种情况在现实中都有。由于发动机正常运转的时候肯定是会有抖动的，只是尺度的大小有所差别，而本文中所提到“发动机抖动”都是比较明显的情况，也就是车内的乘员感觉到车身或者挡把都随着发动机运转而抖动的情况。

(一)常见的正常抖动

实际上对于有的车型，由于车辆发动机和车身本身结构的原因，发动机抖动会比较明显，这种算在正常的范围之内，消费者不必太过担心。

(二)常见的发动机本身结构造成的抖动

典型代表：三缸发动机

发动机本身的结构抖动主要是汽缸运行的时候不均衡造成的，说通俗一些，几个活塞在做功的时候，通过曲轴较劲，如果力量不够均衡，就会发出抖动声。这种由于发动机结构引发的抖动声在三缸发动机上尤其突出，直列四缸会略好一些，水平对置发动机和V型发动机在抑制自带抖动上面会有天然的优势。

由于发动机结构引发的抖动在三缸发动机上尤其突出，即便是一些技术上比较先进的发动机也不能避免

保时捷、斯巴鲁等品牌习惯使用的水平对置发动机由于汽缸、活塞等几乎完全对称布置，因而在抑制抖动上面有着先天优势

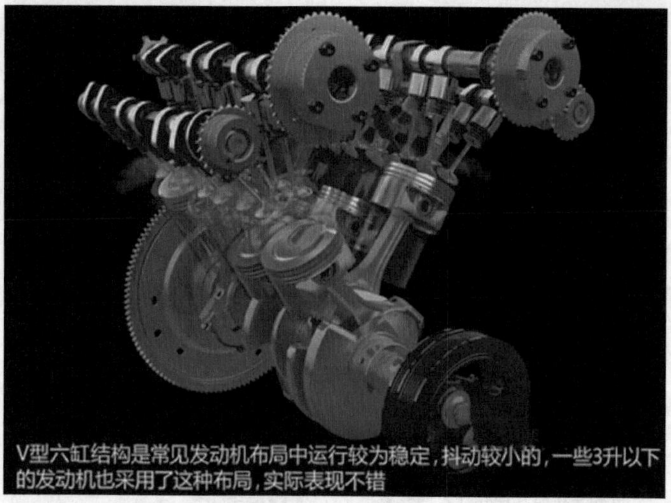

V型六缸结构是常见发动机布局中运行较为稳定，抖动较小的，一些3升以下的发动机也采用了这种布局，实际表现不错

发动机结构本身的抖动，可以通过一些特别的设计，比如平衡轴，也就是通过附加的轴与曲轴反向转动，抵消部分抖动，或者将中等排量的直列四缸换成稳定性更佳的 V6 发动机，尽管后者的结构会更复杂，成本也会提升，但对于更强调舒适性的中高级车这样的车型来说还是有必要的。

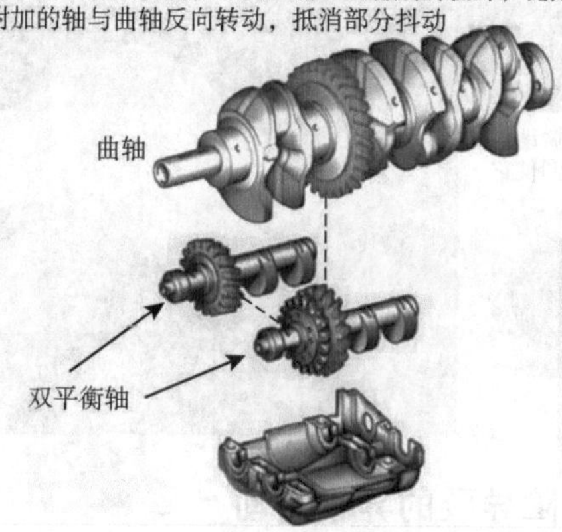

发动机结构本身的抖动，可以通过一些特别的设计，比如平衡轴，也就是通过附加的轴与曲轴反向转动，抵消部分抖动

(三)发动机布置形式与悬置结构造成的抖动

典型代表：纵置发动机的部分低端车型

由于发动机加工精度和悬置结构设计的问题，一些采用纵置发动机的后驱车型，尤其是一些基于皮卡基础的低端 SUV，往往会感觉到比较大的抖动，特别是挡把，直接和变速器壳体连接(通常横置前驱的变速器壳体与挡把间通过拉线连接，会大大缓解这种发动机通过变速器传到挡把上的抖动)，几乎会给人一种“按摩器”的感觉，直接影响到车内乘员的舒适性。

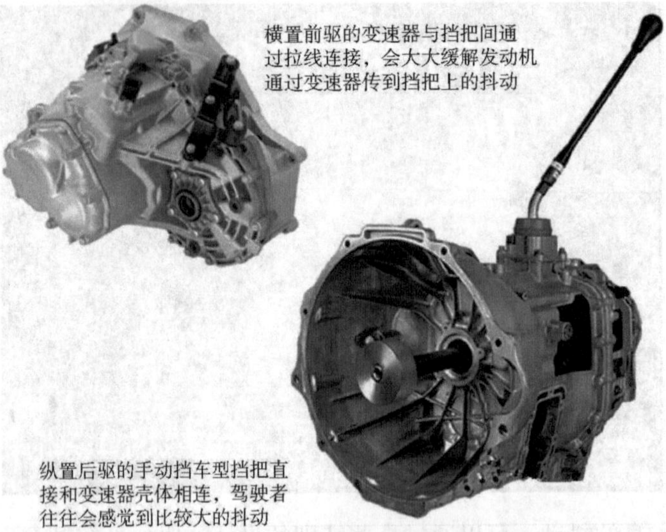

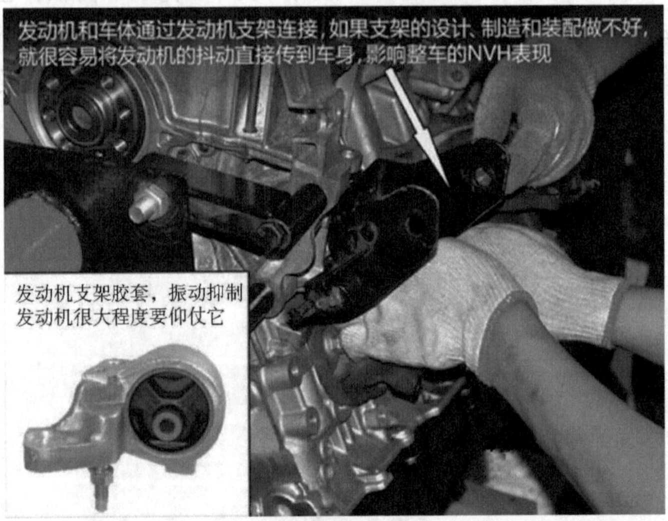

（四）常见的机械电路故障导致的异常抖动

除开抖动之外，这种容易引发抖动的悬置方式和结构往往也会伴随较为明显的噪声，而且通过后期改装也很难将这些噪声明显抑制住，所以实际上车辆的 NVH（噪声震动）的设计和研究也是一个整体，需要设计者在设计之初就充分考虑，不然后期补救效果是非常有限的。

由于故障引发的发动机抖动同样是因为各种原因导致各个汽缸工作不均衡而产生的，重点就在于发动机的某一个或者几个汽缸燃烧不充分，运作不到位，归纳起来无非是发动机点火不佳、喷油不到位，或者燃烧室漏气，还有就是配气混乱这四方面原因造成的。

（五）发动机缺缸典型代表：缸线或者点火线圈故障

缺缸，通俗一些就是一个汽缸或者多个（现实中有四缸发动机缺两个缸的）不正常工作，甚至罢工，而一个汽缸内部是否能正常工作，与汽油的供应和点火息息相关，所以供油和点火异常都会导致单个汽缸工作不正常，同时引发发动机抖动。

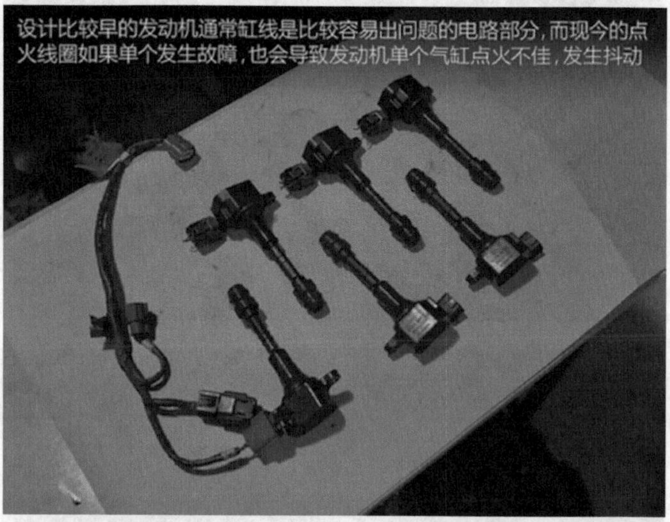

缺缸的解决，通常会排查电路和油路，比如行车电脑、缸线或者点火线圈、火花塞、喷油器等部件，重点是电路，因为线路破损、接头虚接等问题造成的缺缸现象比较常见，更换后即可解决。

（六）发动机缸压不足（漏气）

典型代表：装配不佳导致汽缸密封不佳

缸压不足导致的发动机抖动通常需要通过专门的设备来检查，而原因其实就是燃烧室密闭不严，汽缸内刚开始做功就发生漏气，从而导致燃烧不彻底，汽缸工作异常。究其原因，通常会在气门和活塞环两个环节出问题(使用年限较长的车往往也会缸垫密闭出问题，但那就往往不是简单的漏气了)，气门磨损、失圆、活塞环磨损或者对口等情况都会导致漏气。

三道活塞环都有一个缺口，如果缺口接近（就是所谓活塞环对口），就会让汽缸密闭性丧失，导致漏气。活塞环对口属于非常低级的装配错误

缸垫位于缸体与缸盖之间，起着密闭汽缸、分隔冷却系（水路）和润滑系（油路）的作用

由于装配或者设计的问题，气门在使用一段时间后容易造成异常磨损，从而导致漏气

如果简单的漏气，通过调节部件装配位置、更换已经损坏的小部件就可以解决，但是有时候诸如活塞环的问题也会导致缸体内部拉伤，这就会导致更换整个缸体，就算是大手术了。

(七)配气系统故障

典型代表：正时系统故障导致配气出现问题

同样，发动机的正时系统由于装配或者零部件损坏，会导致发动机的配气系统运转异常，进排气门的开闭时机不对，汽缸间的协作失去平衡，抖动也就在所难免了。

正时系统的问题不可小视，因为这往往容易造成更大的损失，尤其是正时齿带或者链条出问题之后，造成发动机缸内重要部件损坏也不鲜见。

(八)常见的由于使用原因导致的发动机抖动

发动机正常运转的时候都会有抖动，但有的抖动会比较明显，车身或者挡把都随着抖动，这到底是正常现象还是故障呢?

当然，不同的用车环境和驾驶习惯也会导致发动机的异常抖动，这些往往是可以避免的，需要用户在使用过程中加以注意，尤其是机油和汽油，不要贪图便宜，而造成大得多的损失。

(九)燃油、机油、防冻液品质问题/液面过低

典型代表：劣质汽油引发发动机抖动，防冻液不足引发缸垫烧蚀

如果在用车中没有使用合格的燃油、机油，或者防冻液，要么是燃油中杂质多，引发严重积炭，要么发动机润滑不良，或者冷却不好，都会导致发动机出现抖动。同样，缺机油、缺防冻液或者燃油过少也会引发发动机抖动，如果继续行驶，有可能对发动机的主要部件造成损坏，构成更大的损失。

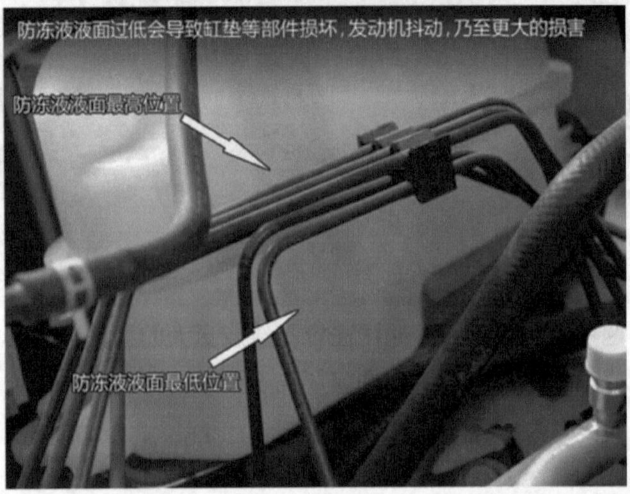

需要提醒的是，有的新车提车时油箱内油量很少，容易把这种抖动和发动机本身故障的抖动混淆，消费者在这种情况下更要多留意，加好油之后，对车辆的工作状况多观察，防止不必要的损失。

(十)发动机积炭、怠速不稳定

典型代表：长期低速行驶，引发气门、节气门积炭

进站的车辆动辄清洗发动机节气门、进气歧管等部位，理由就是积炭。确实，现在对于都市用户，拥堵的城市路况使得发动机始终处于低转速、低负荷的工况，不可避免导致车辆积炭，尤其是驾驶者驾驶习惯不好的手动挡车型，积炭可能更为严重，一旦到了一定程度就会导致发动机抖动。此外，如果发动机怠速不稳，也会导致车辆在极低的速度下发生抖动，甚至于熄火。

良好的驾驶习惯可以帮助延缓发动机的积炭，比如适当提升行车和换挡的发动机转速，时不时拉一下高速，适当热车等等，不过要真的有严重积炭，也只能去清洗了。

(十一)发动机突爆声

典型代表：燃油标号不合理引发突爆

汽油标号(之所以这里的“燃油”主要指汽油，是因为柴油发动机极少出现突爆的问题)是衡量汽油抗爆性的一个重要指标，如果车辆本身要求使用较高标号的汽油，而用户由于价格因素或者实在加不到高标号汽油(这在偏远地区很常见)而使用了低标号汽油，就有可能因为抗爆性不足而引发突爆。除了要按手册规定标号加油之外，如果实在找不到合适标号的汽油，在应急状况下只能使用相应的添加剂了。

当然，突爆有时候也不排除是发动机本身的原因，尤其是一些为了过于压榨发动机的动力性能，而将发动机调校的比较极端的事情，这样的突爆往往就是大面积的爆发，和使用者的驾驶习惯、用油之类关系不大了，要解决这类问题，只能厂商提出更佳合理的解决方案，重新设定 ECU(也就是常说的刷电脑)来根除了。

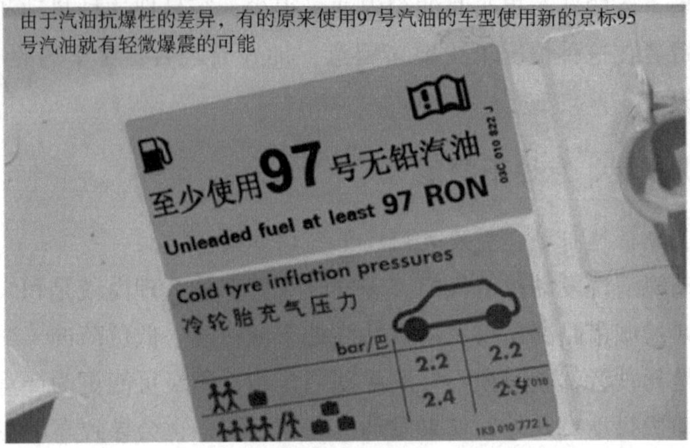

总结：汽车是一个由好几万个零件组成的系统，往往存在牵一发而动全身的问题，发动机抖动这种比较常见的问题，实际上造成的原因很多，如果说结构上面的原因消费者无法克服的话，那么对于发动机故障造成的抖动就需要加以小心了，及时进行维修，至少不要让损失扩大；而对于纯粹由于使用造成的发动机抖动，就更应该尽量避免了，多学习一些合理用车的知识，让自己的爱车健康地工作。

附　录

一、如何选择好汽车发动机润滑油

汽车发动机润滑油（又称“机油”）的作用是在运动机件之间形成油膜，将它们的接触面隔离开来，将固体摩擦变为液体摩擦。据资料统计，车辆因润滑不良造成的故障占到总故障的4成。为保证发动机可靠运行，降低磨损，延长车辆使用寿命，在选择、使用发动机润滑油上应注意以下几点：

1. 选择多级润滑油

汽车发动机润滑油工作时温度范围较宽，发动机冬夏两季发动机启动时的最低油温可达几十度，而启动时的油温与大负荷运转时的最高油温相差更大。若润滑油的黏度太大，流动性和泵输送性就会相对较差，造成发动机启动困难或启动后润滑油流到润滑部位的时间过长，引起干摩擦，加速机件的磨损；若润滑油的黏度太小，则在高温时，不利于形成流体润滑油膜，从而增加机件摩擦磨损，严重的会造成机件擦伤、拉缸等后果。因此从减少摩擦磨损，改变低温启动、高温润滑和节能等各方面考虑，应优先选择多级润滑油。

多级润滑油是在低黏度基础油中加入增黏剂等制成，它的黏温特性相较单级润滑油要好得多。黏度特性是指润滑油黏度随温度变化而变化的性能，其好坏在国际上用黏度指数表示，数值越大，润滑油的黏温性能越好。多级润滑油黏度指数通常都在130以上，而单级润滑油一般在75到100之间。使用多级润滑油，既利于低温启动，特别是在寒冷的冬季，又利于高低温情况下的润滑。在节能方面，据国内外试验结果表明，各种黏度级号的发动机使用多级润滑油相较单级润滑油能节油1%～3%。

选择时应注意，多级润滑油既含有W黏度级号表征低温黏度等级，又含有100℃运动黏度级号表征100℃时的黏度等级，且两黏度级号之差至少应等于15。如“30号油”这样只有一个黏度级号的油是单级润滑油，又如“20W/30”这样虽然有两个黏度级号，但两个黏度级号之差为10的油也是单级润滑油。而“10W/30”这样的润滑油才是多级润滑油。低温黏度等级分为0W，5W，10W，15W，20W，25W，数字越小，低温性能越好；100℃运动黏度等级分为20，30，40，50，60，数字越大，黏度越大。黏度牌号为15W/40的多级润滑油，适用于环境温度范围为－20～40℃，或供华北及华北以南地区全年使用；10W/30的多级润滑油，适用于环境温度范围为－40～30℃，供华北及寒冷地区使用；20W/40的多级润滑油，适用于环境温度为－10～40℃，适用于长江以南的绝大多数地区；对于环境温度低于－40℃的酷寒区，国家暂时还没有多级润滑油产品，需进一步研制。

2. 选择高质量级别的润滑油

现代发动机由于采用了电子控制燃油喷射、催化转换器、涡轮增压、中冷等技术，发动机工况更加严苛，因此选用高质量的发动机润滑油可延长发动机使用寿命、降低油耗、减少磨损、延长换油周期、节省润滑油、提高发动机工作效率等。高级别发动机润滑油可替代低级别润滑油，但反过来则不行。润滑油质量级别根据API(美国石油学会)的分类来划分，汽车发动机润滑油API质量级别以S开头，有SA、SB、SC、SD、SE、SF、SG、SH、SJ、SL等，后一个字母越靠后，级别越高。

3. 选择黏度低的润滑油

实验表明，润滑油黏度降低1厘斯，大约节约燃料1.5%；发动机的磨损约有2/3发生在低温启动过程中。这一点和很多人的直觉相左，很多人认为高黏度的润滑油能形成较厚的油膜，因此能增强润滑效果，其实由于高黏度润滑油低温启动性和泵输送性较差，启动后上油速度较慢，反而会加剧磨损。因此发动机润滑油的黏度不是越大越好，而是应该在保证润滑条件的前提下，尽可能的选用低黏度润滑油。

在实际情况中，可根据发动机工作时机油压力值的大小来调整所用机油的黏度级别。如果润滑油压力低于发动机设定的最低工作压力值，则不能保证将足够的润滑油泵输送至各个润滑点，润滑油压力指示灯就会亮红灯，以示警告。因此，若要调整润滑油的黏度级别，首先要保证润滑油压力指示灯不会亮红灯。

若发动机其他一切正常，只是亮红灯，说明所选润滑剂黏度低，需要改用黏度大一些的润滑剂，比方说，若选用SA15W/40的润滑油润滑油压力指示灯变红，则可改用SA20W/50的润滑油。

4. 合理确定更换润滑剂的周期

发动机润滑油在使用过程中，由于污染、氧化等原因，质量会逐渐下降，同时也会消耗，因此需定期更换润滑剂。

作为车主，一般应按照汽车使用说明书上的规定期限更换润滑油。但润滑油变质程度与汽车性能、修理技术、驾驶水平、道路、天气条件、润滑油质量等都有关系，统一规定更换润滑油期限有时并不完全符合实际情况，因此即经济又合理的换油方式是按质换油，即根据所用润滑油的某些指标变化程度来确定更换时间。比如可使用油迹实验法来判断是否需要更换润滑油，具体操作是：在两片洁净的滤纸上，分别滴下 1 滴新润滑油和 1 滴在用润滑油，观察区别，若在用的润滑油中间黑点与周围黄色油迹的界限不明显，且逐渐扩散，则说明润滑油中的清净分散剂没有耗尽，可继续使用；若中间黑点与周围黄色油迹的界限清晰，有明显的分界线，则说明润滑油中的清净分散剂完全耗尽，需立即更换润滑油。

由于现代汽车使用的润滑油一般都加有清净分散剂，润滑剂使用一段时间后颜色容易变黑，但油品并未变质，因此要消除以润滑剂颜色变黑作为更换依据的误区。

二、汽车发动机润滑油的使用须知

1. 发动机润滑油不能随意混用

有些维修人员和驾驶员在需要更换发动机润滑油时，不换掉发动机内剩余的润滑油，直接补充一定数量的新油后继续使用，或者将几种不同牌号的润滑油混合使用，认为既经济，又能兼顾性能，但是这种做法是完全错误的。因为：①不同的汽车厂商在设计时，根据汽车的结构、使用环境等因素规定了应该使用的润滑油的牌号、更换周期、使用数量等；②不同牌号的润滑油，其物理、化学性能是有区别的，各种指标并不完全相同。如果混合使用，润滑油性能会发生变化，容易造成变质，性能降低，加速机件磨损，密封件老化等。因此，不同牌号，汽油机和柴油机，单级和多级润滑油不能混合使用。

2. 不能随意在润滑油内加入其他添加剂

在售的发动机润滑油都会考虑到使用环境等因素，其配方经过了多次、长期的测试确定下来的，考虑了性能的平衡性和化学相容性、反应性的问题。如果擅自加入其他添加剂，极有可能会破坏原润滑油中的添加剂，造成功能减弱甚至破坏，影响润滑油性能和使用寿命，还可能产生有害的化学反应，对车辆造成不可逆的损伤。因此，不能随意在润滑油内加入其他添加剂。

3. 发动机润滑油的代用有一定原则

有些用户出于经济上的考虑或者由于对这方面不是很了解，在选用发动机润滑油方面随意性很大，经常换用不同牌号的润滑油，或高级、低级润滑油轮换使用，甚至长期采用低级润滑油代用高级润滑油，这样做会严重影响发动机的使用寿命，因此在选择代用润滑油时，需遵循一定的原则：一是黏度等级相同的润滑油，高级的可以代替低级的润滑油；二是质量等级相同时，使用温度宽的可以代替使用温度窄的润滑油。比如对要求使用 SA

30 润滑油的情况，可以用 SA 10W/30 的多级润滑油或 SB 30 的更高级单级润滑油代替 SA 30 的单级润滑油；对要求使用 SA 30 润滑油的情况，除了可以用 SA 10W/30 的润滑油代替外，还可以使用 SA 10W/40 的温度更宽的润滑油代替。需要注意的是，使用代用润滑油时应经常检查发动机润滑系统的工作情况，以免出现意外状况；同时千万不能将机床上使用的机械油或其他非发动机用润滑油用在汽车发动机上，因为它们不含有任何添加剂且并不适用于汽车使用环境和条件，会引起发动机的磨损及损坏。

4. 防止润滑油被污染

发动机润滑油在使用过程中，污染物主要有机械杂质和水分。水分不仅会腐蚀汽车零件，还会妨碍润滑，降低润滑油油膜的强度，引起润滑油起泡、乳化变质，严重时会使得润滑油中的添加剂分解沉淀并失效。因此在润滑油的储存和使用过程中，要严防水分混入；更换新的润滑油时要注意保持容器的清洁干燥，有条件的话应将润滑油过滤后再加入；平时注意对空气滤清器、机油滤清器、燃油滤清器这“三滤”的维护，保持空气滤清器有较高的滤清效率，最大限度的减少机械杂质混入。

5. 勘查油位高低适时添加

一般通过经验，可以估计润滑油的耗油量，估算油位，在油位过低前及时添加。

如果油位突然出现异常，可能是一个现有的故障，或是潜在的故障，需立即查明情况，作出应对措施。如果油位突然过低，可能是润滑油泄漏，也可能是润滑油窜入发动机燃烧室烧掉了(俗称烧机油)；如果油位突然过高或每天缓慢上涨，可能是燃油漏入发动机油底壳的润滑油中，也可能是冷却液漏入油底壳的润滑油中。这些都是十分严重的现象，需立即查明并排除。

添加润滑油时，注意不要超过油标尺的上刻度，即高油位线，最好是略低于上刻度线，这样可以避免润滑油过多时窜入发动机燃烧室燃烧形成积炭的情况，同时可以保证正常的燃油消耗，因为实验表明：润滑油加油量超过标准 1%，燃油消耗会增加 1.2%。检查润滑油油位时应把车辆停放在水平路面上，以保证结果的准确性。

6. 不能使用劣质润滑油

由于润滑油市场鱼龙混杂，假冒伪劣产品极多，一般凭外观很难区分发动机油的品质高低，在不注意的情况下很容易买到劣质润滑油，其使用会对车辆产生严重的损伤，因此一旦发现使用的是劣质润滑油，应立即停止使用，并清洗润滑油道。在购买润滑油时应注意：尽量选择知名品牌的润滑油；尽可能到有保障的专卖店购买；学会根据 API 表示机油质量等级来辨别油品质量高低；润滑油外包装要求有生产厂家的地址、保质期、批号等完整信息。

7. 机油压力过低的预防

正常的机油压力，是保障发动机润滑系统正常工作的前提。当发动机运转时，出现的如发动机温度过高、机油泵零部件磨损、曲轴轴承或连杆轴承磨损或配合松动等都会影响到发动机机油压力。一旦发现机油压力过低，应及时查找原因并排除，否则极易引起发动机故障，甚至使发动机报废。因此需要以预防为主，防患于未然。

(1)检查常态化：经常检查机油是否充足，必要时添加或更换机油；经常检查是否有漏油现象；经常检查机油压力感应塞和机油压力表是否正常工作；按照保养手册的指示更换机油和机油滤芯；经常检查电路，保证线路没有松动、断点、露点等问题，如有问题应及时修理。

(2)及时保养：当发动机运行到一定时间后，需对发动机单独进行保养，对稳定发动机性能，延长发动机使用寿命帮助巨大。

(3)正确选用润滑油：润滑油的选择要根据汽车使用情况、天气条件及环境因素等多方面情况选用。

三、发动机冷却液温度过高的排查方法

汽车发动机冷却液温度的高低直接影响发动机的使用寿命。为保证发动机正常工作，一般要求冷却液温度保持在80～90℃，最高可达105℃。若发动机冷却液温度过高，会导致发动机功率下降，各零部件因润滑不良而加剧磨损，燃油消耗增加。因此需要及时排查冷却液温度过高的故障，具体方法如下：

1. 发动机故障排查

发动机温度升高之前，如果车辆行驶无力、提速不足或间有“回火”“放炮”现象，产生原因多为点火时间不准或混合气过稀、过浓。若机温未升高之前发动机正常工作，机温升高之后反而出现爆燃等不正常现象，说明爆燃是由机温过高或局部温度过高造成，如果情况刚好相反，则为发动机爆燃导致机温过高。

2. 冷却液循环量过小的排查

(1)在冷却状态下，拆下散热器上水管，启动发动机，使转速提高到2500r/min左右，此时从上水管口应有大量冷却液冒出，否则表明冷却液循环不良。接着装上上水管，加足冷却液，启动发动机运行几分钟，然后用手分别触摸水泵、节温器两端及散热器上、下进出水管，若感觉某部位两端温度差别过大，表明该部位有故障。

(2)在不高于冷却液沸点温度的情况下打开散热器盖，并打开放水开关，等水面低于散热器偏管上口后，从散热器盖处观察偏管是否堵塞，同时可用合适的钢丝从偏管往内插入，若阻力很大且拔出的钢丝脏污严重，则说明散热器堵塞严重，需要拆下进行清洗。

(3)由于多种原因，在加注冷却液时水泵内会窜入空气，使水泵内的水量过低，此时因打开散热器盖或储水罐盖，并使出水管一边略高一边略低，然后启动发动机，转换发动机转速，排尽空气为止。

3. 确定无外部泄漏的情况下冷却液消耗异常的排查

(1)拔下机油尺，若观察机油量自行增多且呈乳白状，说明燃烧室与水道间串通或机体、缸盖间有缝隙。

(2)当低于冷却液沸点温度时，打开散热器盖并启动发动机，如果能看到冷却液中有大量气泡冒出或有水柱喷出现象，则说明汽缸或汽缸垫损坏。

4. 冷却液温度高于临界线故障的排查

可能是由于电动机风扇停止运转造成，可短路感温开关实验，若确定是风扇问题，应确定线路熔丝是否良好，在熔丝良好的情况下分析是否是电磁离合器继电器或电动机的问题，若不是风扇问题，说明感温开关损坏。

5. 冷却液“沸腾”故障的排查

应尽量保持发动机怠速运转，使冷却液能继续循环，因冷却液此时温度很高，应等待一段时间后，再用毛巾等物小心打开散热器盖，进行检查。而造成冷却液“沸腾”故障的原因可能有：

(1)冷却液不足，散热器损坏修复后散热面积不足。

(2)散热器内流通不畅。

(3)散热片外通风不畅。

(4)百叶窗未开启，通风量不足。

(5)风扇传动带过松，风力不足，且冷却液循环流动速度不足。

(6)节温器开启不足。

(7)发动机循环系统内壁有过多的沉积附着物，使得散热功能发挥不足。

(8)循环系统有的管道弯折过度使得冷却液流通不畅。

(9)点火系点火时刻过早、过晚都能致使发动机温度过高，形成冷却液沸腾现象。

以上都是机械原因，有时环境条件和驾驶操作方式也也可以造成发动机冷却液温度升高到沸腾的地步。

6. 节温器故障排查

在车上可以通过手感受上下水管的温度进行判断：首先启动发动机约3min后触摸上下水管，若节温器没有问题，则上水管和下水管的温度应是不一样的，一般上水管热下水管凉。当发动机水温到90℃时上下水管都是热的，证明节温器没有故障。若启动发动机后上下水管温度一直一样就是节温器坏了，此时应拆下节温器，将其吊在盛有热水的容器中加热，并测量冷却液温度。若节温器完全开启空隙远小于循环管口的横截面积，则必须更换。

7. 水泵故障的排查

检查泵体及皮带轮有无磨损及损伤，必要时应更换。检查水泵轴有无弯曲、轴颈磨损程度、轴端螺纹有无损坏。检查叶轮上的叶片有无破碎、轴孔磨损是否严重。检查水封和胶木垫圈的磨损程度，如超过使用限度应更换新件。检查轴承的磨损情况，可用表测量轴承的间隙，如超过0.10mm，则应更换新的轴承，或观察水泵轴承是否转动灵活以及倾听转动是否有异常响声，如有说明轴承有问题，应更换新的轴承。

8. 风扇电磁离合器故障的排查

(1)风扇电磁离合器及控制线路的检查与判断方法：接通点火开关，短路温控开关，若电磁离合器接合(有“咔哒”声)，说明温控开关故障，反之表明控制线路及电磁离合器故障。用一根导线，一端接入电源，一端接电磁离合器接线点，若电磁离合器接合，表明线路故障，反之则说明电磁离合器故障，需拆解检查。

(2)电磁离合器常见故障有：电刷与继电器接触不良；电磁线圈断、短路；主动盘间隙过大；导向衬套内的螺栓卡住或与衔铁环产生摩擦等。

第二章　摩擦式离合器工作原理与异响诊断

离合器是汽车传动系统中独立的一部分，为发动机飞轮与飞轮与变速器输入轴提供机械联系，用来切断和实现发动机对传动系的动力传递。现在汽车上常用的离合器有摩擦式离合器、液力耦合式离合器以及电磁式离合器等。用的最多的是摩擦式离合器，其分为干式和湿式两种，轿车上采用较多的是干式中的膜片弹簧式离合器。

如何及早的发现离合器的故障呢？我们可以踩下离合器踏板、放松离合器踏板，或者挂进挡位，稍微放松踏板时，通过离合器出现的各种异常响声和噪音，或连续，或间断来判断和检修离合器。

第一节　摩擦式离合器的工作原理

一、摩擦式离合器的组成

摩擦式离合器由主动部分、从动部分、压紧装置，分离机构和操纵机构组成，如图 2-1所示。

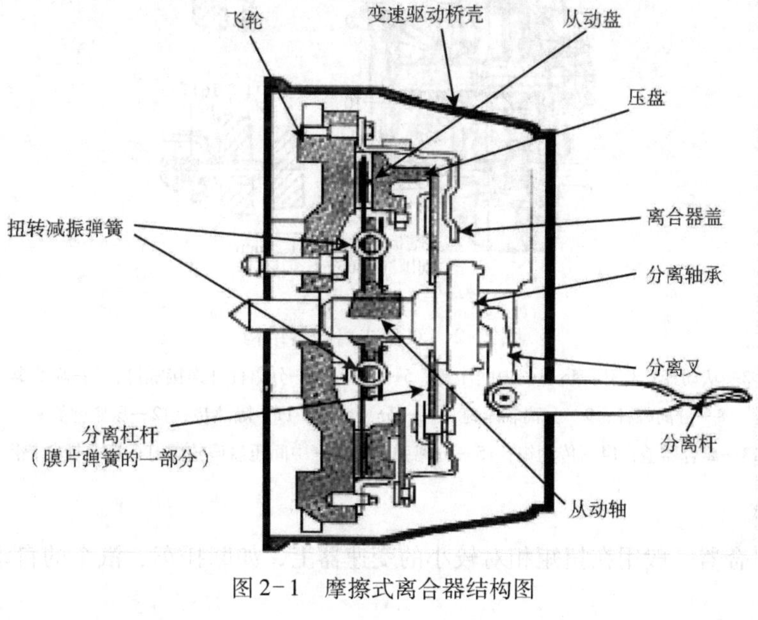

图 2-1　摩擦式离合器结构图

(1)主动部分由飞轮、离合器盖和压盘组成，这部分与发动机曲轴连在一起。离合器盖与飞轮靠螺栓连接，压盘与离合器盖之间是靠3~4个传动片传递转矩。

(2)从动部分由从动盘和从动轴组成，它们之间通过花键连接，从动盘位于压盘和飞轮之间。从动部分是将主动部分通过摩擦传来的动力传给变速器的输入轴

(3)压紧装置由压紧弹簧组成，与主动部分一起旋转，它以离合器盖为依托，将压盘压向飞轮，从而将处于飞轮和盘压间的从动盘压紧。

(4)分离机构由分离杠杆、分离轴承、分离套筒、分离叉组成，分离机构是将主动部分和从动部分结合和分开的执行机构。

(5)操纵机构由踏板、拉杆、调节叉组成，是为驾驶员控制分离机构的传动机构。

二、摩擦式离合器分类

按从动盘的数目不同：分为单盘式、双盘式和多盘式；

按压紧弹簧的分为膜片弹簧式、螺旋弹簧式、周布弹簧式、中央弹簧式；

按操纵方式不同，主要分为机械操纵式、液压操纵式；

按离合器是否浸在油中分为干式和湿式。下面只介绍几种典型的离合器。

1. 双盘式

双片离合器一般用于载重量较大，需要传递较大扭矩的汽车上。双片离合器采用了2个压盘和2个从动盘，摩擦面由2个增至4个，在不增加压紧弹簧弹力和飞轮尺寸的条件下，增大了摩擦力矩，其工作原理与单片离合器相同，如图2-2所示。

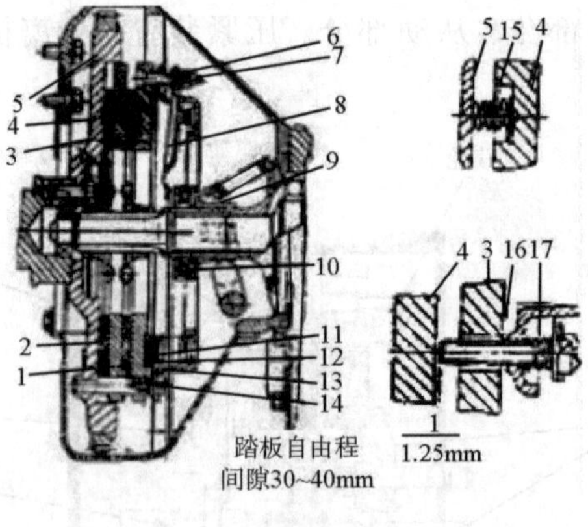

图2-2　双盘式离合器结构

1，2—从动盘；3—压盘；4—中间压盘；5—飞轮；6—分离杠杆连接螺钉；7—调整螺母；8—分离杠杆；9—分离轴承座；11—分离轴承；11—隔热垫；12—压紧弹簧；13—离合器盖；14—传动销；15—分离弹簧；16—中间压盘调整螺钉；17—锁紧垫圈

2. 多盘式

多片式离合器一般用在扭矩相对较小的变速器上，如摩托车、汽车的自动变速箱，都

是油浸式，好处是耐磨，散热好，衔接柔顺，寿命长，缺点是抗扭矩小，因为弹簧压力受体积有限和摩擦片薄所带来的强度限制。

3. 膜片式离合器

膜片弹簧离合器的弹簧是膜片式弹簧如图2-3所示，其名称由此而来。膜片弹簧是具有弯曲形状起压紧摩擦副和分离机构作用的盘状弹簧，和普通螺旋弹簧相比，膜片弹簧轴向尺寸小、结构简单。而且膜片离合器具有紧凑、轴向尺寸小、压紧力分布均匀、良好的弹性性能、能自动调节压紧力、操纵轻便、高速时压紧力稳定、分离杠杆平整勿需调整以及使用寿命长等优点。此外，该离合器还有传递的转矩大且工作性能稳定、高速时平衡性好、散热通风性能好等优点，因而在中小型汽车上广泛使用，也是现在应用最广的汽车离合器。

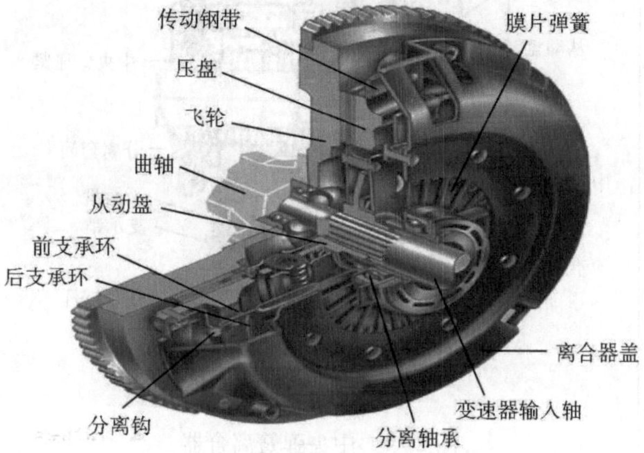

图2-3 膜片式离合器

4. 周布弹簧离合器

周布弹簧式离合器的压紧装置由若干根螺旋弹簧组成，螺旋弹簧沿压盘周向对称布置，装在压盘与离合器盖之间。和膜片式离合器相比，周布弹簧离合器只是用沿圆周布置的螺旋弹簧取代了膜片弹簧而已。周布螺旋弹簧离合器的压紧弹簧均采用圆柱螺旋弹簧，并均匀地布置在一个或同心的两个圆周上，其特点是结构简单，制造容易，因此应用较为广泛。当发动机最大转速很高时，周置弹簧由于受离心力作用而向外弯曲，使离合器传递转矩能力随之降低。过去广泛应用在各类汽车上。此结构的弹簧压力直接作用于压盘上，为了保证摩擦片上的压力均匀，压紧弹的数目要随摩擦片直径的增大而增多，而且要是分离杠杆的倍数。因压紧弹簧直接与压盘接触，易受热回火失效。此外弹簧靠在其定位座上，造成接触部位的严重磨损，甚至会出现弹簧断裂的现象。

5. 中央弹簧离合器

中央弹簧离合器采用一至两个圆柱螺旋弹簧或用一个圆锥弹簧作为压紧弹簧，并且布置在离合器的中心如图2-4所示。和周布式弹簧离合器相比，虽然两者都是采用螺旋弹簧作为压紧机构，但其弹簧是布置在离合器的中心位置，而非周布式弹簧离合器的四周。中央弹簧离合器应用不是非常广泛，多用于发动机转矩大于400~450N·m的重型汽车上。中央弹簧离合器的压紧弹簧与从动盘的轴线相同，中央弹簧有圆柱弹簧和矩形断面圆锥弹簧两种，矩形断面圆锥弹簧可以缩短轴向尺寸。中央弹簧的压紧力是通过杠杆放大而压紧压盘的，因此可以选择较大的杠杆比，使踏板力明显降低。另外，由于中央弹簧与压盘不直接接触，弹簧不受退火影响。

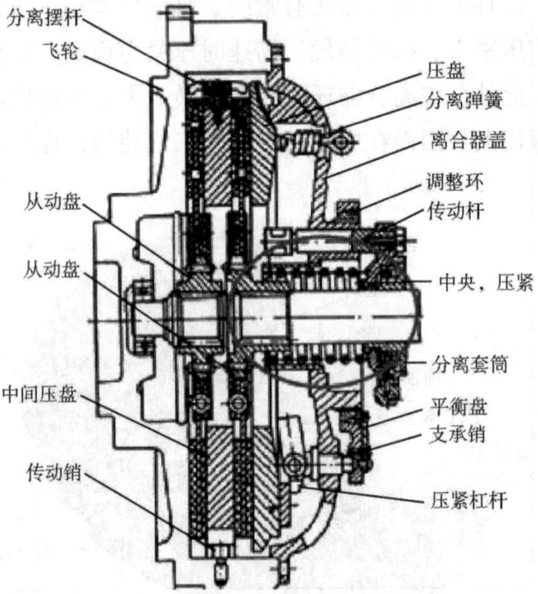

图2-4　中央弹簧离合器

三、离合器工作原理

为了使汽车平稳起步，在汽车起步前，需要切断发动机与汽车传动系统的连接来减轻发动机的启动阻力，否则难以起步；在汽车行驶过程中，要通过换挡来适应汽车的行驶速度，换挡时，不管是原挡位的齿轮副退出啮合或者进入新挡位的齿轮副啮合，这时都需要切断发动机的动力。这些，都可以通过离合器的分离来完成，如图2-5(a)所示。

在汽车起步时，发动机供给传动系统的动力必须是逐渐增长的，要不然发动机和汽车零件因为受到冲击而出现熄火或者损坏现象。这时，需要离合器缓速结合，逐步的将发动机的动力传输给传动系统。这需要离合器的结合功能来发挥作用，如图2-5(b)所示。

离合器分离过程：踏下踏板时，拉杆拉动分离叉外端向右移动，分离叉内端则通过分离轴承推动分离杠杆的内端向前移动，分离杠杆外端便拉动压盘向后移动，使其在进一步压缩压紧弹簧同时，解除从动盘压力。

离合器接合过程：当需要恢复动力时，缓慢抬起离合器踏板，分离轴承减小对分离杠杆内端的压力，压盘便在压紧弹簧作用下逐渐压紧从动盘，并使所传递转矩逐渐增大。当

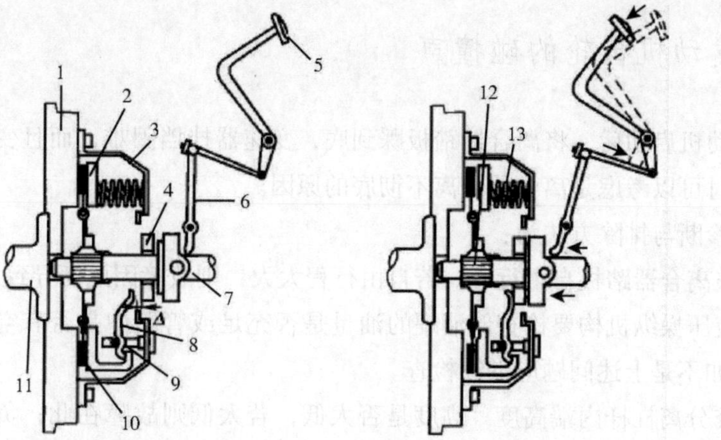

图2-5　离合器工作原理图

1—飞轮；2—压盘；3—离合器盖；4—分离轴承；5—踏板；6—分离拨叉
7—从动轴；8—分离杠杆；9—支点；11—从动盘；11—曲轴；12—花键；13—压紧弹簧

转矩小于汽车起步阻力时候，汽车不懂，从动盘不转，主从动摩擦面完全打滑。当转矩大于汽车启动阻力时候，从动盘开始旋转，汽车开始移动，但仍低于飞轮转速，即摩擦面依然部分打滑，随着车速增加，打滑消失，完全接合。

第二节　摩擦式离合器的异响

在汽车使用过程，通过离合器发出的异响可以来评估和判定离合器可能出现的故障，分析其故障产生的原因，相应的给出维修方法。例如常见的异响有：发动机齿轮的碰撞声，例如“喀喀”声；离合器摩擦片内发出“硬当、硬当”声响；当发动机运转时，踩下离合器踏板听到有“沙、沙、沙”、“哗、哗、哗”、“哗啦、哗啦”或者是间断的金属碰撞声；汽车起步时，踩下离合器踏板，当抬起踏板使摩擦片与飞轮平面开始接触时，发出不间断的“嗷……”的声响；汽车起步时，踩下离合器踏板，挂进挡位后，当轻轻放松踏板，出现“咯噔”或者“咯唧”声响；还有“嘎吱、嘎吱”、“咯啦、咯啦”声响等。当然不是离合器的异响能完全判断离合器的所有故障，有些离合器的故障是没有声响表现的。例如离合器的打滑，离合器的打滑一般发生在汽车起步和行驶过程中加速时。其表现为起步时，踏板抬了很高的位置，汽车不能起步，或者离合器踏板全部抬起，才能勉强起步；加速时，发动机加速，而汽车行驶速度不能随之提高，行驶无力，特别是上坡时更为严重。离合器打滑的主要原因是离合器摩擦片的摩擦力不足。打滑严重时，摩擦片与飞轮和压盘不结合，以至于不能传递扭矩。

一、发动机齿轮的碰撞声

如果发动机启动后，将离合器踏板踩到底，变速器挂挡困难，而且变速器内齿轮有碰撞声响，这时可以考虑是离合器分离不彻底的原因。

其故障诊断与排除方法为：

(1)检查离合器踏板自由行程。若自由行程太大，则故障因此而导致，调整自由行程。

(2)对液压操纵机构要检查储液罐的油量是否充足或管路中是否有空气。如有空气则进行排除。如不是上述问题应继续检查。

(3)检查分离杠杆内端高度。高度是否太低，若太低则故障在此；负责检查分离杠杆是否在同一平面。

①不在同一平面，故障因此而导致。

②在同一平面内，则检查从当盘是否正反装错，若装错故障因此导致，否则踩下离合器踏板继续检查。

(4)检查从动盘是否翘曲变形、铆钉脱落，从动盘是否轴向运动卡滞等，若是则需更换。

离合器分离不彻底主要是分离时主从动部分还有接触与摩擦，可以从离合器踏板自由行程、分离杠杆高度、从动盘等方面考虑。

二、“硬当、硬当”声响

当汽车起步时，踩下离合器踏板，挂挡，抬起离合器踏板时，若离合器摩擦片内发出“硬当、硬当”声响，考虑是离合器发抖故障。

其故障诊断与排除方法为：

(1)检查离合器踏板回位弹簧是否折断或脱落。若是折断或脱落，故障因此产生。

(2)检查分离轴承回位情况。不回位则故障因此而起；负责拆下离合器盖继续检查。

(3)检查飞轮、离合器壳或变速器固定螺钉是否松动。若是松动，则故障因此而起。

(4)检查分离杠杆内端是否在同一平面，不在同一平面，则故障因此而起，否则继续检查。

(5)检查压紧弹簧是否断裂。若断裂故障在此，否则继续检查。

(6)检查从动盘是否有油污、烧焦或铝质粉末物。若有故障在此，否则继续检查。

(7)检查从动盘钢片、压盘或飞轮是否有翘曲变形。若有变形则故障因此；负责故障在缓冲片或缓冲弹簧疲劳或断裂、摩擦片表面不平、软化、铆钉松脱或折断。

离合器发抖主要从汽车起步时候离合器在接合过程中不平稳来考虑，即发动机在匀速转动，而由于离合器接合不平稳使离合器的从动部分转动不平稳，从而使离合器乃至汽车出现抖动现象。

三、分离轴承异响

当发动机运转时，踩下离合器踏板使分离轴承与分离杆接触时，听到有声响，抬起离合器声响消失。再踩下离合器踏板，又有声响，考虑是离合器分离轴承出现问题。

若听到"沙、沙、沙"声响，抬起离合器踏板声响又消失，则考虑是分离是分离轴承与分离杆接触，或者分离轴承不转动而与分离杆接触的声响，如图 2-6 所示。

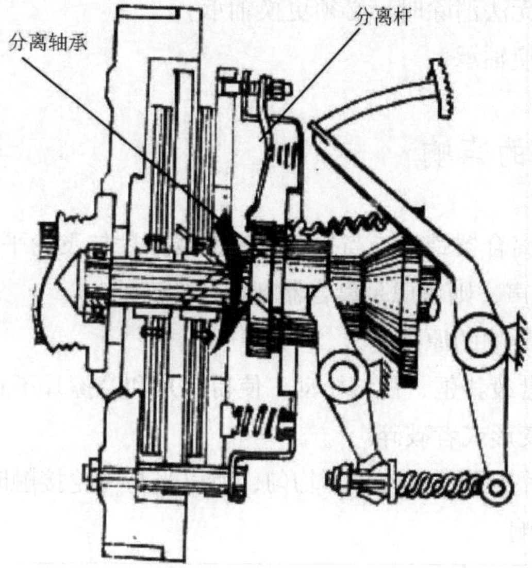

图 2-6　汽车离合器

踩下离合器踏板使分离轴承与分离杆接触时，若听到的是"哗、哗、哗"声，则可能是轴承润滑不够，缺油，滚珠与轴承圈干摩擦或者松旷过大造成。

踩下离合器踏板使分离轴承与分离杆接触时，若听到的是"哗啦、哗啦、哗啦"声，则表示轴承被损坏。

踩下离合器踏板使分离轴承与分离杆接触时，若听到的是间断的金属碰撞声，则是分离轴承、回位弹簧松弛或折断面前后滑动引起的。

离合器分离轴承产生异响失效其他原因：

(1)分离轴承的预紧力不够　分离轴承端面在怠速时承受的初期压力过小，导致离合器分离轴与轴承端面产生相对运动和刮蹭，产生尖叫，时间长了之后在分离轴承端面易产生周向凹槽或刮平分离轴承旋转件端面，加剧分离轴承的磨损，产生早期失效。

(2)径向偏差过大　整车安装时，一轴中心与分离轴中心径向偏差过大，偏差的实际值已超过分离轴承所能承受的调心量范围。

(3)分离轴的平面度超差　分离轴平面度超差会导致与分离轴承端面接触的面积变小，相对摩擦力变小。

其故障诊断与排除方法为：

①将轴承清洁干净，固定轴承内缘，转动外缘，同时在轴向施加压力，如有阻滞或明显间隙(轴间隙大于0.6mm，径向间隙大于0.3mm)，应根据润滑轴承不同，检修方法不同。如果是永久性预润滑轴承，不能用汽油清洗，也不加润滑剂，直接擦净即可，若轴承损坏，应更换；如果是非永久性预润滑轴承，若检查后，间隙大于标准时，应起开轴承后盖，检查滚道磨损情况，若滚道起斑点或磨损超过0.3mm，或者滚珠烧蚀、轴承盖擦伤时，应该及时更换新的零件，如果正常，应加入润滑油。

②当轴承出现噪声无法消除时，必须更换轴承。

③轴承失效后，更换轴承。

四、“嗷……”的声响

汽车起步时，踩下离合器踏板，当抬起踏板使摩擦片与飞轮平面开始接触时，发出不间断的“嗷……”的尖叫声，则考虑是离合器摩擦片的声响。

离合器摩擦片发出异响的原因：

(1)离合器的从动盘毂斜歪，铆钉松动，使得钢片和摩擦片不正。

(2)从动盘的钢片变形或者破碎。

(3)从动盘的摩擦片不平整，磨损不均匀，所以当与飞轮接触时也会不均匀、不平稳，从而出现异常的摩擦声响。

其故障诊断与排除方法为：

如果声响是在离合器踏板踏到底时发现，可以检查离合器拉杆分离杆，看能否调整调整余量，调整后用起子拨动从动盘的摩擦片，转动自如，声响就会消失；如果没有调整余量或者调整后转动有阻力，则应当拆卸离合器进行修理。

五、双片式离合器传动销异响

若离合器是双片式离合器，如果出现“嘎吱、嘎吱”声响，是其传动销刮碰着飞轮壳；如果是出现“咯啦、咯啦”声响，是传动销与主动盘传动销孔的配合松旷，如图2-7所示。

双片式离合器传动销处异响的原因：

(1)传动销刮碰到飞轮壳发出的声响。

(2)传动销与中间主动盘的传动销孔配合松旷，两者发生撞击出现声响。这可能是因为车辆长期使用使得传动销与主动盘的传动销孔磨损过度，配合松旷；也可能是加工粗糙，装配有误差，使得磨损加速造成。

其故障诊断与排除方法为：

(1)检查传动销，若传动销磨损变形，可转动方向位置，使传动销与压盘销孔有密合

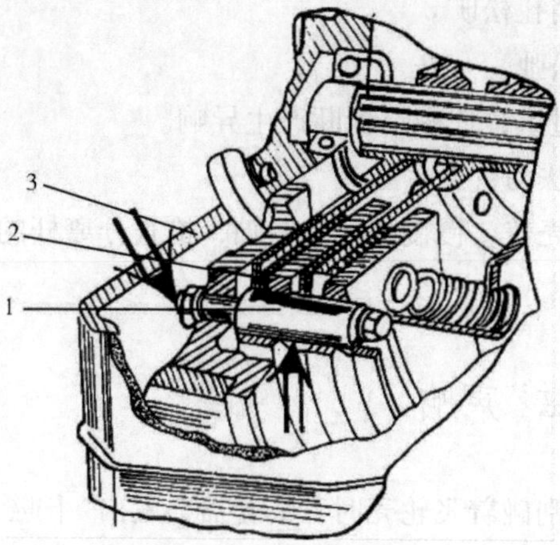

图 2-7 双片式离合器

1—传动销；2—主动盘；3—飞轮外壳

的配合，减轻松旷程度。

(2)若配合间隙过大，超过1mm，需要焊修，或者在原孔的基础上另开新孔。

(3)如果销孔磨损过大，也可以错开原中间主动盘原孔位置，重新钻孔。

(4)注意开孔的形状，使其配合得当。

六、“咯噔”、“咯唧”声响

汽车起步时，踩下离合器踏板，挂进挡位后，当轻轻放松踏板，出现“咯噔”，“咯唧”是离合器从动盘毂铆钉、键槽松旷的声音。

其声音产生的原因：

(1)离合器从动盘与变速器第一轴花键齿磨损过大，间隙过大而松旷发生碰撞的声响，其声响为“咯噔”。

(2)从动盘毂铆钉松动或者脱落的声响，其声响为“咯唧”。

其故障诊断与排除方法为：

(1)从动盘与变速器第一轴花键齿磨损不严重，声响轻微，可以继续使用；若严重，需要更换。

(2)如果从动盘毂的铆钉松动或脱落，应该拆卸检查再重新上铆钉。

七、“呱啦、呱啦”声响

如果离合器发出“呱啦、呱啦”的声响，考虑是离合器的分离杆部出现了问题。

分离杆部产生异响的原因：

(1)分离杆的螺钉折断，当发动起运转时，分离杆发生摆动出现异响。

(2)分离杆支架销及销孔松旷。

(3)分离杆螺钉弹簧松弛。

(4)踏下离合器踏板过重，使螺钉折断产生异响。

其故障诊断与排除方法为：

拆下飞轮壳下部的底壳盖，慢慢的转动曲轴，检查分离杆的情况，根据情况给予调整或者更换。

八、“卡嗞、卡嗞”声响

当离合器盖固定螺栓刮碰着飞轮壳时，离合器会发出“卡嗞、卡嗞”的声响。

异响产生的原因：

(1)离合器盖固定的螺栓过长，伸出飞轮底面过多，从而刮碰着飞轮壳。

(2)离合器盖固定螺栓垫圈过薄，固定后，螺栓伸出过多。

(3)离合器盖厚度不够。

(4)飞轮与飞轮壳距离过近。

(5)曲轴端间隙过大，前后移动时使飞轮与飞轮壳相碰。

其故障诊断与排除方法为：

(1)检查螺栓长度，更换标准尺寸的螺栓。

(2)检查垫圈，如过薄，进行更换。

(3)如果是曲轴端隙的问题，需要拆卸发动机进行维修。

第三章　自动变速箱工作原理与异响诊断

自动变速箱亦称为自动变速器，在日常修理中也称为“拨箱”，自动变速箱是相对于手动变速箱而出现的一种能够自动根据汽车车速和发动机转速来进行自动换挡操纵的变速装置。由于自动变速器是一个非常精密的组成，结构复杂，维修难度大，而自动变速器的异响是其主要的一种故障，所以掌握其异响的发生原因和检修手段对其维修有很大的帮助。

第一节　自动变速箱及其工作原理

一、自动变速箱的性能

近年来自动变速箱在汽车上的运用越来越广泛，原因是与原来的手动变速箱相比，自动变速箱具有很多独特的优点：

(1)驾驶车辆的过程中，安全系数更高。在驾驶操作中，只要将变速杆置于 D 挡位，不再需要离合器的操作和频繁的换挡，通过油门来控制即可。

(2)发动机和传动系统的寿命提高。

(3)能自动适应行驶阻力的变化，提高的汽车的动力性。

(4)汽车起步和加速更加平稳，提高了乘车的舒适度。

但是其也有一些缺点：

(1)自动变速箱制造精密，价格较贵。

(2)维修困难。

(3)耗费燃油。由于变速过程中需要液压来完成，动力在传递中造成损耗，因此相对于手动变速器的机械传动较耗油。

(4)牵阻制动效果差。自动变速箱一般是用液压变矩器来代替离合器的工作，使得车轮向发动机方向传递力的作用较小，从而在行车挡时，发动机的牵阻制动效果不好，只有使用 2 速挡或者低速挡时，才能表现出牵阻效果。

二、自动变速箱的组成及其工作原理

不同车型的自动变速器在结构上有很大的差异性，但是总体来说，自动变速器主要包括：液力变矩器、齿轮变速器、油泵、控制系统、手控连杆机构、冷却系统和壳体七个大部分组成，如图 3-1 所示。

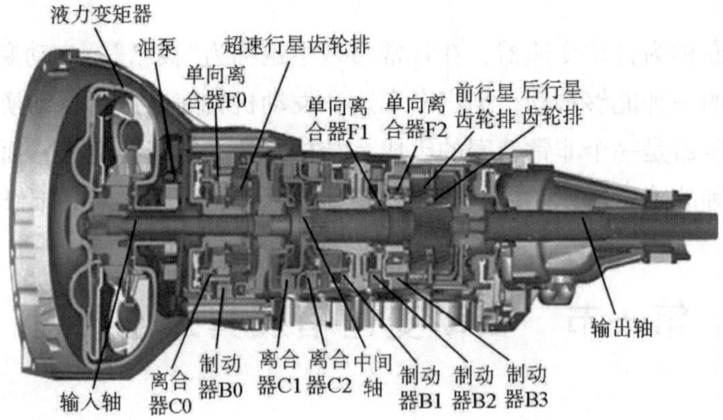

图 3-1　自动变速箱组成

1. 液力变矩器

液力变矩器的作用与手动变速器中的离合器作用相似。它位于自动变速器的最前端，安装在发动机的飞轮上，利用液力传动的原理，将发动机的动力传递给自动变速器的输入轴，如图 3-2 所示。

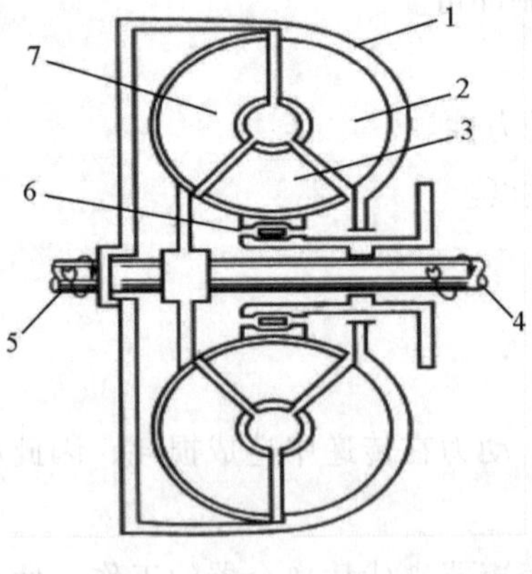

图 3-2　液力变矩器组成

1—变矩器壳；2—泵轮；3—导轮；4—输出轴；5—输入轴；6—单向离合器；7—涡轮

液力变矩器具有以下作用：①传递或不传递发动机扭矩给变速器；②减速增拒；③缓和冲击；④实现无级变速；⑤驱动控制系统的油泵；⑥起到飞轮的作用，使发动机转动平稳。

2. 齿轮变速器

齿轮变速器主要由齿轮变速机构和换挡执行机构两部分组成。其作用是进一步扩大液力变矩器传递过来的转速、扭矩的变化范围，并使自动变速器具有空挡和倒挡，用以中断动力传递和实现倒车。

3. 油泵

油泵一般是安装在液力变矩器后面，由飞轮通过液力变矩器壳直接驱动。其作用是为液力变矩器、控制系统以及换挡执行机构的工作提供一定的液压油。油压由调压阀来进行调节。

4. 控制系统

自动变速器的控制系统有液压控制和电子控制两种。

电子控制自动变速器是通过节气门位置传感器、车速传感器以及其他传感器输出的电信号一起，送到电子控制单元。输入信号与事先储存在电子控制单元中的参数进行比较，并由电子控制单元向相应的若干电磁阀发出指令，接通或切断流向执行机构各离合器和制动器的压力油，从而精确地控制换挡和锁止。其工作原理图如图3-3所示，当车速较低时，节气门开度大，阀B通电泄压，使换挡阀右移到最右端，使工作油压接通低速挡，汽车低速挡行驶；当车速增加时，节气门开度变小，阀B断电，换挡阀移动到最左端，接通高速挡，使汽车于高速挡行驶。

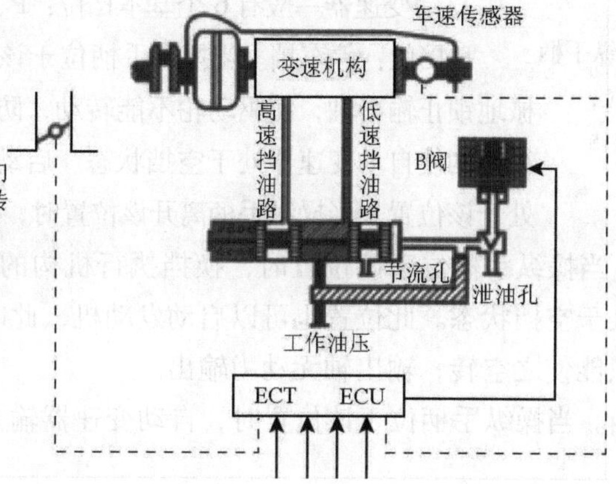

图3-3 电子控制自动变速工作原理

液压控制的自动变速器是将节气门开度、车辆行驶速度通过节气门阀、速控液压阀转换成液压控制信号，进而控制换挡阀变换挡位。其工作原理如图3-4所示，节气门开度通过节气门阀换成节气门油压，汽车速度通过速控阀换成车速油压，节气门油压以及车速油压分别作用在换挡阀两端，控制换挡阀移动(左端高速行驶，右端低速行驶)，把手动阀控制的主油路油液切换进入相应的换挡执行机构，实现自动换挡。

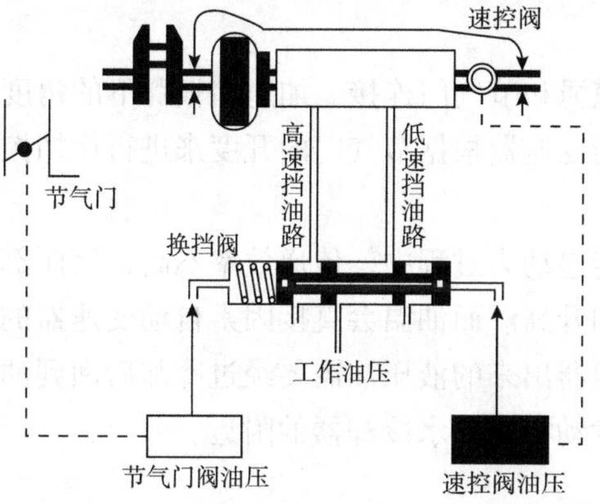

图3-4 液压控制自动变速工作原理

将电控和液压控制自动变速器相比，其控制手段有所不同，但其本质上没有区别。

5. 手控连杆机构

手控连杆机构由操纵手柄、缆绳、加速踏板和气节门缆绳组成。

(1)操纵手柄

操纵手柄通过一根缆绳和一连杆机构与自动变速器相连接，驾驶员通过操纵手柄可以选择行驶方式，如图3-5所示。

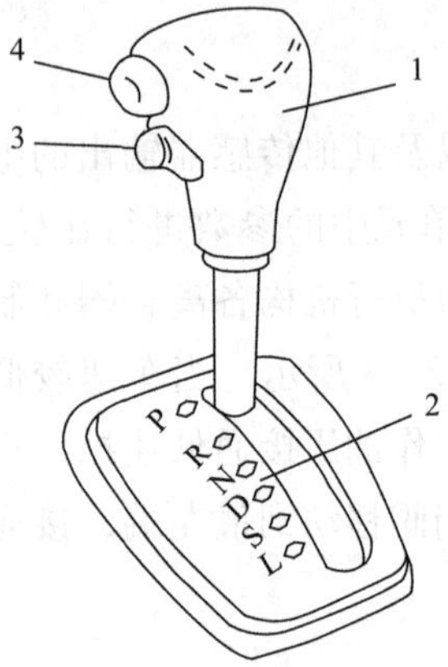

图3-5　自动变速器操纵手柄

1—操纵手柄；2—挡位；3—超速挡开关或者保持开关；4—锁止开关

(2)挡位

自动变速器一般有6个基本挡位：P、R、N、D、S、L。

P挡位：停车挡。当操纵手柄位于该位置时，自动变速器将机械地锁止输出轴，使驱动轮不能转动，防止汽车移动，同时换挡执行机构使自动变速器处于空挡状态。启动发动机时，操纵手柄可以处于该位置。当操纵手柄离开该位置时，停车锁止机构即被释放。

N挡位：空挡。当操纵手柄位于该位置时，换挡执行机构的动作和停车挡几乎相同，也是使自动变速器处于空挡状态。此位置也可以启动发动机，此时发动机的动力虽经输入自动变速器，但是只能使之空转，输出轴无动力输出。

R挡位：倒车挡。当操纵手柄位于该位置时，自动变速器输入轴的转动方向与输出轴的转动方向相反。

D挡位：前进挡。当操纵手柄位于该位置时，可以实现4个不同传动比的挡位，即1挡、2挡、3挡和超速挡，超速挡的传动比小于1。此时自动变速器的控制系统能根据节气门开度、车速等因素的变化，自动变化挡位。该挡位可以用在一般道路上或者小坡道行驶。

L挡位：前进低挡。当操纵手柄位于该位置时，自动变速器的控制系统将限制前进挡的变化范围，只能在1挡、2挡之间自动变换或者只能保持在1挡。该挡位适用于陡坡或路况较差的道路上行驶时采用。

(3)加速踏板

加速踏板通过加速缆绳和节气门连接。加速踏板踩下的角度即节气门的开度被准确地传递给自动变速器，自动变速器根据节气门的开度来进行换挡控制和主油路压力控制。

6. 冷却系统

因为液力变矩器在传递动力过程中，传递效率不高，因而部门能量转化为液压油的热能，使液压油的温度急剧升高。而油温会直接因素自动变速器的使用寿命，所以为了保持正常的油温，从液力变矩器出来的液压油需要经过冷却后回到油底壳或去润滑行星齿轮机构。冷却系统一般位于发动机前段水冷却器的附近。

7. 壳体

壳体是自动变速器的安装基础件，自动变速器中的其他组成都是安装在壳体上。同时壳体上还加工有油道以及测压孔。另外壳体设有通风塞，以防止壳体内压力过高。

第二节 自动变速器的异响故障及诊断维修

自动变速器是汽车的重要组成部分，它的工况好坏直接影响到汽车动力性、安全性和经济性。当发生故障时，就要迅速而准确地诊断出故障的原因和故障部分，及时排除及时维修。但是自动变速器的结构复杂，其故障诊断和维修相比手动变速器而言更加复杂和困难。当自动变速器发出异响时，及时的给出危险信号，所以自动变速器的异响故障的诊断和维修是自动挡汽车重要的部分。

自动变速器的异响故障按照不同的分类标准有很多划分。按照行驶条件分类，分为停车状态下的异响、低速行驶下的异响、中速行驶下的异响以及高速行驶下的异响；按照变速器上不同部位出现的异响进行分类，分为变矩器异响、输入轴异响、输出轴异响及齿轮异响等；按照变速器温度条件分类，分为低温异响和高温异响。而自动变速器的异响主要来源于变速器上的零件，所以在这里，我们按照最简单的行驶工况来分类，诊断出相应故障部位和故障原因，以及给出检修方法。

一、自动变速器上不同部位常见的异响

自动变速器上的异响主要来源于变速器上的机械零件，如轴承、齿轮机构、油泵、摩擦片等。具体分析如下：

(1)齿轮机构产生的异响：①当齿轮磨损严重，高速转动时，产生连续的“呜呜”声；②当齿轮出现断齿时，会出现有节奏的“塔塔”声。

(2)轴承产生的异响：①轴承异响主要表现为发出连续的“嗡嗡”声。②挡轴承破损严重时，会发出较尖锐的金属摩擦声。

(3)油泵异响主要是机械磨损造成的，在发动机怠速时最明显。

(4)摩擦片出现故障时往往发出震动声。

二、行驶工况下，常见异响故障及其诊断

1. 当操纵手柄在空挡位时异响

(1)当操纵手柄在P位和N位，启动发动机后，随着发动机的转速提高，变速器内发出“嗡嗡”的异响。这首先考虑是因为油门过低产生的异响。因为当自动变速器油液液面过低，空气会从油泵进入油口处侵入，当空气随油液流入主调压阀后，使主油压急剧下降，主调压阀在调节过程中会在此处发生“嗡嗡”的异响声。

其故障诊断与排除方法为：

①此时拔出油尺，发现油液发白，说明进水，应及时检修或者更换自动变速器油的冷却器，并彻底更换自动变速器油。

②可以结合其他故障来判定是否是油面过低。油面过低除了会产生异响外，还会造成一下故障：车速上不去；时而有挡，时而无挡；油液工作温度过高；上挡过早，离合器和制动器打滑。

(2)当操纵手柄在 P 位和 N 位，启动发动机后，变速器发出“咯咯”或“嗒嗒”或“叽叽”的敲击声。考虑主要发生在变速器动力传递输入部分。

其故障诊断与排除方法为：

①对于“咯咯”或“嗒嗒”比较清晰的碰撞声，如果进挡后踩住制动踏板，响声没有了或者有了很大的变化，则响声可能是涡轮轴的传动零件有损坏或碰撞而发出的，要对变速器进行解体检查，从而找到故障部位。

②如果检查后判断故障发生在与变矩器和油泵转动有关的零件上，而且还是比较清晰的“咯咯”或“嗒嗒”的碰撞声，则应注意检查液力变矩器和安装位置是否正确，液力变矩器的轴径摆动量是否在正确范围内。

③如果上述检查在正确的范围内，则进一步检查油泵是否有磨损，损坏或者其他机械型损伤，检查油泵衬套是否有损坏或磨损严重等问题。

④如果检查没有发现上述问题，则要检查一下液力变矩器，可以更换变矩器或者对变矩器进一步仔细检查。

⑤如果发出的故障声不是“咯咯或嗒嗒”而是“叽叽”，则可以检查油泵衬套是否磨损，齿轮机构是否有严重磨损及摩擦现象，各轴承有无缺陷。

(3)除了上述原因外，以下原因也会造成 P 位和 N 位时异响。

①主油路压力不当。

②节气门开度传感器或拉索调整不当。

③2 号车速传感器信号失准。

2. 只在行驶中才有异响

使用自动变速器的汽车在空挡时没有异响，只在行驶中听到异响。考虑是行星齿轮机构发出的异响。因为使用自动变速器的汽车严禁空挡滑行，在空挡时，行星齿轮不转。

行星齿轮机构产生异响的原因如下：

(1)行星架过载，发生变形。

(2)行星齿轮与行星架之间的轴向间隙(正常值在 0.2～0.7mm)过大。

(3)齿轮上有硬伤。

(4)行星齿轮机构之间没有安装推垫圈或推力轴承。

其故障诊断与排除方法为：

(1)检查行星架上行星齿轮轴周围是否有黑色的“眼圈”，如有，说明行星架过载发生变形，应更换行星架。

(2)检查行星齿轮与行星架之间的轴向间隙，超过0.8mm，应更换行星架。

(3)用手腕转动行星齿轮，检查其运转是否平滑，如不平滑，则检查齿轮上是否有硬伤，若有，更换齿轮。这里要注意，更换行星轮时，必须更换与之啮合的太阳轮和齿圈。

(4)检查行星齿轮机构之间是否安装推垫圈或推力轴承。注意，自动变速器内不同位置上的止推垫圈和推力轴承都不具备互换性。如果止垫圈上没有定位装置，需要用凡士林固定，以防位移造成损坏。

3. 在低速行驶时出现异响

在低速行驶时出现异响是指汽车以低于40km/h速度行驶，发出清晰的有节奏的声音。其故障诊断与排除方法为：

(1)首先判断故障是否与挡位一致。在低速时，变速器一般处于1挡或2挡工作。

(2)判断异响出自驱动系统、传动系统还是自动变速器内部。根据相应部位检查修理。

4. 在中速行驶时出现异响

在中速行驶时出现异响是指汽车在40～80km/h的速度行驶，出现比较大的噪音或者清晰的撞击声。在这种情况下，车速较快，外部噪声比较大，因此不容易判定故障位置。

其故障诊断与排除方法为：

(1)首先进行路试，观察异响与车速的关系，看是否随着车速的升高而增大，是否在某一车速阶段出现，是否与车速变化没有关系。

(2)如果异响随着车速的升高而增大，则考虑是传动零件出来问题，可能磨损过度或发生损坏。

(3)如果声音在某个阶段出现，并与挡位变化的关系不大，则故障可能为共振发生的。

(4)如果声音与车速没有关系，则说明转动零件的故障可能性很小。

5. 在高速行驶时出现异响

在高速行驶时发生异响是指汽车在以80km/h以上的速度行驶出现较大的异响。如果出现噪音类型，考虑是自动变速器内部出现故障。这时自动变速器处于超速挡状态，因此在诊断是要特别注意与排气管消音器的震动噪音、发动机的工作噪音、传动系的工作噪音和轮胎的工作噪音进行区分。

高速行驶时，自动变速器出现噪音的原因是：液力变矩器工作时内部出现液流噪音；油泵及其液压系统出现液压噪音。

如果是液力变矩器内出现噪音，可以对其进行失速试验，如果在失速试验时，没有很大噪音，说明液力变矩器出现故障的可能性小，反之亦然。如果是油泵出现的工作噪音，可以通过改变发动机的转速变化来诊断，若随着发动机的转速的增加噪音变大，则故障与挡位没有关系。

6. 冷车时没有异响，热机后有“嗡嗡”的异响

使用自动变速器的汽车在冷车时没有异响，热机后，出现“嗡嗡”的异响。异响声出现

后，轻轻点制动踏板，使踏板臂与制动灯开关分离即可，异响声立即停止，放松制动踏板后异响声重新出现。这考虑是液力变矩器出现故障，是其闭锁离合器锁止力矩不足产生的异响。

若液力变矩器锁止力矩不足，在进入锁止工况后无法进入静摩擦状态，始终处于滑动摩擦和高频振动状态，于是变速器前端会发出“嗡嗡”的异响声，整个变速器也随之振动。而冷车时为什么没有异响呢？这是因为大部分自动变速器是在3挡，车速50km/h以上，发动机冷却液温度在53～65℃以上才进入变矩器锁止工况，所以冷车时不会有异响。

造成液力变矩器锁止力矩不足的原因有：

(1)锁止电磁阀复位弹簧过软或内部短路，造成锁止力矩不足。

(2)变矩器内油液太脏，造成锁止力矩不足。例如离合器或制动器出现烧蚀，掉下的粉末随油液进入变矩器后，使离合器盘摩擦环和变矩器壳之间产生大量颗粒状物，降低了摩擦力矩。

(3)变矩器前端部不平，造成锁止力矩不足。

其故障诊断与排除方法为：

(1)检查锁止电磁阀。特别是对于行驶30万km或者10年以上的旧车，锁止电磁阀有可能因复位弹簧过软或内部短路造成锁止油压过低，变矩器在锁止工况中始终存在着滑磨现象。锁止电磁阀一般的检验方法有：

①密封性检查

锁止电磁阀是常开式电磁阀，在接上蓄电池电压时，应处于完全密封状态。检验时，用5kg/cm^{2}压缩空气不能通过电磁阀，若达不到要求，说明其密封不良。密封不良的电磁阀必须更换。

②电压检测

在确保电磁阀阀体接地的前提下，接上蓄电池电压，接上负极后若立即听到“咔哒”声，说明电磁阀内部电路良好；接上负极后若没有反应，说明电磁阀断路；若接上负极后反应滞后，声音发闷，说明电磁阀卡滞。后两种情况都必须更换电磁阀。

③电阻值检查

直接用欧姆表检测。若低于正常的电阻值，说明电磁阀内部短路；若高于正常的电阻值，说明内部断路，都必须更换电磁阀。

(2)检查液力变矩器内的油液，若油边脏，彻底清洗变矩器。可以将变矩器输出端向下，反复晃动变矩器，将脏油倒出，加入清洗剂用输入轴旋转蜗轮，反复搅拌后全部倒出，再加入清水反复搅拌直到干净，最后用干燥的压缩空气将变矩器内吹干，重新加入自动变速器油即可。

(3)检查液力变矩器前端。将液力变矩器装在烧性板上，让磁力表架固定在发动机后端部，表针垂直打在变矩器壳与摩擦环接触处，旋转曲轴一圈，若端跳大于0.20mm，说明变矩器前端不平，会造成变矩器壳与摩擦环接触不良，必须更换变矩器。

7. 所有挡位都有连续的异响

不管是在空挡位上，还是在其他驱动挡位上都有连续的异响声，说明自动变速器的液力变矩器或者是油泵出现了故障。

(1)若是在低速区域异响声大，说明是液力变矩器有问题，液力变矩器的异响声通常是由于导轮和泵轮或者蜗轮间发生运动干涉发出的。

低速区域液力变矩器产生的异响的原因：因为低速区域是变扭区。在这区域，泵轮与蜗轮的转速差越大，变矩器的变速比就越大，增扭作用就越大，产生的异响也越大。起步时速比最大，在整个变速器内都能听到异响声。

其故障诊断与排除方法为：

①检查导轮与泵轮干涉。将油泵的输入端朝上放在工作台上，将输入轴穿过油泵装变矩器蜗轮花键上，固定住油泵，逆时针旋转变矩器，如变矩器转动不畅，或产生干涉的噪声，说明是导轮与泵轮发生干涉，应该更换变矩器。

②检查导轮与蜗轮间的干涉。将液力变矩器输出端向上放在工作台上，把输入轴插入变矩器蜗轮的花键孔中，确保完全入位。然后将油泵输出端向上装入输入轴上，固定住变矩器和油泵，分别顺时针和逆时针两个方向旋转输入轴，如果转不动蜗轮轴或者手感发紧或者听到干涉的刮碰声，说明导轮和蜗轮间存在运动干涉，应更换变矩器。

(2)如果在所有挡位上都有异响，而且随着汽车的车速增加而声音越大，做主油压试验时怠速油压过低，失速油压正常，说明是油泵发生磨损或损坏，应及时更换，否则随着汽车行驶路程的增加，所有的离合器和制动器都会发生烧蚀。

8. 只在某些挡位发动机制动时出现异响

汽车在行驶中踩着油门时听不到任何异响声，但在某些挡位上放松油门踏板时，就能听到“嗡嗡”的异响声，踩下油门后声音立即终止。这是单向离合器发生卡滞或者有硬伤出现的异响声。

单向离合器发出异响的原因：汽车在行驶时，变速器内的单向离合器在它所负责的工作挡位上，踩着油门时，输入轴带着输出轴转，处于锁止状态，保持不动；完全放松油门时，输出轴带动输入轴转，变速器内单向离合器与行星齿轮机构处于旋转状态，所以单向离合器出现卡滞或有硬伤时，在行驶中踩着油门没有异响，而完全放松油门就会听到异响声。

单向离合器卡滞后应及时更会离合器。

9. 换挡或挂挡后，出现一阵剧烈金属撞击声，油尺孔冒蓝烟，汽车不能行驶

汽车起步挂挡或者换挡后，突然出现一阵剧烈的金属撞击声，油尺孔冒蓝烟，汽车不能行驶，这故障多半还是与单向离合器有关。

在自动变速器装备中要特别注意单向离合器的装配。由于单向离合器负责固定的行星齿轮机构元件不同，与其配合的施力装置不同，发生的故障也会不同。有的会在某些前进挡位形成空挡；有的会发生反向行驶，有的会锁住旋转方向；也有时候发动机输出转矩较

大，导致单向离合器发生故障，单向离合器中的滚珠在离心力的作用下被抛出，打坏旁边的机件。例如一挡单向离合器散架后会打坏紧挨着的低速挡烟挡制动器，使后行星排的元件在所有挡位上都没有固定装置，使得汽车在所有挡位上都成了空挡，无法行驶。这些故障都应该及时更换单向离合器。

10. 在中高速行驶时发生一阵剧烈的金属撞击声后汽车不能行驶

在中高速行驶过程中，先前没有任何故障征兆，突然听到一阵剧烈的金属撞击声，然后汽车就不能行驶了。就算能重新起步，但是最多只能走几分钟。这故障一般是液力变矩器涡轮花键磨损造成的。

液力变矩器涡轮花键毂负责驱动变速器的输入轴。大部分自动变速器输入端面圆跳动的极限是0.3mm，用手是感觉不出其跳动的。变速器输入轴的端面圆跳动的量通常是由2组以上止推垫圈和推力轴承调节的，如果漏装了，会造成输入轴端面圆跳动过大。从而汽车行驶时输入轴轴向位移量过大会给涡轮花键带来冲击载荷和应力集中，使得液力变矩器花键毂发生磨损。

11. 大负荷时，换挡和满载时变速器前端有异响

大负荷时，换挡和满载时变速器前部有轰鸣声，一般是自动变速器油滤清器堵塞。

引起自动变速器油滤清器堵塞的原因有：

(1)油液过脏。

(2)变速器拖底。

(3)换油不彻底，只放出了行星齿轮机构内的油，没有发出自动变速器油以及冷却器内和变矩器内的油。旧油中有抗氧化添加剂无法溶入新油中，从而分离出来结成块状，堵在了漏网上。

还要注意的是，自动变速器油滤清器堵塞后，供油量明显减少，发动机低速运转时，可以基本保证供应，但是在大负荷工况下，自动变速器油滤清器供油量明显不足，油泵内出现真空，随着时间延长真空度逐渐变大，空气就会因为压差从油泵皮碗处吸入，空气和油液混合，液压系统产生液压脉动，导致油底壳附近产生高频脉动。

其故障检修方法：彻底换油。如果只是卸下自动变速器油底的螺丝来漏掉旧油再换新油，变矩器中有一半的油、冷却器中全部的油都放不出来，大约只能换上30%的新油。如果以拆卸油底壳的方式进行换油，可达到70%的换油率。但是如果采用动态换油，即采用专门的变速箱清洗设备，在变速箱运转的过程中，将旧油充分循环、排放干净后再加入新的变速箱油，从而使换油率达到90%以上。

12. 大负荷急剧改变车速时有异响

在大负荷状态下急剧改变车速，听到变速器前部有金属撞击声，这是液力变矩器导轮与泵轮或者涡轮间发生干涉，也可能是变速前端的行星齿轮机构发生干涉。前面介绍了液力变矩器导轮与泵轮，液力变矩器导轮与涡轮之间发生干涉的检查方法。这里可以通过失速试验来判断到底是液力变矩器与泵轮或涡轮发生干涉，还是行星齿轮机构发生干涉。

失速试验时，只要失速转速不超过一定标准值，就可以使变速器内没有任何其他机械零件转动，随发动机曲轴转动的只有液力变矩器和油泵。如果有金属撞击声，汽车将无法行驶。而听到的金属撞击声，是由于导轮与泵轮或蜗轮发生运动干涉发出的，分解变速器，可以在油底壳和变矩器内发现大量从导轮上掉下来的铝末，此时必须更换液力变矩器。

13. 急加速时，变速器前部有尖叫声

急加速时，变速器前部有尖叫声，是挂当时停滞时间延长造成的。其产生的原因是自动变速器油液面过低。正常情况下，挂前进挡时停滞时间只有1.0～1.2s，挂倒挡时停滞时间只有1.2～1.5s，而如果出现油液面过低后，挂当时停滞时间延长到3～4s。所以此时检查自动变速箱油，不足时及时补充。

14. 汽车行驶过程中，自动变速器内发出很轻的“咔咔”声

汽车行驶过程中，自动变速器内发出很轻的“咔咔”声，是由于离合器或片式制动器工作间隙过大，在它不工作的挡位上，随着它负责的行星齿轮机构一起振动，彼此之间发生碰撞而发出异响声。

离合器和片式制动器工作间隙过大，会造成其在加速时打滑，换挡时出现换挡冲击，挂挡会出现时间滞后，因此需要及时更换。

第三节 典型自动变速器异响案例

自动变速器的异响有些是在特定工况下发生的，所以我们不只是要参照理论分析，还要根据当时特定的工况分析故障的产生。

一、故障检修步骤

在具体的自动变速器故障检修过程中，一般按照以下步骤有顺序进行：

(1)在诊断变速器故障前，要尽可能多的跟客户或当事者交流，以获取变速器故障的表象及前兆。

(2)试车确认故障现象，必要时邀请客户一起试车。这是因为有时候客户对故障现象描述得不准确，容易使检修思路走入歧途。

(3)检查变速箱液压油的油面和油质情况，从中获得对故障的启发。

(4)检查发动机怠速运转情况，检查各外部控制杆件、油路、气路、电路及其接头情况，若接触不好的地方，首先要检修确保连续正常可靠。

(5)利用自诊断功能。

(6)做相应的测试，例如失速测试、油压测试、路试等。

在实际案例中，灵活运用。

二、实际案例

案例一：一辆2003款本田雅阁轿车，采用2.4L VTEC发动机，在1.5km维护时发现自动变速器漏油，进一步检查确定为自动变速器中壳受撞击后在支架螺栓处断裂，更换了自动变速器中壳后试车，发现自动变速器中断出现有规律的金属敲击声，而且在所有挡位都有该响声。

故障原因：故障是更换自动变速器中壳后产生的，故应该重点检查所拆装过的部件。在维修时总共拆装了4个轴承，3个齿轮和1根轴，而且响声也是齿轮旋转到一定位置时出现的，所以故障原因有以下可能：①某根轴变形；②轴承本身出现问题或者是轴承与齿轮的接触面出现问题；③齿轮有损伤；④倒挡齿轮或复列式惰轮有问题。

其故障诊断与排除：

(1)首先检查自动变速器中壳轴承，没有发现有发卡的感觉，轴承卡簧开口间隙也在标准范围内，所以不存在轴承表面不平而导致与轴配合时发出响声的可能。

(2)其次检查中间轴、第二轴、副轴上的每个齿轮，也没有发现有损坏，拆装过的第二轴也一切正常。排除原因②和③，只剩下原因④了。

(3)由于2003款的雅阁车自动变速器的倒挡齿轮没有正反面之分，因此不会出现齿轮装反而出现异响，那问题可能就出现在复列式惰轮上。检查自动变速器的复列式惰轮，发现该惰轮有3个齿的下半部分有轻微发亮的现象，进一步观察反向这3个齿都有受撞击的痕迹，用锉刀将这3个齿进行修整后试车，异响消失。

案例二：一辆帕萨特(PASSAT B5 1.8GS)装配大众4前速的01N变速器见图3-6，车主反映：①该车踩制动踏板，入前进挡或倒车挡时，自动变速器异响很大，松开制动踏板异响消失；②平稳行驶时，异响消失；③在急加油时，异响尤为明显。

故障原因分析：此案例中的车的自动变速器是由变矩器、行星齿轮系、液压控制系统、电子控制系统、冷却系统等组成，如图3-6所示。机构复杂，故其自动变速器产生异响的原因可能有：①装配错误引起的异响；②油泵故障；③行星系和差速器出现故障；④变矩器出现故障。

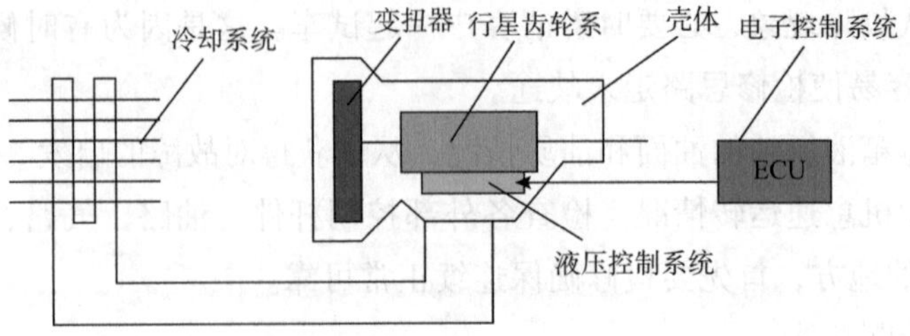

图3-6　01N变速器组成

其故障诊断与排除：

(1)检查发动机与自动变速器的连接螺丝、变扭器螺丝和机脚胶，发现良好，可以排除是由于装车错误引起的异响。

(2)因踩制动踏板，入前进挡或倒车挡时，变速器的行星系和主减速器没有相对运动，所以不会产生异响，故可以排除行星系和主减速器的异响。

(3)油泵的异响与油压有很大的关系，随着压力的变化而变化，对该变速器的主油压测量时，发现在怠速时，D 挡的油压为 0.35MPa，R 挡的油压是 0.54MPa，而且油压非常稳定。同时该变速器踩制动踏板异响很大，松开就消失，而踩下制动踏板和松开制动踏板时，油泵的功率不变，这种异响不符合油泵产生异响的特点，所以可以排除油泵产生的异响。

(4)排除以上因素，最后就剩下变矩器。对变速器做失速试验，发现异响更加明显，这说明异响来自变扭器，失速时，固定涡轮，涡轮最高转速，涡轮和泵轮发生的干涉运动也最大，所以可以解释车主反应的踩下制动踏板入挡和急加油时，涡轮和泵轮有较大干涉运动，所以有异响。而平稳行驶时，涡轮和泵轮没有较大干涉，所以异响消失。

拆下变速器，有针对性的对变矩器进行检查，把变矩器进行解体，发现内部元件损坏严重，泵轮和涡轮叶片损坏严重。所以异响来自变矩器，由于变矩器的主要部件已经损坏，所以没有维修的价值，直接更换，更换后重装试车，异响消失。

第四章　离合器故障诊断与检修

第一节　离合器的概述

一、离合器结构及工作原理

1. 离合器的结构

汽车离合器是汽车传动系统中直接和发动机相连的一个独立总成。目前离合器按照工作原理的不同主要有摩擦式、电磁式、液力耦合式三种形式。在这三种形式中由于摩擦式离合器成本低廉、性能可靠而得到广泛的应用，本书将主要以摩擦式离合器为对象向进行介绍。

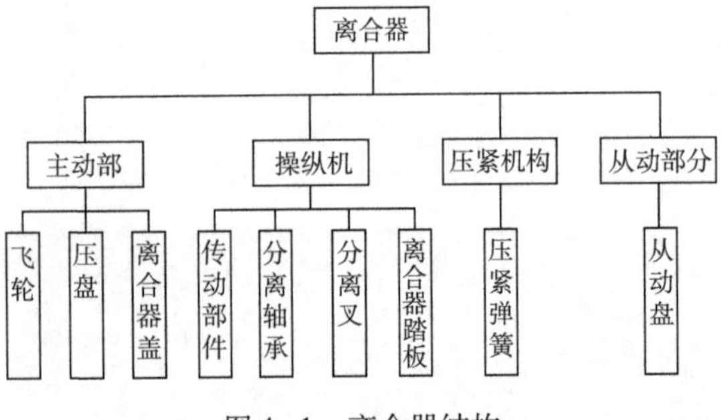

图4-1　离合器结构

摩擦式离合器是一种依靠摩擦传递发动机的动力而且可以根据需要实现分离的装置。主要结构是由：主动部分、操作机构、压紧机构、从动部分四个构成的，其中主动部分由飞轮、离合器盖和压盘组成，操纵机构由分离叉、分离轴承、离合器踏板、传动部件等构件组成，如图4-1所示。

操纵机构实现主动部分和从动部分分离的机构，压紧机构、主动部分和从动部分是实现动力传输，维持离合器接合状态的基本结构。

2. 离合器的工作原理

(1)离合器分离汽车在停车、换挡时都需要切断发动机的动力传输，这一功能是通过离合器实现的，当离合器中的主动盘和从动盘分离时，即可实现切断发动机动力的传输。驾驶员踩下踏板3，操纵杆4绕支点逆时针转动，分离套筒7带动从动盘2一起向右移动，弹簧5被压缩，此时主动盘和从动盘脱离了接触，发动力机的动力输出被切断。离合器工作原理如图4-2所示。

(2)离合器接合汽车在行驶的过程中，必须有发动机提供源源不断的动力，中断动力只是暂时的需要，所以离合器需要经常保持接合状态，当汽车需要恢复动力时为了让汽车的行驶速度和发动机的转速变化比较平稳，应当控制离合器接合的速度，即缓慢松开踏板

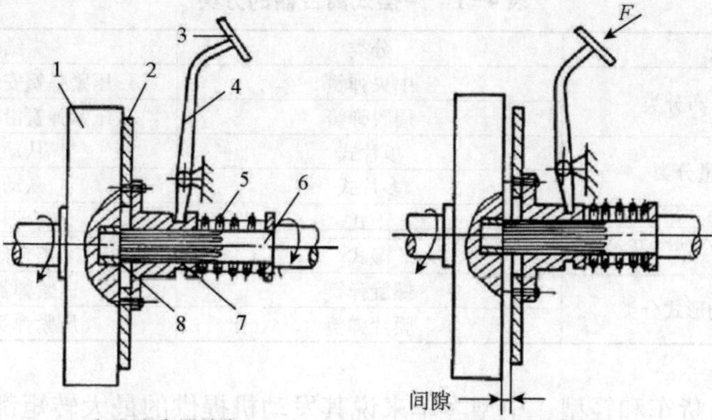

（a）离合器结合　　（b）离合器分离

图 4-2　离合器的工作原理图

1—飞轮；2—从动盘；3—离合器踏板；4—操纵杆；5—压紧弹簧；6—花键轴；7—分离套筒；8—轴承

3，从动盘 2 和分离套筒在弹簧 5 的作用下被逐渐压紧在飞轮 1 的端面上，压力逐渐增加，相应的摩擦力矩也逐渐增加，当从动盘和飞轮接合还没有完全接合时，飞轮和从动盘没有同步旋转，离合器处于打滑的状态。随着从动盘和飞轮接合紧密程度增加，二者的转速逐渐一致，驾驶员完全放开踏板 3 时，离合器完全接合停止打滑，此时汽车行驶速度随发动机的转速成正比增加。

发动机的动力由主动轮和从动轮摩擦面间的摩擦力传递给变速器。摩擦式离合器摩擦副之间的静摩擦力矩决定了摩擦式离合器能够传递的最大转矩，而最大摩擦力矩取决于摩擦面的数量、尺寸、摩擦因数、压紧力。所以对于结构一定的离合器，能够传递的最大摩擦力是一个定值，当离合器传递的转矩超过最大值时，离合器就会打滑从而限制了传动系统最大转矩，系统可以防止超载。

在汽车的行驶过程中，离合器使用时非常的频繁的，在这种情况下离合器每次的接合的过程中会产生大量的热，特别是驾驶员释放离合器踏板的速度越缓慢，离合器主动盘和从动盘滑动的时间越长，产生的热量就越大，这些热量如果不及时散发出去，离合器会由于过热而烧毁。

二、离合器的类型

离合器按照从动盘片数可以分为单片式和多片式离合器，按照操作机构的结构形式可以划分为机械杆式、液压式和机械绳索式。机械杆式离合器由于结构简单，成本低廉、工作可靠，一般应用比较广泛，绳索式离合器由于寿命比较短，传递的力小，适用于微型和轻型汽车。目前汽车上广泛采用的是弹簧压紧的摩擦离合器(也称为摩擦式离合器)。常用的摩擦式离合器的分类如表 4-1 所示。

表 4-1　摩擦式离合器的分类

分类方法	分类	结构特点
按压紧弹簧的分布分类	中央弹簧	压紧弹簧安装在从动盘中央
	周置弹簧	压紧弹簧沿从动盘圆周分布
按照从动盘数量分类	单片式	从动盘为单片
	多片式	从动盘为多片
按照离合器是否浸入油中分类	干式	离合器不与油接触
	湿式	离合器浸入油中
按压紧弹簧的结构形式分类	螺旋弹簧	压紧弹簧为螺旋弹簧
	膜片弹簧	压紧弹簧为膜片弹簧

对于小轿车、货车和轻型、中型客车来说其发动机提供的最大转矩都不是很大，在一般情况下面，离合器只有一片从动盘，在从动盘的前后两面都装有摩擦片，所以也就具有两个摩擦面，这种离合器被称为单片离合器。如图 4-3 所示，一般具有如下的优点：结构简单、轴向尺寸小，调整方便、分离彻底，散热性能好，如果采用轴向弹性装置的从动盘其结合也比较柔和、平顺。在部分最大转矩低于 1000N · m 的货车上也有应用。

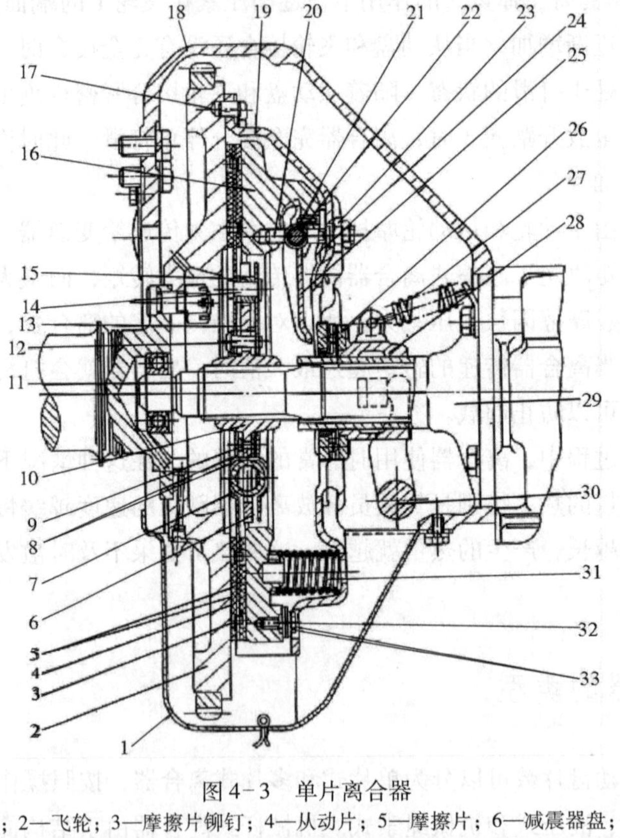

图 4-3　单片离合器

1—离合器壳底盖；2—飞轮；3—摩擦片铆钉；4—从动片；5—摩擦片；6—减震器盘；7—减震器弹簧；8—减震器阻尼片；9—阻尼片铆钉；11—从动盘毂；11—变速器第一轴；12—阻尼弹簧铆钉；13—减震器阻尼弹簧；14—从动盘铆钉；15—从动盘铆钉隔层；16—压盘；17—离合器盖定位销；18—离合器壳；19—离合器盖；20—分离杠杆支撑柱；21—摆动支片；22—浮动销；23—分离杠杆调整螺母；24—分离杠杆弹簧；25—分离杠杆；26 分离轴承；27—分离套筒回位弹簧；28—分离套筒；29—变速器第一轴轴承盖；30—分离叉；31—压紧弹簧；32—传动片铆钉；33—传动片

如果发动机输出的转矩进一步加大，离合器所传递的转矩也应该相应的加大，对于单片离合器来说可以选用摩擦因数较大的摩擦材料，或者是提高摩擦片的面积，或者是加大离合器接合时的压紧力，对于部分的重型汽车来说任然无法满足要求，摩擦因数的提高收到材料的限制，摩擦片尺寸的提高受到发动机尺寸的约束，提高压紧力面临驾驶员在操纵时费力、不灵活等问题。在这种情况下，最有效的方法就是把离合器的从动片增加 1 片，单片离合器变成了双片离合器。如图 4-4 所示。

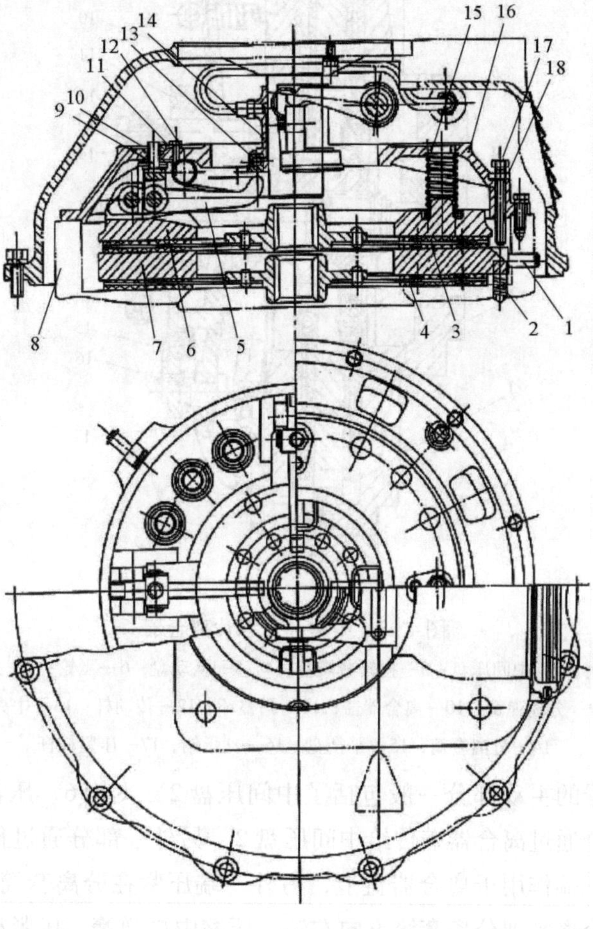

图 4-4　双片离合器

1—定位块；2—分离弹簧；3、4—从动盘；5—分离杠杆；6—压盘；7—中间压盘；8—飞轮；
9—支承销；11—调整螺母；11—压片；12—锁紧螺钉；13—分离轴承；14—分离套筒；
15—压紧弹簧；16—离合器盖；17—限位螺钉；18—锁紧螺母

双片离合器和单片离合器相比较，其转矩的传递能力得到大幅度的增加，在传递相同的转矩的情况下，其径向尺寸比较小、轴向尺寸较大、操纵比较轻便，其缺点就是结构比较复杂，成本比较高、中间压盘的通风散热能力比较差，一般使用与传递力矩比价大，轴向尺寸相对宽松，径向尺寸有限制要求的场合。

1. 中央弹簧离合器

中央弹簧离合器是指采用刚度较大的1个或2个轴线重合的弹簧作为压紧弹簧，并且放置在离合器中央和离合器同心的一种离合器。如图4-5所示。

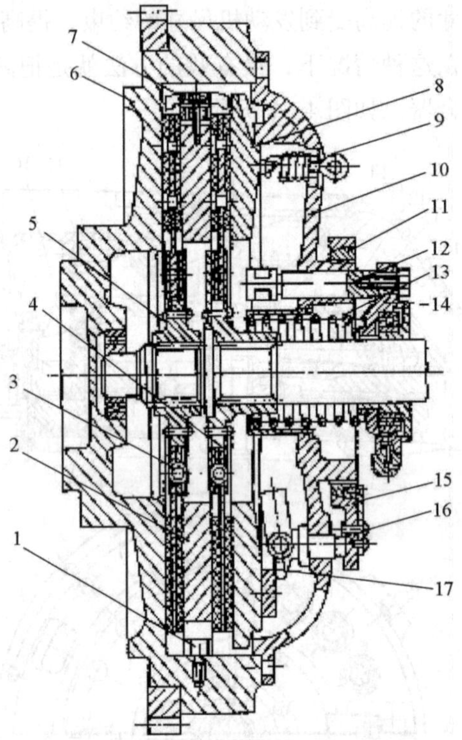

图4-5　中央弹簧双片离合器

1—传力销；2—中间压盘；3—扭转减震器；4、5—从动盘；6—飞轮；7—分离摆杆；8—压盘；9—分离弹簧；10—离合器盖；11—调整环；12—传动杆；13—中央压紧弹簧；14—分离套筒；15—平衡盘；16—支承销；17—压紧杠杆

中央弹簧离合器的主动部分一般包括了中间压盘2、飞轮6、压盘8和离合器盖10。发动机的动力一部分通过离合器盖传给中间压盘2，另外一部分通过传动销1传给中间压盘。中央压紧弹簧一端作用于离合器盖上，另外一端压紧在分离套筒14上，当驾驶员踩下离合器踏板时，分离叉把分离套筒推向左端，压缩中央弹簧，压紧杠杆外端后移与压盘脱落，压盘在分离弹簧的拉力作用下想右移动，从动盘和主动盘分离了，分离杠杆7的作用是保证可靠、彻底的分离。

由于压紧杠杆的内臂比外臂长得多，由于杠杆的作用，中央弹簧的压紧力可以比较小而得打比较大的压紧力。所以中央弹簧离合器一般适用于重型汽车。

2. 周布弹簧离合器

周布弹簧离合器通常采用若干个沿从动盘圆周分布的螺旋弹簧作为压紧弹簧，弹簧的轴线和离合器的轴线平行。如图4-3东风EQ1090E型汽车的周布弹簧离合器。压盘16和飞轮2构成了离合器的主动部分，在飞轮和压盘之间装有带扭转减震器的从动盘，从动片

4 有薄钢片制成，通常铆接在从动盘毂 10 上，在从动片的两端各装了一片摩擦片，从动盘毂可以沿轴向滑动。

在离合器上安装了 16 个沿圆周布置的螺旋弹簧，在螺旋弹簧的弹力下压盘紧贴飞轮，并将从动盘夹紧在中间，此时在摩擦力的作用下，从动盘和飞轮同步旋转，离合器处于结合状态，发动机输出的转矩一部分通过飞轮和摩擦片直接传递给了从动片，另外一部分由飞轮通过 8 各固定螺钉传递到离合器盖上，再通过传动片传递到压盘上，最后通过摩擦片传递给从动片。

根据工作的需要，离合器时而处于结合状态，时而需要分离。其分离和结合是通过离合器内部的分离杠杆 25、分离叉 30 和分离套筒 28 实现的。

在离合器的从动盘和主动盘的反复结合和分离的过程中摩擦片会因为磨损而变薄，在压紧的时候压盘和从动盘向飞轮会多移动一段距离，分离杠杆的的内端也会相应的向后移动一段距离，才能确保离合器完全结合。如果分离轴承和分离杠杆内端面之间没有预留间隙，离合器会因为分离杠杆内端不能后移而无法保证离合器主动部分和从动部分完全结合，从而产生了打滑，长期的打滑不仅减小了所能传递的转矩数值，而且加速离合器分离轴承和摩擦片的磨损，因此在离合器结合时，分离套筒在回拉弹簧的作用下处于极限位置时，分离杠杆内端面和分离轴承之间应该预留一定的间隙，保证在摩擦片磨损后能完全结合。

驾驶员在操纵汽车的时候，踩下离合器踏板需要首先消除这个间隙才能够实现离合器的分离，称消除间隙所需要的离合器踏板行程为离合器踏板的自由行程。东风 EQ1090E 型汽车的汽车离合器踏板自由行程典型设计值为 30 ~ 40mm。

3. 周布斜置弹簧离合器

图 4-6 所示就是某型号汽车上所采用的周布斜置弹簧离合器。若干个沿周向布置的压紧弹簧安装在传力盘 2 和离合器盖之间，弹簧的轴线和离合器的轴线倾斜一个角度。作用在传力盘上的弹力等于弹簧在水平方向所有分力之和。这种弹簧离合器的特点是：在分离过程中以及摩擦片的磨损范围内压盘的压紧力几乎保持不变，分离过程所需要的踏板力比较小，其工作性能十分稳定。

4. 膜片弹簧离合器

膜片弹簧离合器是一种采用膜片弹簧作为分离杠杆和压紧弹簧的一种离合器。膜片弹簧离合器是目前广泛采用的一种离合器。其典型的结构如图 4-7 所示。而膜片弹簧是用薄弹簧钢板制成的带有一定锥度的碟形弹簧，其小端在锥面上均匀的开有许多径向切槽，形成分离轴，起到分离杠杆的作用，未切槽的大段相当于压紧弹簧。钢丝支撑圈 15 通过铆钉安装在离合器盖 14 上。离合器盖没有固定到飞轮 2 上时，膜片弹簧处于自由状态，不受力，一但将离合器盖连接到飞轮上时，膜片弹簧发生弹性变形，膜片弹簧的圆锥底角变小，产生压力将主动部分与从动部分压紧，离合器处于结合状态，当离合器需要分离时，分离轴承 13 向左移动，膜片弹簧被压在前钢丝轴承 15 上，膜片弹簧恢复成反锥形状，膜片弹簧大端右移，并通过分离弹簧钩 7 拉动压盘使离合器分离。

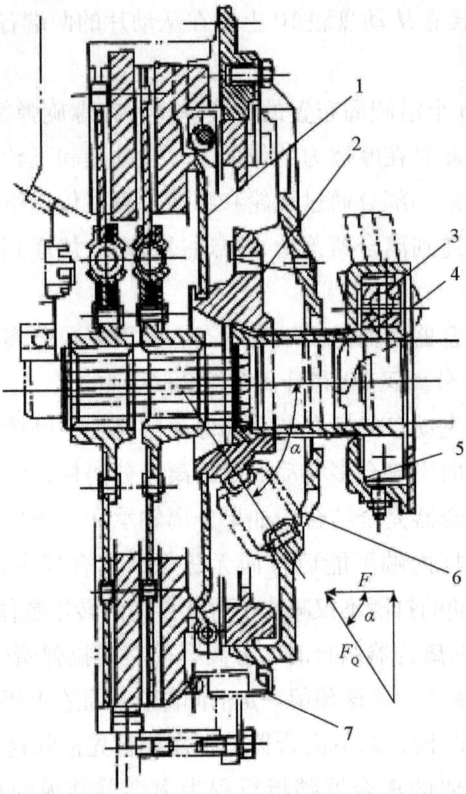

图4-6　周布斜置弹簧离合器

1—压紧杠杆；2—传力盘；3—分离轴承；4—分离叉；5—分离套筒；6—压紧弹簧；7—分离弹簧

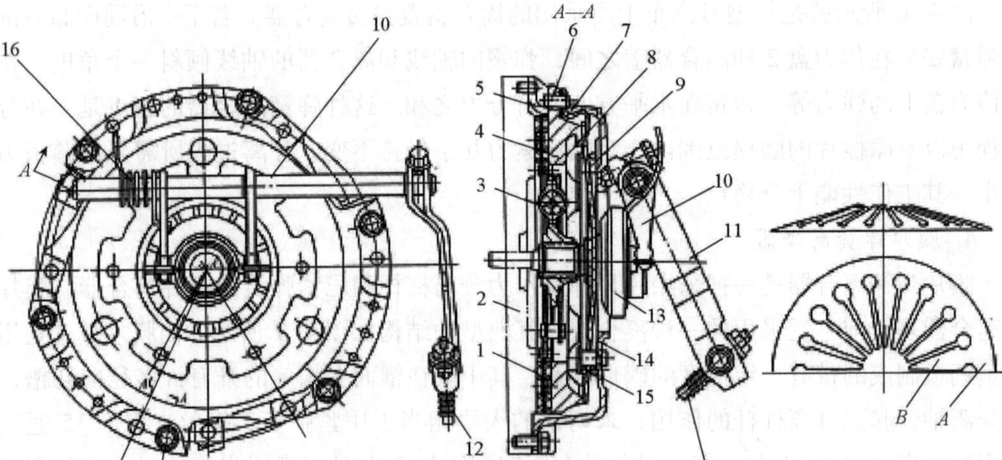

图4-7　膜片弹簧离合器

1—从动盘；2—飞轮；3—扭转减震器；4—压盘；5—压盘传动片；6—传动片固定铆钉；7—分离弹簧钩；8—膜片弹簧；9—膜片弹簧固定铆钉；10—分离叉；11—分离叉臂；12—操纵索组件；13—分离轴承；14—离合器盖；15—膜片弹簧钢丝支撑圈；16—分离叉回位弹簧

膜片弹簧离合器具有以下的结构特点：

(1)离合器的结构简单、零件数目少，质量轻，维护方便；

(2)膜片弹簧轴向尺寸小，可以方便的改善散热条件，例如增加散热筋、开设通风孔；

(3)膜片弹簧的主要部件是圆盘加工而成，可以采用冲压加工，批量生产时成本很低；

(4)轴向尺寸小可以方便的提高传递的转矩。

目前周置螺旋弹簧式离合器一般应用在中、重型汽车，膜片弹簧式离合器一般应用于轿车。

三、离合器的功用

离合器安装在发动机飞轮和变速箱之间，可以完成发动机动力的输出与切断，驾驶员通过踏板操纵离合器，当驾驶员踩下离合器踏板时切断发动机的动力输出，驾驶员松开离合器踏板时离合器的主、从动部件接合，离合器传递发动机的动力。具体功用包含如下三个方面：

1. 实现汽车平稳起步

汽车起步指汽车从停止状态变成运行状态的一个过程。汽车在起步前应该让变速器处在空挡，让汽车发动机卸除负荷，然后启动汽车发动机，当它进入稳定的怠速工作状态。然后将变速器挂上一挡，使汽车起步。

如果发动机没有安装离合器，发动机和变速箱之间为刚性连接，起步时驾驶员一挂上挡位，发动机的动力会立即全部输出，汽车将会突然向前窜跳，带来的后果是：坐乘舒适性下降、安全性能下降，而且发动机会熄火。这是因为汽车本身具有较大的质量存在较大的惯性，在从静止到运动的过程中有很大的阻力矩，在这种惯性阻力矩的作用下，发动机的转速迅速下降，甚至就熄火而不能工作，也就不能实现顺利起步。

在发动机和变速箱之间装上离合器以后，发动机启动后，驾驶员踩下离合器踏板，让离合器主动盘和从动盘分离后，再挂上一挡，逐渐缓慢释放离合器踏板，离合器逐渐接合，发动机输出的转矩逐步增加，驾驶员轻踩油门，逐步加大燃油供给，让发动机始终在最低转速以上，在这个过程中离合器是逐步接合的，从发动机输出的力矩也是逐步增加的，当驱动力超过汽车起步阻力时，汽车从停止状态缓慢、平稳的变为运动状态，实现汽车的平稳起步。

2. 防止过载

如果没有安装离合器，当驾驶员紧急制动时，在极短时间内发动机输出功率没有改变，发动机和传动系统中的运动件的惯性力矩将会损坏传动系统中的部件，安装了离合器后，可以利用主动件和从动件之间的相对运动即俗称“打滑”来消除这个危险。利用这个功能，离合器就限定了传动系统的最大转矩，可以可靠的防止系统过载。

3. 换挡时减少冲击、保证平稳

汽车在不同的路况行驶时，为了适应不同的的路况，应该有不同的行驶速度，传动系统应该在不同的挡位工作，汽车为了适应这个要求需要不断的变换挡位，换挡前必须将离合器主、从机构分离，切断动力，让原来啮合的齿轮副脱开，让新的挡位对应的齿轮副啮合，然后缓慢松开离合器，让离合器主、从机构缓慢、接合，实现汽车换挡平稳，降低换挡中的冲击。对于齿轮式换挡器其换挡都是通过拨动换挡机构或齿轮来实现的，使原来啮合的齿轮退出传动，而使另外一挡的齿轮进入啮合，这样齿轮进入啮合过程中的冲击可以大大降低。

四、离合器的要求

为了实现离合器的功用，离合器必须满足以下的基本要求：

(1)离合器在接合时柔和、平顺

要求离合器在传递力矩时力矩平稳的变化，避免汽车抖动。

(2)分离时轻便、准确、迅速、彻底

离合器是汽车在行驶过程中使用频率非常高的一个部件，尤其是在市区，所以为了操纵轻便，降低驾驶员的疲劳，现代汽车大量采用了助力装置。在换挡和起步时当驾驶员踩下离合器踏板，离合器的主、从动部分应该能迅速完全的分离，便于换挡和起步。

(3)散热好

离合器在使用过程中特别是在接合的过程中和过载时会产生大量的热，离合器必须有足够的吸热能力和良好的散热效果，保证离合器工作温度在规定的范围内。

(4)完全接合后，没有抖动和冲击

(5)保证可靠的传递发动机的最大转矩

离合器所能传递的最大转矩取决于主、从动件摩擦面的尺寸，摩擦因数弹簧压紧力。为了保证离合器能可靠的传递发动机的最大转矩，必须保证离合器能够传递的最大转矩大于发动机输出的最大转矩，即保证转矩储备系数大于1。转矩储备系数指：离合器传递的最大转矩和发动机能够输出的最大转矩的比值。转矩储备系数越小，离合器防止传动系统过载的能力越强。

(6)成本低廉、结构简单、质量小、可靠性高、寿命长

随着时代的进步，用户对汽车的功耗、动力、舒适性、安全性能等方面都提出了更高的要求，随着汽车工业的发展，从提高离合器性能的角度，拉式膜片弹簧离合器代替了推式膜片弹簧离合器，自动操纵逐步取代传统操纵，所以，延长离合器的使用寿命，提高其可靠性，简化方便操纵，提高其传递转矩的能力，已经成为离合器的发展方向。

第二节 摩擦式离合器的构造实例

摩擦式离合器主要有操纵机构、主动部分、压紧装置和从动部分组成。其结构如图4-8所示。

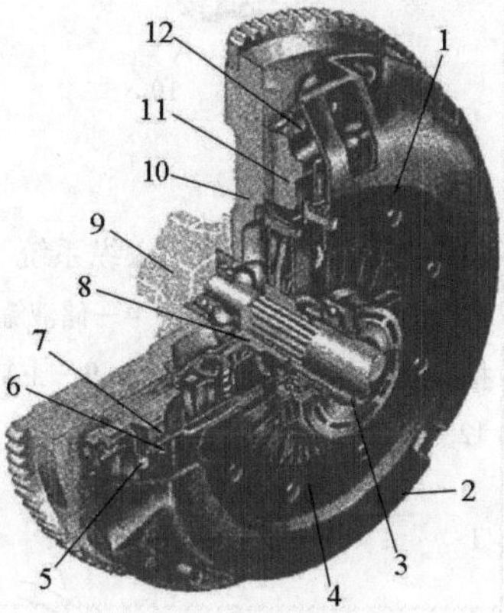

图4-8 桑塔纳轿车2000GSi的离合器

1—膜片弹簧；2—离合器盖；3—变速器输入轴；4—分离轴承；5—分离钩；
6—后支撑环；7—前支撑环；8—从动盘；9—曲轴；11—飞轮；11—压盘；12—传动钢带

一、离合器的操纵机构

离合器的操纵机构起始于离合器踏板，止于离合器的分离轴承，它是驾驶员让离合器实现结合与分离的一套机构，按照操纵能源的不同可以分为人力操纵机构和助力操纵机构两大类。人力操纵根据使用传动媒介的不同分为液压式操纵机构和机械式操纵机构，机械式操纵机构有杆式操纵机构和绳索式操纵机构两种形式。

1. 液压式操纵机构

液压式离合器操纵机构是以液压油作为传递动力的介质。当踩下离合器踏板时主缸推杆推动液压缸中的活塞向左运动，管路中的油液压力升高，工作缸活塞向右移动，工作缸推杆顶头直接推动分离板，从而带动分离轴承使离合器分离。如图4-9所示。液压操纵机构具有传动效率高、摩擦阻力小、布置方便、质量低、结合比较平稳、工作不受车架变形以及发动机震动的影响，便于远距离操纵等优点而被广泛应用于越野汽车、中高挡轿车上。

2. 机械式操纵机构

离合器的操纵机构由一系列的杆系组成的称为杆式操纵机构，如图4-10所示，当踩下离合器踏板1时，通过拉臂3拉动拉杆4，分离叉臂6，使离合器轴承移动，离合

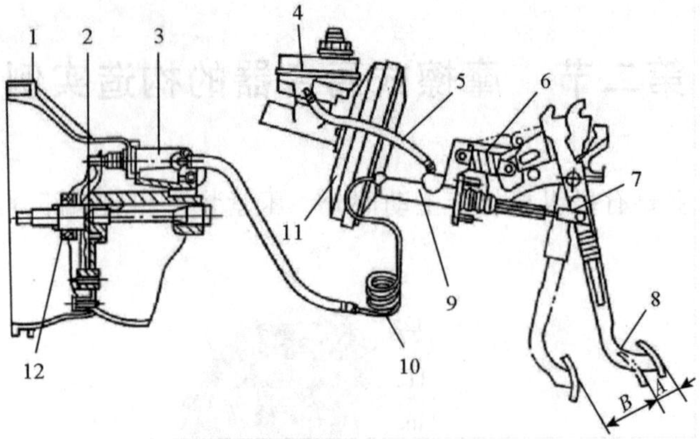

图4-9　离合器液压操纵系统

1—变速器壳体；2—分离叉；3—工作缸；4—储液罐；5—低压油管；6—回位弹簧；7—推杆接头；8—离合器踏板；9—主缸；10—高压油管；11—真空助力器；12—分离轴承；*A*—踏板自由行程；*B*—踏板有效高度

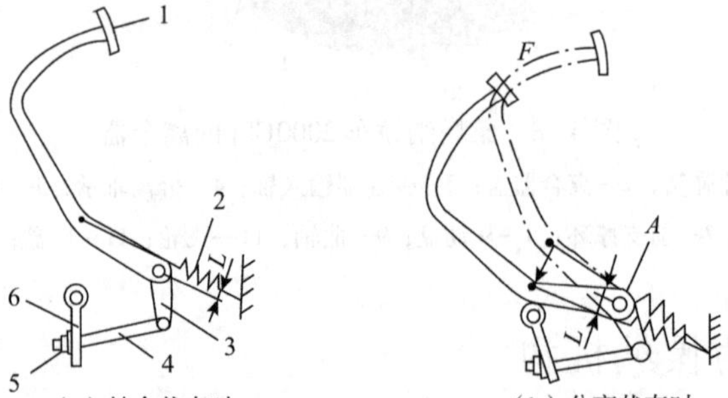

（a）结合状态时　（b）分离状态时

图4-10　离合器杆式操纵机构

1—离合器踏板；2—助力弹簧；3—拉臂；4—拉杆；5—调整螺母；6—分离叉臂；*A*—铰接中心；*L*—*A*点与助力弹簧中心距离

器实现分离。杆系传动装置结构简单、工作可靠、制造容易、广泛应用于各型汽车，但是也有一些无法避免的缺陷：质量大、杆件之间铰接点比较多，摩擦损失比较大，总体传动效率比较低，工作稳定性容易受到发动机震动以及车架变形的影响，所以在吊挂式踏板结构上不能采用，在汽车的发动机后置，离合器需要远距离操纵时，杆系结构复杂布置困难，自由行程也比较大，离合器系统的刚度也比较小，这种情况下一般采用绳索式结构。

离合器绳索式操纵机构通过操纵绳索来实现离合器的分离的，如图4-11所示，当踩下踏板，绳索4被拉紧，分离叉传动臂8带动分离叉10转动，从而让分离轴承12移动实现离合。但是绳索式离合器寿命比较短、拉伸刚度比较小，传动效率比较低，一般适用于微型汽车上，轻型汽车。

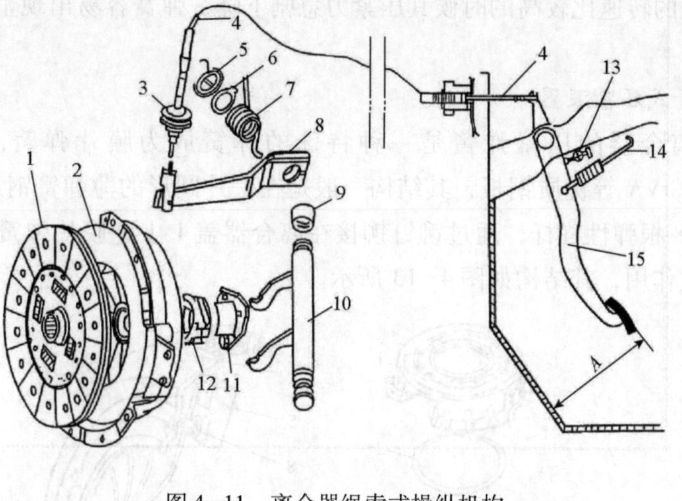

图 4-11 离合器绳索式操纵机构

1—从动盘；2—离合器盖总成；3—调整螺母；4—操纵绳索；5—轴承衬套几防尘罩；6—卡环；7、14—回位弹簧；8—分离叉传动臂；9—黄铜衬套；10—分离叉；11—分离套筒；12—分离轴承；13—调整螺钉；15—离合器踏板；A—踏板高度

二、离合器主动部分

桑塔纳 2000GSi 轿车的离合器主动部分主要有飞轮、离合器盖和压盘等几个组件，离合器盖与飞轮通过螺钉连接在一起，通过钢带传递转矩，压盘一端用螺钉和飞轮连接在一起，压盘的另外一端用铆钉铆接在离合器盖上，所以压盘能够和飞轮一起转动，在离合器结合时飞轮、压盘、从动盘一起转动，在分离和结合的过程中弹性转动带产生一定的变形保证压盘可以沿轴线在一定的范围内平移。其结构详见图 4-3。

三、离合器的压紧装置

摩擦式离合器的压紧装置主要有两种形式：螺旋弹簧式和膜片弹簧式。

1. 螺旋弹簧压紧装置

螺旋弹簧压紧装置是在压盘和离合器盖之间在圆周上安装了 16 个均布的弹簧，其一端固定在压盘上，另外一端不固定，在弹簧弹力的作用下实现飞轮和从动轮的紧密接触，实现力和力矩的传递如图 4-12 所示。

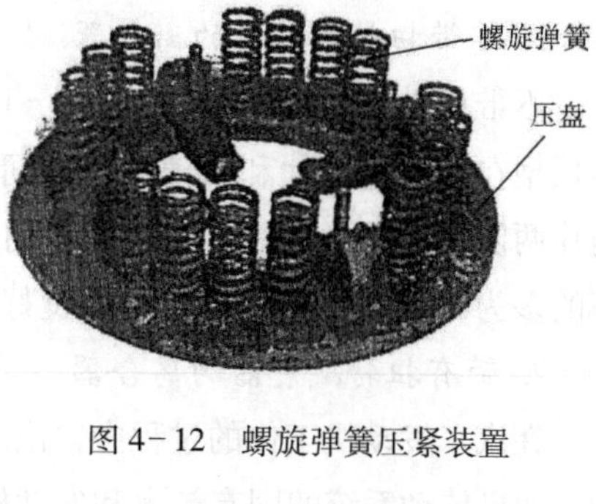

图 4-12 螺旋弹簧压紧装置

螺旋弹簧压紧装置广泛使用与中、重型货车，此压紧装置具有刚性好，分离力比较小的优点，其

缺点是在发动机的转速比较高的时候其压紧力急剧下降、弹簧容易出现歪斜，磨损加剧等现象。

2. 膜片弹簧式压紧装置

膜片弹簧离合器的压紧弹簧是一种特殊的弹簧成为膜片弹簧，其材料一般是60Si2MnA或50CrVA等优质钢板，其结构一般是在一片圆形的薄弹簧钢片上开18条径向的切口，形成18根弹性杠杆，通过铆钉铆接在离合器盖1上，膜片弹簧具有压紧弹簧和分离杠杆的双重作用，其结构如图4-13所示。

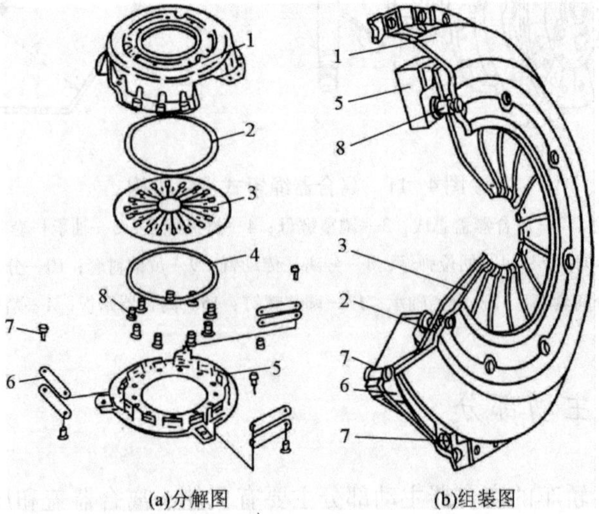

图4-13 膜片弹簧离合器结构

1—离合器盖；2、4—钢丝支撑环；3—膜片弹簧；

5—压盘；6—传动片；7—铆钉；8—支撑铆钉

四、离合器的从动部分

摩擦式离合器从动盘组件构成了其从动部分。其结构有带扭转减震器和不带扭转减震器两种类型。

1. 不带扭转减震器的离合器

不带扭转减震器的结构如图4-14所示，在从动盘毂上铆接了从动盘钢片，为了提高柔顺型在从动盘钢片和从动盘毂之间添加了波浪线弹簧钢片，为了增加摩擦力矩在从动盘钢片两侧铆接了摩擦片。摩擦片的材料一般有石棉基、粉末冶金材料和金属陶瓷材料，常用的多为石棉基材料制成，具有良好的耐热性、耐磨性和适当的弹性。

2. 带有扭转减震器的离合器

在汽车发动机工作的过程中输出的转矩呈现出周期性的变化，就会产生周期性的扭转振动，如果传动系统的固有频率和发动机输出的扭转振动一致，将会发生共振并产生较大的噪

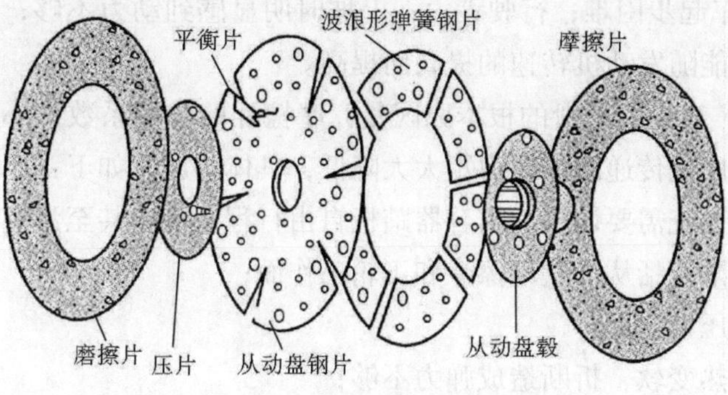

图 4-14 不带扭转减震器的从动盘

音，其次离合器突然结合或汽车紧急制动会对汽车产生很大的冲击，为了减少共振和冲击，现代汽车都在从动盘毂和从动盘本体之间添加了扭转减震器。其结构如图 4-15 所示。

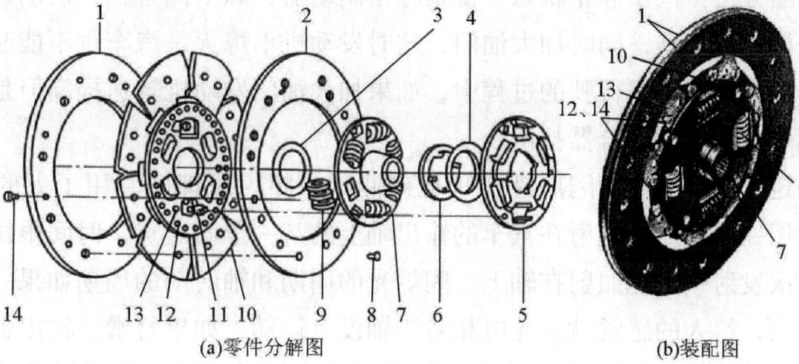

图 4-15 带扭转减震器的从动盘

1、2—摩擦片；3—摩擦垫圈；4—碟形垫圈；5—减震器盘；6—摩擦板；7—从动盘毂；8、12、14—铆钉；9—减震器弹簧；10—波形片；11—止动销；13—从动盘本体

第三节 离合器主要的故障类型和检修

离合器是汽车传动系统中一个重要的部件，使用非常频繁，随着行驶里程的增加，汽车零部件总会产生磨损甚至损坏从而出现故障，在实际使用中离合器的故障主要有：离合器打滑、离合器异响、离合器发抖、离合器无法彻底分离四种。为了保证发动机与传动系统结合平稳，分离及时应该对离合器出现的故障进行详细分析并最终排除故障。

一、离合器打滑

离合器打滑是指：在完全松开离合器踏板，离合器主动盘、从动盘处于结合状态时，主、从动盘存在相对的滑动，发动机输出的动力不能完全输出到传动系统。

(1)现象：汽车起步困难；行驶无力；上坡时明显感到动力不够；离合器摩擦片产生焦臭味儿，车速不能随发动机转速的提高而提高。

(2)故障原因：离合器打滑的根本原因是：摩擦片的摩擦系数变小或压盘和从动盘之间的压力减小了，所能传递的摩擦力矩大大降低，具体的原因如下：

①离合器操纵系统需要调整，离合器踏板自由行程太小，甚至没有；

②磨损达到极限包括从动盘摩擦片和飞轮工作面；

③飞轮变形，压盘变形；

④压紧弹簧受热变软，折断造成弹力不够；

⑤分离轴承不能回位；

⑥摩擦表面存在油污，摩擦系数太小。

(3)故障诊断方法

①经验判断方法：汽车静止状态，拉紧驻车制动器，踩下离合器，启动发动机，设置为1挡，缓慢松开离合器，同时加大油门，这时发动机不熄火，汽车也不能起步，这种状况表示离合器打滑；汽车在行驶的过程中，如果加大油门发动机转速提高但是车速并没有提高或提高不多也证明了离合器打滑。

②仪器测定方法：采用频闪原理实现准确测定。频闪原理即利用了人的视觉暂留效应。在测定时用一闪烁的光照射在汽车的输出轴上的某一个固定点，时间很短，当轴转动一圈后光源再次发射一束光照射在轴上，闪烁光的周期和轴转动的周期如果一致，光会照射在轴的固定点，给人的感觉就是光电相对于轴没有运动，如果打滑，输出轴的实际转速必然低于理论转速，给人的感觉就是光电相对于轴在转动，转动的快慢反映了打滑的程度。其原理如图4-16所示。

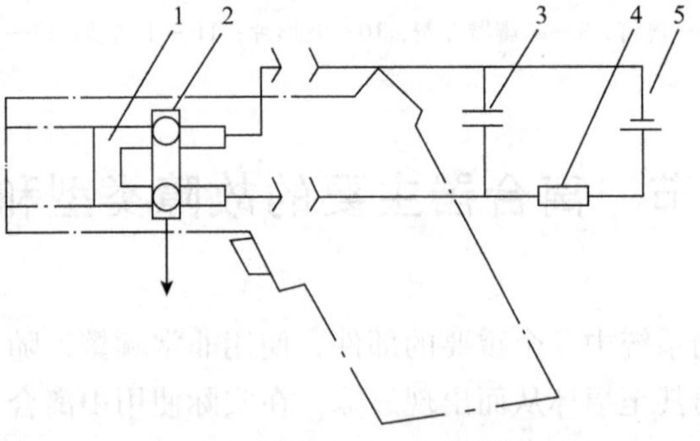

图4-16　离合器打滑测定仪

1—闪光灯；2—高压电极；3—电容；4—电阻；5—蓄电池

在实际使用时：一般以蓄电池作为电源，由发动机火花塞或汽缸点火高压线通过电磁感应给离合器打滑测定仪的高压电极输入信号，控制闪光灯的闪光频率，所以闪光频率和发动机的转速是成正比例的。

(4)在离合器打滑的故障确定后进一步确定原因的方法如下：

①第一步：检查离合器踏板的自由行程。如果没有自由行程应该依次检查离合器操纵系统、踏板回位弹簧，踏板操纵杆系，分离轴承、回位杠杆是否调整不当或损坏；

如果离合器自由行程正常，则应该进入第二步；

②第二步：拆开离合器底盖，检查从动片是否烧毁，硬化、铆钉是否外露，是否存在油污等不正常的现象；

如果第二步检查正常，则应该进入第三步；

③第三步：首先检查压紧弹簧是否弹力不足，是否变形，其次在检查压盘、飞轮、从动盘的状态。

二、离合器异响

(1)现象离合器在分离或结合时以及在车速发生变化时，离合器发出连续的或间断的比较清晰的响声。

(2)故障原因离合器发出异响其根源在于存在碰撞、存在不正常的摩擦。具体分析存在以下原因：

①分离轴承由于缺油产生严重磨损；

②离合器自由行程为零；

③分离杠杆磨损严重；

④单片式离合器压盘和离合器盖配合松旷；

⑤双片离合器中间压盘传动销磨损超差；

⑥从动盘摩擦片铆钉外露、松动、甚至从动盘破裂；

⑦从动盘减震弹簧断裂；

⑧从动盘钢片破裂；

⑨花键毂上铆钉松动；

⑩分离轴承回位弹簧、离合器踏板回位弹簧折断、脱落或太软。

(3)故障诊断以下的检查都需要汽车怠速运行，变速器空挡。

①发动机怠速运行，缓慢压下离合器踏板，让分离杠杆和分离轴承缓慢接合。如果发出“沙沙”的声音，其原因一般为分离轴承故障，此时缓慢加大油门，“沙沙”声任然存在，表明轴承磨损严重，需要更换；如果继续进一步提高发动机转速，同时轻踏离合器踏板，噪声增大，表明分离轴承已经损坏。

②发动机怠速运转，在离合器从分离到接触的过程中或离合器主、从动盘完全分离的状态下无异响，加大油门出现了金属敲击声，提高发动机转速，声音变得更加沉重，继续提高发动机的转速达到2500～5000r/min，敲击声消失。如果是单片式离合器，异响表明离合器盖与压盘配合松旷。

③在离合器刚刚接触或分离的瞬间存在异响表明摩擦片的铆钉松动或铆钉头外露。

④如果松开离合器踏板，听到连续的摩擦声，应该首先检查踏板自由行程，如果用脚向上勾起踏板，响声消失，表明回位弹簧存在故障，如果不能勾起踏板，响声依然存在表明离合器操纵系统需要调整。

三、离合器发抖

(1)现象汽车在起步的过程中，按照正确的操纵规程，离合器在结合时出现的振动，甚至是抖动现象。其表现是汽车无法实现平顺起步，伴有一定程度的冲撞，严重时汽车出现抖动。

(2)故障原因离合器发抖的根源在于飞轮、从动盘以及压盘接触面间的正压力分布不均匀。具体原因有：

①分离杠杆需要重新调整原因是分离杠杆变形；

②从动盘、压盘产生了翘曲变形；

③个别压紧弹簧折断或弹力减弱引起的弹簧弹力不均匀；

④从动盘盘面不平、厚度不匀、铆钉松动或外露；

⑤离合器盖与飞轮、飞轮与变速器、发动机支架紧固螺栓松动；

(3)故障诊断具体诊断的方法如下：汽车按照操作规程起步，如果有振动感即为离合器发抖。具体方法请按照以下步骤判断故障：

①检查发动机前后支架紧固螺栓是否松动，检查飞轮与离合器盖紧固螺栓是否松动，检查飞轮与变速器的紧固螺栓是否松动；

②仔细检查分离轴承和分离杠杆的间隙是否一致，如果不一致一定会导致离合器发抖，导致离合器分离也不彻底；

③拆开离合器，检查从动盘和压盘是否存在翘曲，摩擦片厚度是否均匀；

④检查铆钉是否松动；

⑤检查减震弹簧；

⑥检查花键配合。

四、离合器无法彻底分离

(1)现象离合器无法分离轴的是：踩离合器踏板到底时，离合器主动盘与从动盘没有完全分离，离合器处于半接合状态。其直接的表现是：汽车在正常起步时，发动机容易熄火，汽车提前起步，严重时换挡困难。

(2)故障原因离合器无法实现彻底分离的根本原因是：离合器踏板到底时，压盘离开从动盘的距离太小，或者是离合器从动件发生了变形与从动盘摩擦片有一定程度的接触而不能分离。具体的原因有以下几种：

①离合器分离杠杆需要调整，其原因在于分离杠杆发生了变形；
②从动盘发生了翘曲变形、衬片松动、铆钉松动；
③压盘受热产生翘曲变形超标；
④离合器踏板自由行程太大；
⑤双片离合器中间压盘的弹簧弹力不匀，需要调整；
⑥紧固螺钉失效；
⑦操纵机构卡滞；
⑧液压传动离合器的液压系统出现故障：泄漏、有空气等。

(3)故障诊断诊断的方法如下：

具体方法请按照以下步骤判断故障：首先把变速器挂入空挡，启动发动机，离合器踏板到底，挂入一挡或倒挡，若齿轮平稳啮合，则表明工作状态良好，如果换挡时有齿轮撞击声音并且换挡困难，证明了离合器分离不彻底。判断离合器分离不测定时可以按照下述的步骤诊断具体原因：

①检查离合器操纵机构，保证正常工作；
②检查自由行程。如果自由行程过大可以先调整离合器分离拉杆调节螺母，让自由行程到正常的范围；
③检查分离杠杆内端是否在同一个平面；
④检查分离杠杆内端高度是否合理；
⑤对于双片离合器应该检查中间压盘的分离情况；
⑥检查从动盘翘曲变形是否超标。

第四节　离合器的故障实例

一、大众汽车离合器故障检修实例

1. 上海大众汽车的桑塔纳从动盘过度磨损导致的动力不足

故障现象：一辆桑塔纳轿车型号是2000GSi，车主报告最近几天出现了起步缓慢，车辆加速无力，随着发动机的转速提高汽车的速度没有成比例的提高，特别是在爬坡时发动机很高的转速但是爬坡困难。

故障诊断：首先做原地加速试验，启动发动机后在空挡的情况下逐渐加大油门提高发动机的转速，发现发动机的加速性能良好，其最高转速符合要求，说明发动机性能良好；第二步做起步试验。拉上手刹，挂1挡，缓慢释放离合器，车辆无法起步，发动机转速略微下降，但是发动机不熄火，可以初步判断离合器打滑。由于该车使用的是膜片弹簧式的离合器，所以检查离合器踏板的自由行程为10mm，符合要求，离合器踏板也能够正常回位，用手拨动离合器分离轴承的拨叉，发现分离轴承有一段自由移动的距离，可以初步判断离合器的从动盘严重磨损导致了离合器的分离轴承和分离轴之间存在间隙。拆下离合器的从动盘，发现铆钉外露、摩擦片磨损严重，摩擦表面有很多裂纹和沟槽。

故障排除：更换从动盘、压盘和飞轮重新试验，故障现象完全消失。

2. 劣质拉线导致某型号的桑塔纳轿车离合器踏板异响

故障现象：某型号的桑塔纳汽车在不久前由于离合器严重磨损更换了离合器的从动盘、分离轴承和压盘，在最近几天在汽车换挡时一旦踩下离合器踏板就发出了异响。

故障诊断：重新检查了离合器的从动盘、分离轴承和压盘都没有发下故障，分离拨叉比较耐用，一般不会发生故障。又检查了离合器踏板，没有发现明显的变形，所以问题集中在离合器拉线。

故障排除：拉线的结构比较简单，其结构是一根多股的金属线，外边包裹了衬套，异响从这里发出的，润滑就可以解决，所以向拉线加注一些润滑油后异响立即消失，但是第二天又出现了，更换了一个拉线情况是一样的，更换了同批次的多跟拉线故障依然反复出现，最后联系供货商，更换另外一批拉线以后，故障彻底解除。

3. 宝来汽车离合器片磨损产生异响

故障现象：某型号宝来 1.8MT 汽车，原地怠速，挂空挡，快速松开离合器踏板，发动机室发出“嗒嗒”异响；快速踩下离合器踏板，“嗒嗒”声立即消失；如果缓慢释放离合器踏板异响没有出现；在正常行驶时也没有异响出现。

故障诊断：由于在正常行驶时一切正常，所以可以基本判定发动机没有故障、变速箱也没有故障，故障极有可能在离合器。对于宝来 1.8MT 汽车其离合器装备了双质量飞轮，在两个飞轮之间安装了两圈弹簧，用于消除工作过程中产生的扭转振动。仔细检查了双质量飞轮也没有发现异常，仔细检查离合器的摩擦片发现内圈和外圈之间明显松旷，在结构上内圈和外圈通过 12 个直径为 5mm 的弹簧连接起来的。可以初步的判定：异响来源于摩擦片的内圈和外圈的来回扭转，即快速松开离合器踏板，摩擦片上的小弹簧和双质量飞轮上的弹簧都被压缩最大压缩量，在发动机周期性的扭转作用下飞轮内圈和摩擦片外圈产生周期性的振动，从而产生了“嗒嗒”异响，缓慢松开离合器踏板，弹簧受到的冲击力比较小，扭转的幅度也比较小，噪声也就几乎没有了。

故障排除：更换离合器的摩擦片，故障顺利排除。

4. 离合器总泵故障导致踏板高度不合适

故障现象：某型号的宝来汽车其离合器踏板高度高于制动踏板 40mm；另外有一些情况是离合器踏板不能回位，但是在热车后离合器踏板正常回位。

故障诊断：在宝来汽车上没有采用专用的调节离合器踏板高度的机构，宝来汽车的离合器在结构上由离合器总泵、离合器分泵、离合器踏板、储液罐（与制动缸共用）以及相关的配件组成。由于离合器可以正常的工作推断故障在离合器总泵或偏心弹簧上，拆下偏心弹簧没有发现异常，拆下离合器总泵，发现离合器总泵上的操纵杆明显长于正常值。仔细检查离合器总泵发现离合器总泵存在故障，操纵杆不能回位所以影响了离合器高度。

故障排除：更换离合器总泵，故障得到解除。

5. 离合器的摩擦片磨损导致踏板太高

故障现象：某型号的捷达汽车已经行驶了14多万公里，汽车离合器的自由行程很小，驾驶人员反映离合器踏板越来越高，汽车起步困难要完全松开离合器踏板才可以起步。

故障诊断：捷达汽车的离合器自由行程不用调整，其拉索一般都带有自调整机构，打开发动机室盖发现离合器拉索的弧度比较大，初步推断是磨损严重，并且结合汽车已经行驶了14万公里，建议拆开离合器，更换离合器片、压盘等相关零件。

故障排除：拆开离合器后发现离合器摩擦片完全磨光，压盘也磨损严重，更换了离合器从动盘、摩擦片、压盘后，汽车自由行程恢复。故障彻底排除。

6. 离合器的分离臂断裂导致无法挂挡

故障现象：某型号的一汽捷达轿车行驶了3万5千公里时，车主报告车辆无法行驶，无法挂挡，踩下离合器后感觉特别轻。

故障诊断：汽车在开到4S店后开始检查，打开车盖，一人在驾驶室踩下离合器踏板，另外一人观察离合器杠杆和拉索的工作的状况未见异常，但是在拆下离合器拉索后，用手可以轻易的将分离杠杆拨动。初步断定离合器失效，离合器失效的原因不外乎两个，其一是变速器分离机构故障，极有可能是分离臂或分离轴承、或分离杆故障，其二是离合器的分离盘穿孔，这种情况需要拆下变速器验证。由于本车为新车，行驶的路程比较短，分离盘穿孔的可能性不是很高，初步断定是离合器的分离臂故障。

故障排除：拆下变速器的后端盖发现分离臂有裂纹，立即更换分离臂，故障得到排除。

7. 离合器的分离叉无法回位导致离合器打滑

故障现象：一位大众速腾轿车车主反映离合器在磨合期有轻微的打滑现象，汽车平常的使用的频率比较低，汽车行驶的速度比较慢，在磨合期满后上高速，当发动机为3000r/min时，5挡车速最高只能达到50码左右，现在打滑严重，车主报修。

故障诊断：拉上手刹让汽车处于完全制动的状态，踩下离合器踏板，让离合器分离，然后点燃发动机，缓慢松开离合器踏板，发现在完全松开离合器踏板后发动机没有熄火，同时可以闻到糊味儿，说明离合器打滑严重，存在故障。立即拆下离合器更换压盘、离合器片后故障消除，但是两天以后车主报告汽车离合器打滑无法行驶需要道路救援。

汽车再次被拖到修理店，寻找原因。离合器打滑主要从两个方面分析其一是离合器没有自由行程，分离轴无法运动，分离轴没有回位空间，作用在压盘上的压紧力低于正常值，离合器传递的力矩急剧降低，当负载超过离合器所能够传递的力矩时，离合器打滑。第二个方面是驾驶员操作不规范，驾驶员在行驶的过程中，没有松开离合器，让离合器一直处于半离合状态，或者是驾驶员严重超载、行驶陡坡，造成离合器的严重磨损。和驾驶员的交流发现驾驶员的经验比较丰富不存在操作不规范的问题，所以第二个可能性被排除了。

速腾汽车离合器打滑的故障做了从动盘摩擦片磨损情况检查，由于是前几天更换的摩擦片，摩擦片没有碳化、破损、黏油的现象，铆钉也没有外露；第二步检查离合器压盘弹簧没有发现过软、折断的状况，分离轴的跳动在1mm以内，压盘工作断面磨损在0.3mm以内，检查了飞轮的磨损面在0.5mm以内；第三步检查离合器的自由行程，发现离合器的自由行程太小，取下离合器的分离泵，检查推杆的工作状态，发现推杆没有问题，装上分离泵后缓慢踩下离合器踏板分泵推杆可以伸出，在缓慢释放踏板的过程中推杆也可以同步回位，基本可以肯定离合器的液压系统正常。第四步检查分离轴承和分离拨叉的游动余量，发现拨叉不能回位，并且拨叉的温度较高。在正常行驶情况下离合器片、飞轮和压盘处于压紧状态，保证发动机动力的传递，此时分离轴承和分离拨叉处于自由状态可以在外力的作用下在一定范围内滑动，当需要切断动力时，驾驶员踩下离合器踏板离合器分泵的推杆拨动分离拨叉运动，分离拨叉推动分离轴承运动从而让从动盘和飞轮分离。拨叉的温度比较高，热量只有从动盘和摩擦片摩擦产生的热，热量从压盘传到分离轴承，再由分离轴承传递到拨叉，造成分离拨叉温度升高，拨叉的间隙为什么消失呢？带上这个疑问仔细检查发现汽车在安装时在固定支架橡胶内的一个铁套没有安装，造成的结果就是固定螺栓拧入过多，挡住分离拨叉，分离拨叉不能回位，离合器不能按照设计功能传递转矩。

故障排除：在固定支架上安装同规格的铁套限定螺栓的伸出长度，拨叉可以自动回位，离合器打滑故障解除。

8. 大众捷达轿车离合器止推垫磨损导致离合器分离操作时踏板抖动故障

故障现象：某型号的捷达轿车，在行驶了10万公里以后，在换挡时一踩下离合器踏板，踏板剧烈抖动。

故障诊断：离合器在分离时抖动显现产生的原因通常有：离合器压盘破裂或严重磨损；或者是离合器推杆严重变形弯曲，传递了震动；其次是曲轴止推垫磨损严重从而导致存在间歇三种原因。仔细检查了离合器压盘未见磨损超标，摩擦片也是正常的，检查离合器的推杆也未见异常，检查曲轴的轴向止推垫发现磨损非常严重。曲轴止推垫具有重要的作用，它保证曲轴不会前后窜动，一旦严重磨损，离合器将窜动传递到踏板，放大，在离合器分离操作时，驾驶员就会感觉到剧烈的抖动。

故障排除：更换曲轴止推垫，故障得到排除。

二、离合器扭转减震器磨损发出“咯啦，咯啦”撞击声故障检修实例

故障现象：一辆韩国现代汽车公司生产的sonata轿车在工作过程中发出“咯啦咯啦”撞击声。

故障诊断：汽车在开到维修店后进行试验，发现汽车在加速阶段没有噪声发出，在保持节气门开口度不变时也没有异常出现，只是在松油门或制动时汽车发出“咯啦”异响。用

举升机举起汽车，进行相关试验重现故障，采用听诊器试听声音，发现声音从差速器部件传出的，然后抬下变速器并分解在轴承和座圈都没有发现相关的严重磨损，在行星齿轮轴上有0.1mm的径向间歇，两个半轴齿轮有1mm的轴线间隙，但是配合间隙是完全正常的，综合分析变速器工况良好，问题在哪里呢？然后检查了离合器片、离合器压板都没有发现异常，但是发现了在从动盘毂和从动盘钢片之间有一条亮痕，转动摩擦衬片，发现从动盘比较松。离合器在结构上来说减振弹簧一端连接从动盘钢片，另外一端连接从动盘毂，通过摩擦片传递转矩，为了减少振动安装了减振盘，发动机传出的转矩首先传递到钢片和减振盘，然后再传递到盘毂，压缩减振弹簧，减振弹簧吸收部分冲击，并且迅速的衰减振动。

发动机输出的转矩是周期性变化的，它有一个自身的振动频率，传动系统也有一个振动频率，二者的频率一致就会产生共振，减震弹簧可以减缓冲击，但是由于在长期的使用过程中，由于高温退火，其长度发生了变化，在正常行驶的过程中突然刹车，从动盘钢片和盘毂之间会出现周期性的碰撞发出“咯啦咯啦”的声音，

故障排除：从新更换新离合器片，更换新的分离轴承，再次进行相关的实验，“咯啦咯啦”声音消失，故障得到排除。

三、马自达轿车传动系统发出“哒哒”声，变速器飞轮反复断裂故障

故障现象：一辆马自达M6CA7230AT轿车在行驶不足3万公里时发动机后部传出“哒哒”的声音，在加速的过程中特别明显，并且飞轮两次断裂。

故障诊断：在汽车报修后，用举升机举起汽车，用铜棒传音仔细听，发现“哒哒”的声音是从变速器和发动机的结合部传出来的，然后按照常规检查的方法检查了变速器油，发现没有变质，读取了汽车的故障码也没有发现相关的故障记录，由于是变速器的飞轮已经断裂了2次，所以仔细检查了曲轴的轴向间隙，径向跳动等相关参数也没有发现相关的问题，考虑到飞轮的两次断裂，肯定是旋转不平衡，极有可能是油泵的故障，在用户同意后把变速器完全拆开逐一检查，发现油泵止推垫严重磨损。

故障排除：更换油泵止推垫后故障排除。6个月内多次电话回访，故障再也没有出现。

四、三菱汽车离合器故障检修实例

三菱帕杰罗V31越野车机油泵的装配问题引发的离合器发出的”咕咕咕”声音故障

故障现象：一辆已经行驶了接近30万公里的三菱帕杰罗V31越野车在1个月前离合器在一家修理厂维修过，最近一段时间车辆在行驶时，在踩下离合器踏板的瞬间汽车发出“咕咕咕”的声音，特别是在半离合的状态下，发动机转速2000r/min时，响声特别明显，并且从踏板可以感觉到比较剧烈的振动，在离合器彻底分离后振动消失。

故障诊断：将汽车举升起来，发动汽车，逐渐提高发动机转速，当达到2000r/min时，用听诊器探听离合器分离叉、探听发动机后油封和飞轮，发现分离叉上的声音比较小，初步判断故障在离合器上，在征得用户同意以后拆开离合器，发现离合器摩擦片上的减震弹簧松动，分离轴承在分离杠杆上磨出了不均匀的痕迹，飞轮上也有明显的磨痕，在更换了离合器压盘、分离轴承和摩擦片，光磨飞轮后装机试车，发现故障情况有所变化，在踩下离合器后，在分离拨叉的地方可以明显的听到"咕咕咕"的声音，可以以此判断在其他部位还有故障，多次试验并用听诊器检查发现在发动机也传出了"咕咕咕"的声音，打开发动机机油罩，手动控制节气门拉索提高发动机转速，发现声音是从发动机正时罩发出来的，由此判定机油泵平衡轴的装配有问题，进一步检查发现曲轴带轮花键前端碎裂，曲轴上的键槽也严重磨损。

故障排除：更换曲轴，曲轴花键以后故障彻底排除。

汽车是由很多零配件组合起来一个复杂的系统，离合器是传动系统中一个重要的部分，也是容易发生故障的一个部分，在寻找故障的过程中必须抓住细节，特别是容易被忽视的小细节必须要高度重视。

五、离合器自由间隙过大引起的挂倒挡有撞击声故障

故障现象：一辆已经行驶了接近10万公里的轿车最近出现了挂倒挡可以明显的听见齿轮的撞击声，换挡不顺畅，换挡的时间明显延长。

故障诊断：在通常情况下，踩下离合器，离合器的主动部分和从动部分分离，动力输出被切断，对于现代轿车通常都安装了同步器，本身换挡时间会略微延长，检测了离合器的自由行程其值为26mm，远远超过了正常值，由于本车的离合器为液压控制的膜片弹簧离合器，仔细检测了液压油，油液的量是正常的，也没有发现漏油，进一步检查发现液压操纵机构中的推杆把总泵顶了一个坑。

故障排除：更换总泵总成，调整推杆，调整自由行程达到10mm，故障得到解除。

第五节　离合器的使用和维护

一、离合器的正确使用方法

1. 离合器结合应该平稳

汽车在起步时应该缓慢、平稳的松开离合器，否则冲击载荷会损坏摩擦片、压盘和传动部件。

2. 离合器分离时应该迅速、彻底，减少离合器的磨损延长使用寿命

3. 减少半离合使用次数

汽车在行驶过程中，在半离合的状态下从动盘和主动盘有一个相对的滑动，会产生大量的热，如果过多的使用半离合会加剧离合器的磨损、缩短了离合器的使用寿命，而且在半离合的过程中产生的大量的热会加剧离合器的磨损，出现压紧弹簧退火，压盘变形等。

4. 接近停车时或紧急制动时应该把离合器和制动板同事踩下

5. 避免下坡空挡行驶

汽车在下坡时一定要避免发动机熄火，空挡滑行，然后松开离合器踏板，让汽车重新启动，这样操作第一不安全，其次加速了离合器和传动系统的磨损、突然启动的冲击容易造成离合器部件的破碎。

二、离合器的养护

离合器操纵机构应该定期检查、定期养护。

离合器操纵机构的定期检查、养护是必不可少的内容，在每次出车前应该检查离合器的自由行程是否满足要求，汽车行驶 3 ~ 5km 应该对离合器的自由行程进行检查和调整。应该定期检查离合器是否黏油。在离合器操纵机构中大部分组件都是需要润滑的，应该定期的润滑养护，特别是分离轴承，由于工作条件恶劣在每行驶 4 ~ 5km 应该养护一次。

第五章　驱动桥的异响诊断

驱动桥的主要作用是减速增加扭力，改变动力传递方向并实现左右车轮的差速转动，它由差速器、主动减速器和半轴与桥体组成。在使用过程中常见的故障现象有漏油过热，发卡发响，其原因是密封不良，装配不当，磨损过度，使用间隙过大、过小。对过热、异响故障通常需要分解检查，如主要零件表面有疲劳剥落、沟渠等，均需换用新品，装复驱动桥时要将轴承紧固齿轮齿合间隙及印痕调整齿合面在60%以上。有条件情况下，对换件后的驱动桥要进行磨合试验。故障现象的分析与判断：

在行驶时底盘后侧有异响声，在转弯时响声非常明显，转弯且车速变化的瞬间异响清晰。

首先要检查驱动桥总间隙在车轮上的反映，将车辆停放在水平路面上，使一边的驱动轮悬空，用千斤顶将驱动桥主动轴的凸缘盘顶住，使其不能转动，顺时针转动悬空的车轮至不能转动为止，然后在逆时针转动到极限位置，两点之间的距离明显过大，说明驱动桥各部配合间隙的总和过大，取出小千斤顶，将两驱动轮同时悬空，变速操纵杆置入空挡，分别同向和逆向转动左右两轮。当转速相同时，基本上听不到异响。当转速差较大时，能听到金属撞击声。通过以上的检查说明半轴与半轴齿轮内花键，半轴齿轮与行星齿轮齿合间隙可能过大，分解驱动桥。重点检查行星齿轮和半轴齿轮垫片，发现其磨损减薄严重，行星齿轮和半轴齿轮的齿磨损过多，差速器壳与垫片的接触部位已磨出凹坑。更换差速器总成，重新调整主减速器的齿合面印痕和间隙后，进行道路测试，异响消失。

如果差速器主要零件磨损过大，使行星齿轮和半轴齿轮的齿合间隙过大，造成难以修调时，只能更换差速器总成。

第一节　行驶装置常见故障响声与故障判断

行驶系统一般由车架、车桥、车轮和悬挂四部分组成，其作用是，接受传动系统传递的轮距，产生驱动力，保证汽车正常行驶，传递和承受地面作用于车轮上的各种反力和反力矩，衰减振动，保证汽车行驶的平顺性与转向系统协调工作，保证汽车操纵的稳定性。使用中常见的故障现象有车辆振动，颠簸明显，车胎磨损异常，有异常响声，车轮摇摆等。其主要原因是减振器损坏，钢板弹簧折断，骑马攀螺栓松动，减振橡胶块丢失，转向式悬挂杆系连接处松旷，轮毂轴承松旷，轮胎动平衡丢失，前轮定位时常，车架或车身变形严重等。不同的型号的车辆，行驶系统的具体结构差别很大，但它们的结构功能是基本相同的，所以从系统功能的角度去分析故障，对迅速判断行驶系统的故障十分有帮助。如车辆振动颠簸明显，说明系统的减振阻尼作用减弱，应首先检查减振器。轮胎非摆振造成的异常磨损，说明系统中车轮的定位失常，首先应检查前束和外倾角。

一、车辆转向轮胎磨损异常

车辆在转向轮出现早期异常磨损，新车行不足4000km有转向轮的外侧胎肩基本磨光。

(1)故障现象：车辆行驶时，始终有向右跑偏现象，右转向轮外侧胎肩基本磨光。

(2)检查、分析与判断：该车前悬架采用的是独立悬架，左右两轮分别通过两只拉杆与液压助力的转向机相连，以实现两轮的同时转向。左转向轮轮胎磨损正常，而右轮异常，说明右轮悬架或车轮定位可能有故障。考虑到该车是新车，磨损松旷、受撞变形的可能性较小，应重点考虑调整不当因素。将车辆停放在水平路面上，仔细观察两转向轮的胎压、车辆的左右高度，都基本正常。在车辆前方观察两轮，当左轮摆正时，总感觉右轮外张明显，将转向盘向左转一些，右轮摆正时，左轮又有外张的现象，说明当转向盘处于中间位置时，右侧车轮的横拉杆可能较长。测量前束，结果是反前束。用该车备胎更换右轮，将左右两轮气压调到标准值，将转向盘转至中间位置，调整左右拉杆长度，使右轮摆正，同时调整左右拉杆，使前束值为零，拧紧拉杆锁紧螺母。试车时跑偏现象消失，回站后用四轮定位仪复检前轮定位参数，均在标准范围内。

(3)诊断结论：为保持汽车直线行驶的稳定性，减小轮胎和机件的磨损，定向轮、转向节和前轴三者在安装上具有一定的相对位置，称为转向轮定位，它包括主销后倾、内倾、车轮外倾和前轮前束四个内容。前轮前束的主要作用是消除因前轮外倾在汽车行驶时向外张开的趋势，以减小轮胎磨损和滚动阻力。反前束时，不仅抵消车轮外张的能力消失，还加剧了车轮外张的趋势，加之右轮不正，使右转向轮在行驶中横向滑磨增加，轮胎外侧胎肩处磨损加剧，同时使车辆行驶跑偏。

(4)排除方法与结果：更换外胎，调整前束。故障排除。

二、车辆减振性能差

车辆后排座位处振动严重，乘客极不舒服。

(1)故障现象：车辆行驶中，路面稍差时，在右后排座位处，有明显的颠簸振动感，且振动衰减时间长。

(2)检查、分析与判断：双手用力下压行李箱盖，当双手松开时，车辆尾部振幅大，且振动衰减时间较长，说明减振器可能有故障。举起车辆，观察右后减振器有漏油痕迹，左侧无漏油，说明右后减振器损坏。拆下右后减振器后上下推拉活塞杆时，已无任何阻力，证明该减振器已不起减振作用。更换减振器后，故障现象消失。

(3)诊断结论：双向筒式减振器油封损坏后，将使油液泄漏，减振阻尼作用消失，造成悬挂中螺旋弹簧的振幅加大，振动时间增长，使乘客感觉车辆颠簸严重，舒适感降低。

三、车辆右前轮在行驶中左右摇摆，轮胎磨损异常

车辆在行驶中右前轮有左右摇摆现象。

(1)故障现象：车辆行驶中，右前轮左右摇摆，低速时明显。轮胎胎面磨损异常。

(2)检查、分析与判断：轮胎胎面磨损异常，应是车轮滚动时左右偏摆造成的，所以排除左右摇摆故障后，在车轮定位正常的情况下，轮胎应不会出现异常磨损。造成车轮左右摇摆的结构因素主要有轮毂轴松动、悬架变形严重、前轮定位失常、各杆件连接部位松旷等。将车辆停放在水平路面上，一人在车上左右转动转向盘，一人在车前观察两转向轮开始偏转的起始时间，发现右前轮始终是晚于左轮偏转，这说明右轮轮毂轴承松动、悬架系统杆件连接部位松旷的可能性较大。举起车辆，并使右轮悬空，检查轮毂轴承紧度，结果正常。检查右横拉杆与减振器支柱的连接，较松旷。检查横向稳定杆，发现该杆与副车架连接的橡胶块丢失，检查下摇臂的 3 个连接点，结果是一个橡胶块损坏，一处松旷明显。更换松旷的球头、所有橡胶块，将备胎装于右轮，在四轮定位仪上检调好车轮外倾角和前束后，试车时已观察不到前轮的摇摆现象。

(3)诊断结论：转向及悬架杆系连接处松旷，使车轮在滚动时的横向摆振在一定的偏摆角内称为无阻尼振动(不计轮胎与地面的摩擦阻尼)，造成车轮左右偏摆，并加速了轮胎的磨损。

(4)排除方法与结果：更换松旷及损坏件，补齐丢失件，紧固松动件。车辆出站约一个月，询问驾驶人得知，该车出站行驶 2000 多公里，车轮左右摇摆现象没有再出现，轮胎磨损正常，故障彻底排除。

第二节　汽车万向节传动装置异响声判断故障与排除

万向传动装置是在汽车动力传动过程中实现变角度和变距离的必须装置，通常变速器与驱动桥，变速器与分动器(离合器)与驱动桥，前置前驱的驱动桥与车轮之间，转向操纵机构中有时也使用万向传动装置。该装置一般由万向节、传动轴伸缩节和中间支撑等组成。汽车上使用的万向节有不等速十字轴万向节、准等速三销式和双联式万向节，等速球叉式和球笼式万向节等。不等速十字轴万向节在安装上有特殊的要求，只有两个十字轴万向节的万向传动装置，要求第一节万向节的主动叉与第二个万向节的被动叉安装在一个平

面内。有三个万向节的，要求按照主动叉，主动叉被动叉在同一平面内安装，如出现安装错误，将会产生周期性的异响。万向传动装置在使用中常见的故障现象和松旷响声和传动轴的不平衡摆动，基本原因链接紧固件松动，配合件磨损松旷，安装错误，传动轴弯曲变形严重，平衡块掉落。松旷和摆振现象两者既有联系，也有区别。一般情况下松旷现象都会伴有不同程度的摆振，随着松旷加大，随之声响加大，两个故障出现的时机不完全相同，松旷响多出现在车速变化的瞬间，摆振与车速大小有关，且两者异响音调不同。不论是松旷还是摆动，两者潜在危险是十分巨大，除造成变速器与驱动桥的故障外，有时会将传动轴振断或者连接脱落，从而发生行车安全，因此这两个故障一经发现，就应及时排除，随时检查松旷和摆振故障。

检查松旷和摆振故障的基本方法。

首先当汽车行驶在40km/h左右车速时，突然变换的瞬间，能听到清晰的金属撞击声，或者汽车在突然起步时，汽车底盘会传出清晰撞击声，这种声响的发生大概分为3种：

(1)伸缩节磨损松旷。排除方法：更换传动轴总成，故障排除。

(2)万向节的钢球保持架有多处裂纹，钢球疲劳磨损严重，星形套和钟形壳的钢球轨道磨损变形严重。排除方法：更换万向节，故障排除。

(3)十字轴万向节安装不在一个水平面，中间支撑紧固不正常，传动轴弯曲变形。排除方法：更换传动轴总成，故障排除。

第六章　底盘故障排查方法与技巧

一、排查汽车离合器常见故障

在汽车使用过程中，由于离合器的使用相当频繁，随着汽车行驶里程的增加，离合器各零件不可避免的会产生磨损或损坏，导致离合器状态变差甚至出现故障。在实际使用中，常见的离合器故障有：分离不彻底、打滑、抖动和异响等。

1. 分离不彻底

离合器分离不彻底的现象是：发动机怠速运转时，踩下离合器踏板，原地挂挡有齿轮撞击声，且难以挂入，情况严重时会导致发动机熄火。原因是离合器踏板踩到底后，主、从动盘没有完全分开，而是仍然存在接触，离合器处于半接合状态，发动机输出动力没有完全被切断。

当出现离合器分离不彻底的典型现象时，根据故障特征，即可基本检查和诊断出故障原因，针对原因对应排除。除了通过现象进行判断以外，还可以使用下列检查方法：拆下离合器底盖，将变速器挂入空挡，离合器踏板踩到底，用螺钉旋具拨动从动盘，若能轻松拨转，说明离合器分离性能良好；若无法拨动，即确定离合器分离不彻底。

故障原因检查及排除方法：

(1)检查离合器自由行程是否过大：当踩下踏板时不能使膜片弹簧充分压缩，则说明离合器自由行程过大，此时应调整踏板自由行程。

(2)检查从动盘正反面是否装错，造成从动盘与飞轮仍有摩擦，若装错应重新装配。

(3)检查从动盘是否翘曲变形，使得从动盘与飞轮或压盘仍有摩擦，若翘曲变形应进行从动盘的校正工作。

(4)检查从动盘花键毂在变速器一轴(输入轴)上移动是否灵活，造成从动盘与压盘或飞轮仍有摩擦，若移动不灵活应更换从动盘。

(5)检查分离杠杆高度是否一致或过低，若有个别分离杠杆与分离轴承接触不上，则说明分离杠杆的高度不一致，应进行调整。若分离杠杆高度一致后，仍有分离不彻底的故障，则需进一步检查杠杆高度是否合适。此时可将各分离杠杆调整至同样高度，若调整后，离合器分离彻底，则说明是分杠杆调整不当或内端磨损过度所致。需要注意的是，分离杠杆调整完毕后，应重新调整离合器自由行程。

(6)对于使用新铆摩擦片的离合器，检查从动盘摩擦片是否过厚，具体操作是在离合器盖与飞轮之间加垫片进行调整，若加上垫片后离合器就能分离彻底，则说明是从动盘摩擦片过厚，需更换从动盘摩擦片。

(7)对液压传动的离合器，除进行上述检查外，还应检查制动液是否短缺、管道是否渗漏，并且需排除液压系统内的空气。

2. 离合器发抖

离合器发抖的现象是：汽车抵挡起步时，按照正确操作步骤逐渐放松离合器踏板，汽车不能平顺起步而产生抖动。产生故障的原因主要有：分离杠杆调整不当或变形，导致各内端面高低不一致，不在同一平面上；主、从动盘翘曲不平或磨损起槽，飞轮工作面跳动严重；离合器个别压盘弹簧变软、折断或弹力不均衡；离合器摩擦片破裂变形、凹凸不平、沾有油污或铆钉外露；离合器从动盘上减振弹簧松弛或折断，减振盘破裂；从动盘花键槽与变速器第一轴花键锈蚀脏污而卡滞；分离轴承套筒与其导管之间有污垢使分离轴承不能回位；发动机与变速器固定不牢，飞轮或离合器盖松动。

故障原因检查及排除方法：

(1)检查从动盘的钢片或压盘是否发生翘曲，变形造成从动盘不能正常与飞轮或压盘接合，若是应更换从动盘或压盘。

(2)检查飞轮与从动盘的接触面是否偏摆，造成飞轮与从动盘不正常接触，若是应修复飞轮。

(3)检查从动盘上缓冲片或减震弹簧是否折断，造成从动盘不正常工作，若是是应更换从动盘。

(4)检查从动盘上铆钉是否松动或露出，造成铆钉与飞轮或压盘接触，若是应更换从动盘。

(5)检查压盘总成与飞轮的固定螺栓是否松动，造成从动盘与压盘不正常接触，若是应紧固螺栓。

(6)如果离合器踏板自由行程正常，则拆下离合器底盖，检查各分离杠杆内端面是否在同一水平面上，若不在同一水平面上，应进行校正。

(7)检查分离拨叉是否正常，若不正常，应进行调整。

(8)检查发动机、变速器和离合器盖是否应固定不牢而松动，若是应紧固螺栓。

(9)检查分离分离轴承的润滑状态，若润滑不正常需对不符合技术要求的零部件进行更换。

3. 离合器打滑

离合器打滑的现象是：放松离合器时，汽车不能起步或起步困难；加速时发动机转速上升，但车速不相应升高，汽车行驶无力；汽车载重上长坡时，车辆动力不足并伴有离合器冒烟且有糊味；当拉紧驻车制动器，进行起步试验时，发动机本应熄火，若不熄火，表示离合器确实打滑。产生故障的原因主要有：离合器踏板没有自由行程；离合器从动盘摩擦片磨损过薄、硬化，有腐蚀斑点或铆钉外露或沾有油污；离合器压盘过薄或压盘、飞轮变形，离合器盖与飞轮的连接螺栓松动；离合器压紧弹簧过热变软或折断；离合器分离杠杆调整过高；膜片弹簧离合器的膜片弹簧弹力不足或膜片破裂。

判断离合器是否打滑，还可以通过挂挡起步法检查，具体步骤是：拉紧驻车制动器，变速箱挂入低速挡，缓慢抬起离合器踏板，平缓踩下加速踏板，作起步实验，若汽车保持原地不动，发动机不熄火，则说明离合器打滑。

故障原因检查及排除方法：

(1)检查离合器踏板自由行程是否太小或没有，膜片弹簧力是否全部或部分作用在操纵机构，而使从动盘不能很好地与飞轮及压盘压紧。若是应调整离合器自由行程。

方法是：踩抬离合器踏板，凭感觉判断；更直接的方法是拆下离合器下盖，观看分离杠杆与分离轴承有无间隙，若没有间隙，说明离合器无自由行程。

(2)检查从动盘上是否有油污，造成从动盘表面摩擦力减小。若是应去除从动盘油污并排除漏油故障。

(3)检查从动摩擦片、压盘和飞轮工作面是否磨损严重，有烧焦痕迹，厚度减薄。若是应更换从动盘。若只有摩擦片轻度烧蚀，可用刮刀修刮活用砂纸打磨以除去硬化层。

(4)检查弹簧是否过热变软，膜片弹簧是否疲劳或开裂。若是应更换压盘总成。

(5)检查离合器压盘与飞轮之间固定螺钉是否松动。若是应紧固螺栓。

(6)检查分离轴承套筒与其导管之间是否因油污、尘垢等卡住而不能回位。若是应清洗导管。

(7)检查离合器是否铆钉外露，方法是一人在驾驶室内踩下离合器踏板，另一人在车下用螺钉旋具拨动从动盘摩擦片，在脱落物中如果发现有铝质粉末，则说明离合器因摩擦片铆钉外露而打滑，此时应更换从动盘。

4. 离合器异响

离合器异响的现象是：离合器分离或接合时发出不正常响声。

故障原因检查及排除方法：

(1)检查分离轴承是否缺少润滑剂干磨或轴承损坏。若是应更换分离轴承；

(2)检查从动盘花键孔与轴配合是否松旷。若是应更换从动盘；

(3)检查从动盘摩擦片铆钉松动或铆钉头是否露出。若是应更换从动盘；

(4)检查分离轴承套筒与其导管之间是否有油污、灰尘或分离轴承回位弹簧与离合器踏板回位弹簧是否疲劳、折断、脱落，造成分离轴承回位不佳。若是应清洗更换损坏零件；

(5)检查从动盘减震弹簧是否过热变软、疲劳或折断。若是应更换从动盘。

二、对汽车离合器和变速器的维护与保养

1. 离合器的维护与保养

汽车离合器的作用：离合器是汽车传动系中直接与发动机相联系的部件，发动机的动

力经过离合器、变速器通过传动轴到差速器而传至后桥的，但因汽车受到不同的地形、气候等因素的影响，需要用不同的速度行驶，故而离合器的作用，就是使发动机的动力与传动装置平稳地接合或暂时分离，可靠传递发动机转矩，以便于驾驶员进行汽车的起步、停车、换挡等操作。

常见故障及原因：

(1)故障：汽车起步或在行驶过程中离合器发抖，原因是：压力板装置不正，致使压力不平衡；分离杠杆高低不准、压力板弹簧强弱不均或折断及摩擦片的损坏，使离合器结合不平或不紧密。

(2)故障：离合器打滑，原因是：间隙过小或摩擦片磨损过甚，致使离合器结合不紧密；摩擦片沾有油污；压力板盖与飞轮的结合螺钉松动；压力板弹簧软弱或折断。

(3)故障：离合器异响，原因是：分离轴承缺油或损坏；分离杠杆损坏。

汽车离合器的维护与故障排除：

(1)对于一般(单片)离合器校准分离杠杆，揭开飞轮壳上的孔盖和下面的盖罩，将变速杆推入空挡，摇转曲轴或拨动飞轮，使分离杠杆销调整螺钉转至飞轮壳孔盖或盖罩位置，再用套筒扳手或螺钉旋具逐一旋动调整螺钉，至与压力板接触时能达到接触平衡而分离时能完全分离为止；

对于双片式离合器的调整，应做到：完全放松离合器踏板，使离合器结合；将 3 个固定螺钉拧至与前压力板开始接触时为止；将固定螺钉一直松至离合器恰未离开的状态(即刚欲离开时)，即将 3 个固定螺钉各均匀地转回半转或一转；对于使用过久的汽车摩擦片，为防止出现滑溜现象，应是离合器踏板活动间隙保持在 20 ~ 25mm 的范围内；对于离合器轴承部分，应做到定期检查和润滑。

(2)离合器踏板高度的测量和调整：用直尺测量由地板到踏板垫面的距离称为踏板高度，即 A 距离，标准值为 180. 5mm，如不相符，应调整踏板止动螺栓，调整到标准值后拧紧锁紧螺母。

(3)离合器踏板自由间隙的测量与调整：离合器踏板如果没有自由行程，会造成离合器打滑，汽车行驶无力；如果离合器踏板自由行程过大，不能使离合器彻底分离，会造成换挡困难。

检查时，踩下离合器踏板，直到感受到有阻力为止。这一行程即是离合器踏板的自由行程。自由行程必须在 6 ~ 13mm 规定的极限值范围内。如果不符合规定应到维修站检修。

离合器踏板自由间隙的测量和调整方法如下：用直尺测量离合器踏板自由间隙，即 B 距离，标准值为 6 ~ 13mm，如不相符，应调整离合器主缸顶杆长度，调整到标准值后拧紧顶杆锁紧螺母。

(4)如何减少磨损：用 1 挡起步，以获得起步时的最大扭矩，减少离合器过载。减少离合器处于半联动状态，使用时应将离合器踏板踩到底，使用后完全松开，以保证离合器彻底分离和可靠结合。起步成功后应尽快松离合器，减少离合器压盘和压片不必要的摩擦。正常行驶时不要把脚放在离合器踏板上，以保证离合器内部的充分接合。

2. 变速器的维护与保养

汽车变速器的作用：发动机的输出转速非常高，最大功率及最大扭矩在一定的转速区出现。为了发挥发动机的最佳性能，就必须有一套变速装置，即变速器，来协调发动机的转速和车轮的实际行驶速度。汽车变速器是由变速传动机构和操纵机构组成的，它能够改变传动比，扩大驱动轮转矩和转速的变化范围，以适应经常变化的行驶条件，同时使发动机在有利(功率较高而油耗较低)的工况下工作；在发动机旋转方向不变情况下，使汽车能倒退行驶；利用空挡，中断动力传递，以发动机能够启动、怠速，并便于变速器换挡或进行动力输出。

常见故障及原因：

(1)故障：行驶过程中，变速杆自动跳入空挡，原因是：齿轮轮齿磨损过甚；变速轨弹簧及弹子因损坏而失效。以上皆为驾驶人操作不当所致。

(2)故障：变速器异响，如发出单调频率的响声，发出金属的干摩擦声，以及不均匀的碰撞声等，原因是：空挡出现异响，与各常啮合齿轮有关；特定某挡出现异响，与该挡齿轮有关；所有挡位出现异响，通常是常啮合齿轮中的某个齿轮存在故障，若不是，则可能是变速器缺油，变速器缺油与否通常可以通过变速器是否发热进行判断。引起变速器异响的其他原因有：齿轮轴与轴承磨损；齿轮牙齿腐蚀；致使齿隙过大；变速器内混入坚硬杂质；缺少润滑油或油质低劣。

(3)故障：变速轨滞住或变速杆不能拨动，原因是：弹子(钢球)磨损或进入铁屑。

(4)故障：变速杆间隙过大或自由转动，原因是：多由变速杆定位销松脱造成，或由于变速器盖与杆球部分磨损，以致无法变速。

(5)故障：变速器漏油，原因是：多由油封损坏所致。

变速器的维护与故障排除：

(1)变速器挂不上挡和错挡故障的排除：

①调整离合器踏板的自由行程和总行程；液压操纵系统放气；调整液压操纵系统，排除故障；维修离合器。

②调整变速器的外换挡机构，消除卡滞，清除异物，使换挡杆操纵位置准确。

③检查维修变速器的内操纵机构，更换或维修损坏的换挡拨叉及换挡拨叉导轨。

④检查维修或更换损坏的同步器。

⑤检查变速器各轴承、衬套、垫片和花键等各磨损部位，保证各轴和齿轮定位准确。

⑥检查换挡锁止机构，更换磨损件。

⑦检查并更换选挡换挡轴。

⑧检查变速器上锁止机构的拉紧弹簧或操纵机构上的压簧，失效的应更换。

⑨检查换挡操纵机构上的铰链总成，联接杆件、螺栓和螺母等有无损坏和失效，联接好操纵机构。

(2)变速器异响故障的排除：

①拆检变速器，检查或更换齿轮。当齿面面积有1/4左右的细小斑点时，会使表面光洁度明显变坏，齿面上有深度达0.4mm的浅痕时应更换齿轮；如齿顶面有细小的剥落时，应将边角修磨光，但齿顶面磨损深度超过0.45mm时或齿长磨损超过1/4时应更换齿轮；齿轮上的花键磨损厚度超过0.4mm或配合间隙超过0.6mm时应更换齿轮；齿轮损坏时应更换齿轮；齿轮更换时应检查要更换的齿轮，必须更换合格的齿轮；应成对更换齿轮。

②拆检变速器，检查或更换轴承和轴。当维修变速器时，应检查变速器中的各个轴承和变速器轴，当出现轴承损坏转动不均匀时应更换新轴承；当发现输入轴和输出轴损坏时也应更换。

③拆检变速器，仔细清洗变速器前壳和后壳，清除变速器中可能存在的异物和杂质；装配变速器时应注意清洁度；变速器维修和装配时，除了仔细装配变速器各轴和各轴上的齿轮、轴承外，还应仔细装配内操纵机构拨叉和拨叉导轨，仔细维修里程表输出机构，消除各机械部分可能发出的异常响声：变速器还应加注合适牌号和容量的变速器油。

④除做上述检查处理外，还应检查内操纵器和同步器，必要时予以调整和更换；对于异常振动，还应检查发动机支承，变速器在离合器壳和发动机上的连接是否可靠，以及外操纵机构是否松动，针对具体故障予以排除。在变速器中装有倒挡传动啮合齿轮，如使用过久，齿轮严重磨损、齿面损坏，或齿轮间隙异常变大，除了会产生异常响声外，还会发生异常振动，也应在维修变速器中检查调整或更换。

(3)变速器漏油故障的排除：

①应加入合适牌号和一定量的润滑油。

②维修时更换油封。

③维修损坏的变速器壳。如结合表面不平误差超过0.5mm时可用机械加工方法予以修复；如裂纹较小时可用黏结法或焊修法修复；对于无法修复的壳体，应更换新的。

三、汽车转向系统常见故障及排除方法

1. 汽车转向系统及常见故障

汽车转向系统的作用：通过驾驶员的操作，根据需要改变汽车行驶的方向。

汽车转向系统的组成：转向系可按转向动力源的不同分为机械转向系和动力转向系两大类。机械转向系以驾驶员的体力作为转向动力源，其中所有传力件都是机械的。它由转向操纵机构、转向器和转向传动机构三大部分组成，其一般布置情况如图6-1所示。

当转动转向盘1时，通过转向轴2及转向传动轴4带动转向器传动副，使转向摇臂前后摆动，再通过转向直拉杆7和转向节臂8使左转向节9及装在其上的转向轮绕主销偏转。同时，由左梯形臂10带动转向横拉杆11及梯形臂12使右转向节13随之同向偏转。

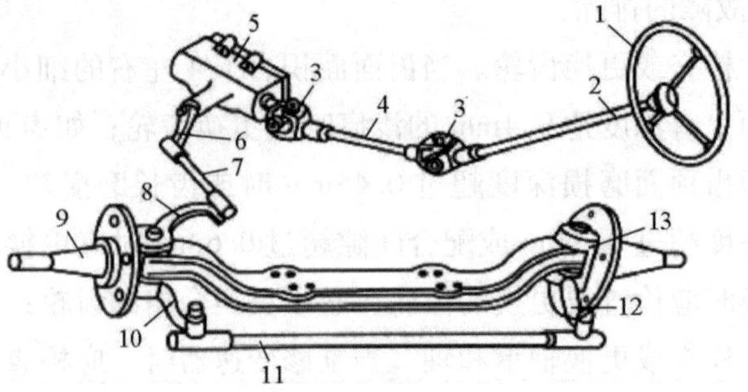

图6-1 转向系的组成

1—转向盘；2—转向轴；3—转向万向节；4—转向传动轴；
5—转向器；6—转向摇臂；7—转向直拉杆；8—转向节臂；
9—左转向节；10、12—梯形臂；11—转向横拉杆；13—右转向节

常见故障：

(1)行驶自动跑偏：汽车行驶中会自动跑向一边，必须用力把住转向盘才能保证直线行驶。原因是：两前轮胎气压不等或直径不同；左右两架前钢板弹簧(或螺旋弹簧)挠度不等或弹力不一；前梁、后桥轴管或车架发生水平平面内的弯曲；车架两边的轴距不等；两前轮轮毂轴承或轮毂油封的松紧度不一；前、后桥两端的车轮有单边制动或单向拖滞现象；两前轮外倾角、主销后倾角主销内倾角不等；前束太小或负前束。

(2)转向盘游动量过大：汽车保持直线行驶位置静止不动时，轻轻回转转向盘，感到自由旷量很大，行驶中难以操纵汽车方向。原因是：转向器内主、从动啮合部位松旷或主、从动部分的轴承松旷；转向盘与转向轴的连接部位松旷；转向器垂臂轴与垂臂连接部位松旷；纵、横拉杆球关节连接部位松旷；纵、横拉杆臂与转向节的连接部位松旷；转向节衬套与主销松旷；轮毂轴承松旷。

(3)转向时有异响：汽车在转向时伴随转向盘的转动发出刺耳异响。原因是：主销与衬套损伤；立柱止推轴承等损坏。

2. 维护及故障排除

(1)行驶自动跑偏，故障排除方法如下

①首先检查前轮轮胎磨损程度是否一致。

②若轮胎气压一致，可进行路试，待汽车跑热后停车，用手检查制动鼓和轮毂处的温度是否超出正常。若制动鼓温度高，则表明该轮处于制动或拖滞状态；若轮毂处温度高，则表明轮毂轴承调整太紧或轮毂油封太紧。

③若制动鼓和轮毂处的温度正常，应检查车架两边的轴距是否相同。

④若轴距相同，可用前束尺或一般钢卷尺检测前束值是否过小或负前束，根据需要进行调整。

(2)转向盘游动量过大，故障排除方法如下：

①首先检查转向盘与转向轴连接部位是否松旷，具体操作是：用两只手握紧转向盘，

沿转向轴轴线方向做上、下拉压动作，若感到转向盘与转向轴间松旷，则表明故障出在此处。

②若转向盘与转向轴间不松旷，再轻轻地左、右晃动转向盘。在转向器垂臂不动的情况下，如此时转向盘自由行程超过规定，则故障出在方向机内。

③若方向机内不松旷，用力左、右晃动转向盘，用手分别握住纵、横拉杆各球关节处，如果感觉有明显旷量，表明故障出在此处。

④面对轮胎侧面，用手沿汽车横向反复推、拉轮胎顶部，并支起前桥，用撬棍桥东前轮下部，检查转向节衬套与主销和轮毂轴是否有明显的旷量。

(3)转向沉重，故障排除方法如下：

①转向机故障：通过检查如果发现是转向机助力油压较低时，说明方向重的原因在转向机。此时应请专业厂家来进行修理。一般来讲转向机故障大部分是由于活塞、缸筒拉伤、或是活塞上密封圈损坏造成活塞两腔相通，使助力压力不能有效地建立。此外，活塞圆周面上的各种密封圈、转向螺杆上的密封圈破损，也会造成高压卸荷，而使助力压力降底。

②助力泵故障：通过试验判断助力泵的泵压达不到标准值时，显然方向沉重与此有关。首先应检查流量控制阀与阀座的啮合面、安全阀钢球是否封闭不严。如果是流量阀或安全阀泄漏，可通过研磨的方法修复。其次再检查安全阀的弹簧是否失效。这点可通过在弹簧后面加垫片的方法检查，如果在弹簧后面增加一垫片后，最大泵压有明显增加，说明弹簧失效。

如果这两个部位都无问题，则应拆卸解体助力泵，观察叶片泵的腔壁是否磨损和拉伤。因腔壁拉伤会使高、低压腔相通，从而造成压力建立不起来。一般拉伤的原因都是油脏所至。如果方向突然沉重，则应检查是否是泵轴断裂所致。

③缺油，系统有空气：如果助力系统缺油，造成系统内有空气，此时不仅转向沉重，而且在转向时还有噪声。此时按加油与放气的程序进行排气即可。

④储油罐内回油滤清器堵塞：储油罐内回油滤清器长期不保养、更换，造成堵塞，使助力油循环不畅，造成回油背压增大，同样会使方向沉重。

⑤两个限位阀的密封圈失效，使活塞两腔相通造成助力失效。

(4)单边转向沉重，两侧方向沉重，快速打方向沉重，故障排除方法如下：

①单边转向沉重：在实际中往往发生向一个方向转向轻快，而向另一个方向转向沉重的故障，这一般是由于负责密封一侧高压腔的密封件漏损所至。倒如转向螺杆密封圈、活塞圆周上油道密封圈等；另一种情况是转向沉重，一侧的限位阀封闭不严。封闭不严可能是调整不当，使该限位阀大部分在常开位置，或是阀与阀座封闭不严，更多的情况是限位阀上两个O形密封圈失效所致；有时会发生向某一方面转向时从头至尾都很轻，而向另外一个方面打方向时，开始很轻，每打到某一个位置，方向就突然沉重。这种故障一般来讲是由于此方向的限位阀调整不当，使车轮还没有到极限位置时，限位阀就打开卸荷，此后

方向立刻沉重。遇有此故障只要按上节所述进行限位阀的重新调整就行了。

②两侧方向沉重：如果遇有方向沉重的故障，特别是向两侧打方向都沉重，应当从两个方面去查找原因：一方面查找转向机械部分的原因，如果机械部分没有问题，再查找转向助力方面的原因。引起方向沉重机械方面的原因主要在于转向节。长时间不保养，使转向立柱和衬套严重缺油、磨损甚至烧蚀，都会引起方向沉重。故在保养时，须向转向立柱空腔内注满润滑脂，而且每次注油时需用千斤将前桥支承起来，注到立柱上、下两支承面都有润滑脂挤出为止，此时说明立柱与衬套间已注满滑脂。转向立柱的平面止推轴承如果严重磨损，或是损坏，也会造成方向重的故障。机械部分的故障可以用眼观察转向立柱、转向节的外观和用搬动前轮来感受一下前轮左、右摆动的阻力来检查。如果通过检查转向机械部分没有问题，则是转向助力部分产生故障。

③快速打方向沉重：在转向时如果慢慢打方向，方向还轻。如果在急转弯时快速打方向，方向立刻就重。这说明在快速打方向时，助力泵的有效排量不够，助力油对油缸高压腔的补充还跟不上活塞的运动，助力油压得不到建立，因而反映转向沉重的故障。这类故障主要在助力泵。如果助力泵流量控制阀泄漏、弹簧失效以及泵叶片与腔室表面严重磨损都会造成这种现象。

四、轮胎异常磨损故障的排除

轮胎是汽车的重要部件之一，它直接与路面接触，和汽车悬架共同缓和汽车行驶时所受到的冲击，保证汽车有良好的乘座舒适性和行驶平顺性；保证车轮和路面有良好的附着性，提高汽车的牵引性、制动性和通过性；承受着汽车的重量。轮胎在汽车上所起的重要作用越来越受到人们的重视。

技术状况良好的汽车，行驶中前轮磨损程度应保持一致。如果在行驶中前轮磨损情况不正常，则说明有轮胎异常磨损，变现在前轮轮胎磨损速度加快，胎面形状异常。造成这种情况的主要原因有：前轮定位不良，往往造成胎面羽状磨损；前束值过大，导致胎面外侧羽状磨损；过大的负前束，使轮胎花纹凸块的内肩出现羽状磨损；前束值调整不正确，引起对角线方向的擦伤或在胎面边缘出现锯齿状损伤；主销倾角不当；使轮胎外缘磨损加快；后倾角过大，会造成轮胎磨损加快；不正确的主销纵向倾角的转向系统和悬挂系统部件的松动或磨损，会影响主销后倾、主销内倾角和前束值，导致胎面磨损过快；转向系转向拉杆弯扭变形或装配不当，将改变梯形转向机构或使转向瞬时中心处的轴距弦张角改变，造成车轮异常磨损；轮毂轴承松旷；轮胎气压不符合要求；轮胎长期未换位等。同时，驾驶员的操作技能的好和差也影响轮胎的使用寿命。不正确的驾驶操作将引起轮胎的不正常磨损：当汽车紧急制动车轮抱死时，轮胎在道路上拖滑移动，坚硬的路面像锉刀一样将胎面橡胶磨掉一层，在路上留下清晰的轮胎痕迹，使轮胎表面产生局部片状磨损；当汽车急加速时，会使驱动车轮局部胎面变形急剧增大，甚至造成局部胎面滑移，同样也可能产生胎面局部片状磨损；当汽车转变时，轮胎发生横向变形，若此时汽车行使速度较高，会使轮胎产生极大的切向变形，这种变形将造成轮胎局部胎面变形过大，甚至造成局部胎面滑移，产生胎面某侧的严重磨损。

非人为情况下轮胎异常磨损故障排查方法如下：

(1)查看前轮轮胎的胎面，若胎面中部磨损严重，说明轮胎气压太高，需放气；若胎面两侧磨损严重，说明轮胎气压过低，需加气。

(2)观察胎侧，若胎面一侧磨损严重，说明前轮外倾，或需要轮胎换位。若在轮胎定期换位的前提下，胎面外侧肩部磨损严重，则表明前轮外倾过大，若肩部内侧磨损严重，则表明内倾过大。

(3)查看胎面，若胎面外侧磨损严重，内侧磨损较轻，则说明前束过大，若胎面内侧磨损严重，外侧磨损较轻，则说明前束过小或出现了负前束。

(4)面对轮胎侧面，推拉轮胎顶部，支起前桥并用撬棍上下撬动前轮，若转向节衬套与主销和轮毂轴承的松旷严重(前束和外倾大小改变过大)，说明造成前轮轮胎异常磨损的原因在此。

(5)支起前桥，转动前轮，观察轮辋与轮胎是否偏摇，若偏摇严重，说明故障原因在此。

“啃胎”也被称为“吃胎”，即通常所说的一个或几个车轮轮胎发生不正常的快速磨损，具体表现为，胎面花纹发生不同程度的明显磨耗。而不同原因导致的胎面磨损现象也不尽相同。后轮啃胎一般表现为以下几种情况：

(1)半轴螺栓松动或折断，打差速器，各轴头螺纹倒牙，后轮内挡胎或四只胎均啃蚀。故障产生原因：啃内挡胎主要是后桥壳弯曲，外挡胎受力较小，啃蚀不明显。检测方法：首先保证后轮轴承的预紧度符合要求，然后逐个测量轮辋扭曲度，保证在要求范围内，接着顶起后轮，选定两边轮胎中的一点作为基准，上下、左右测量轮距，若后轮出现内倾及“上束”(4mm 以上)，可初步断定桥壳下弯；若出现“负前束”(5mm 以上)，可初步断定桥壳后弯。最好多次测量并装在无摆动量的轮辋上测量，再对后桥壳专门测量，以免错判。

(2)两边轮胎皆啃蚀，内挡胎呈锯齿形。故障产生原因：后骑马卡螺母松动，后桥壳钢板簧定位孔磨损成椭圆，钢板压钉错位或中心螺栓折断，压板孔磨损，钢板销套松旷。检测方法：测量前后轴距，若误差在 5mm 以上，则一定出现上述问题。

(3)内挡胎啃蚀严重，外挡胎啃蚀较轻。故障产生原因：轮辋挠曲较重。检测方法：逐个测量轮胎外侧和轮辋，若摆动超过 4mm 以上，则可断定是轮辋拱曲，可换上无扭曲的内挡轮辋消除故障。

(4)啃一边胎，半轴螺栓易折断及松动，轮毂发烫。故障产生原因：半轴套管弯曲。检测方法：测量轮轴，检查出问题一边是否差别过大，轮毂轴承处是否发烫，分点测量后轮距，拆下轮毂，检查套管直线度，若误差在 0.2mm 以上，则问题出在此处，需要更换套管。

目前主要的几种胎面磨损类型：

(1)轮胎中心磨耗：即胎面中心花纹较两侧磨耗严重，通常是由于气压过高造成的。如果轮胎气压过高，胎面中心则需要承受车辆的载重，增加了胎面中心的摩擦，造成胎面中心较两侧磨耗快，这种不均匀磨耗降低了轮胎的正常使用寿命。轮胎气压过高的危害将导致：轮胎受外力冲击时，容易产生外伤甚至爆胎；胎面张力过大，造成胎面脱层及胎面沟底龟裂；轮胎抓地力减小，刹车性能降低；车辆悬挂系统容易损坏；车辆跳动，舒适性降低。

(2)双侧胎肩磨耗：即胎面两侧花纹较中心磨耗严重。通常轮胎出现这种症况是由于轮胎气压不足所致。气压过低会对轮胎及行车安全造成极大危害，将导致：轮胎过热，从而使胎面或帘布层脱层；胎面沟槽及胎肩龟裂，帘线断裂；胎肩部位快速磨耗及不规则磨耗；轮胎滚动阻力增加，油耗增大；胎唇与轮圈之间异常摩擦，引起胎唇损伤；轮胎与轮圈脱离，甚至爆胎。

(3)羽状/锯齿状磨耗：即同侧轮胎花纹块出现高低不平，胎面出现规律性不均匀磨耗。这是由于胎面不均匀接地所致，通过重新做车轮定位可以矫正。

(4)单边磨耗：即一侧花纹较另一侧磨耗严重，既影响驾驶又会大大缩短轮胎的寿命。发现症状后要及时做轮胎定位。

(5)胎面杯状磨耗：杯状磨耗(也称深坑状或沟槽状磨耗)最常见于前轮，后轮也可能出现。这表明车轮平衡不良或车辆的悬架/转向装置与轮胎发生接触，需要重新调整。

对应情况如图6-2所示。

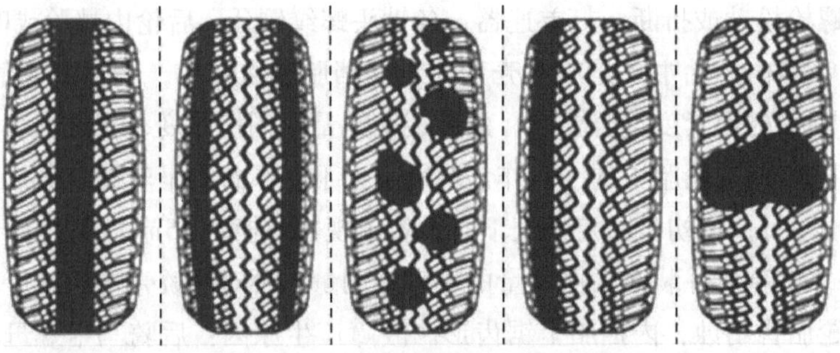

图6-2　轮胎磨损情况示意图

常见引发爆胎的因素：

爆胎多是因轮胎磨损剧烈，造成胎体过薄，在行驶中由于不断的摩擦，使得轮胎内部温度过高，此时稍微碰上较尖锐的物体，就会造成轮胎爆裂，此现象在夏天最为常见。除了因尖锐物体引发爆胎的情况以外，还有下面几个因素也容易造成爆胎现象：

(1)胎压不足。若轮胎胎压不足，就会使轮胎容易因侧壁弯曲折断而发生爆裂。若上路之前充气时，因气门嘴有磨损或灰尘导致轮胎漏气，使得轮胎胎压不足，在路上行驶时就容易爆胎。

(2)胎压过高。特别在炎热的夏季，路面由于太阳长时间暴晒能达到70℃以上，此时汽车长时间行驶，使轮胎内部温度因摩擦而迅速升高，轮胎内气体自动膨胀，在有损伤或薄弱处容易因胎压过高而发生爆胎现象。为保证轮胎气压，建议夏天适当降低胎压，并且在长时间高速行车过程中间或在阴凉处休息一下，以冷却轮胎。在午间温度很高的环境中，因适当降低车速。

(3)超载。由于车辆太重，导致胎压过高，极易引发爆胎，特别是在高速公路上的超载大货车，更易发生爆胎事故。

(4)高速驶过尖锐物体。在高速行驶时，轮胎与路面上的尖锐物体发生碰撞导致轮胎漏气，极易引发爆胎现象。

预防方法：

(1)尽可能使用低压胎：目前轿车、载货车几乎都采用低压胎，因为低压胎弹性好、断面宽、与道路接触面大、壁薄、散热性好，这些特点提高了汽车的行驶平顺性和转向操纵稳定性，大大延长了轮胎的寿命，防止了汽车爆胎的发生。

(2)保持轮胎标准气压：轮胎的寿命与气压有很密切的关系。如果发现由于气压过高造成轮胎过热，绝对不允许采用放气、向轮胎上浇冷水的方法来降低温度，这样做会加快轮胎的老化速度。遇到这种情况只能停车自然冷却降温、降压。对于胎压过低，需及时充气，并检查轮胎是否有漏气现象，以便更换气密性好的轮胎。

(3)选用合适的轮胎：每种轮胎由于橡胶和结构不同，都有不同的速度、承载限制。在选用轮胎时，要看清轮胎上的速度级别标志和承载能力标志，选用高于车辆最高行驶速度和最大承载量的轮胎，以保证行车安全。

(4)及时更换磨损严重以及超过使用寿命的轮胎：一般情况下，轮胎的使用寿命在2～3年或行驶60000km左右，超过使用寿命或已经严重磨损的轮胎应及时更换，同时，一旦发现轮胎有老化现象、意外损伤和磨损严重等都应及时更换。

(5)每隔一段时间要给轮胎换位：轮胎每跑一段时间就要进行换位，这样可保持轮胎磨损均匀。建议车辆每行驶5000km做一次轮胎换位，每行驶5000～10000km做一次四轮定位，以避免轮胎非正常过度磨损。不允许在同一轴上安装不同型号或者新旧差异较大的轮胎。若车轮不平衡度超标，高速行驶时将会产生高频摆动，造成轮胎偏磨，不利于行车安全。

五、辨别驱动桥异响与噪声技巧

汽车在行驶过程当中，发动机和底盘都会发出一定的声音。当发出的声音有别于正常情况时，预示车辆极有可能出现了故障，因此正确判断异响发生部位，有助于迅速排除故障，使车辆恢复良好状态，确保车辆正常安全行驶。

(1)发动机与驱动桥异响的辨别：先在平坦路面上行驶一定里程，确保后桥的工作温度升至正常，然后记下车辆发生异响时的车速及对应发动机转速。停车后，将挡位置于空挡，缓慢加速至发动机转速达到出现异响时的转速，仔细辨别此时有无异响产生，为确定起见，此过程应多重复几次。若确定有异响，可判定发动机发生故障；若没有异响，则可判定驱动桥发生故障。

(2)轮毂轴承与驱动桥异响的辨别：可通过调整汽车行驶速度对轮毂轴承异响进行判断。一般情况下，当车速大于50km/h时，若能听到车辆后轮轮毂轴承的异响，且异响无规律，则很可能是轮毂轴承出现故障。

(3)驱动桥内部异响与噪声的辨别：

①正常直线行驶时，通常听不见差速器噪声。若汽车直线行驶时无噪声但转弯时出现噪声，则问题出在差速器上。

②若汽车在行驶过程中驱动桥齿轮异响，则很可能是由于齿轮润滑不良导致，减速器齿轮由于摩擦产生伤痕，致使齿轮接触面有轻微错位，引发异响。

③驱动桥中各种轴承的异响，在滑行、驱动桥负载减缓时较为明显。

④汽车在加油、收油过程中，驱动桥减速器异响，则多为主动锥齿轮固定螺母松动导致。

(4)轮胎与驱动桥异响噪声辨别：通常情况下，轮胎噪声随路面及车速发生较大变化，路面状况越好，胎噪越小，车速越大，胎噪越大。而汽车速度低于50km/h及滑行时，驱动桥噪声一般不太明显，甚至自行消失。

(5)驱动桥异响故障部位分辨：

①车辆在行驶中若听到驱动桥发出"嗷——嗷——"的响声，可停车用手触摸驱动桥壳，如驱动桥壳温度较高，则为减速器齿隙过小；如驱动桥壳温度很高，则可能是驱动桥内缺少润滑油，应检查驱动桥润滑油液面。如行驶中驱动桥发出"咣当——咣当——"的撞击响声，一般是减速器齿隙过大。停车后拆下驱动桥壳盖，用撬棍拨动从动锥齿轮检查其活动量，如活动量过大，则为齿隙过大。此故障如响声不严重，可继续行驶；如响声严重，应立即分解驱动桥进行检修。

②车辆在行驶过程中若听到驱动桥桥有异响，应立刻停车，将后桥的一侧架空，用彩笔在轮胎和传动轴上各划一明显印记，然后挂上最低挡，使发动机以最低稳定转速运转，并倾听其内部在一定时间内的发响次数。如发响次数相当于传动轴的转数，一般为圆锥主动齿轮有故障；如发响次数相当于车轮转数的一半，则说明圆柱被动齿轮跳动；如发响次数略多于车轮转数的1.5倍，则可能是圆锥被动齿轮摆动。若属圆柱被动齿轮跳动或圆锥被动齿轮摆动，应重新装配或铆合；如圆锥主动齿轮有故障，应修配。

③汽车行驶中，如车速越高响声越大，而滑行时则声音减小或消失，一般是由于轴承磨损或齿轮间隙失常所致。如急剧改变车速或上坡时发响，则为齿轮啮合间隙过大，应予调整。

④汽车行驶中，若后桥外壳发出"咕咚、咕咚"的异响，应检查中间轴两端的轴盖是否松动，轴承盖接合是否有漏油现象。如有此现象，且轴盖经常松动，则为中间轴两端座孔

不同心，使轴承转动时有较大的阻力，引起齿轮啮合时移位而发出响声，应分解并检查轴承座孔的不同心度，如超过0.3mm，应焊补、搪削后装复。

⑤汽车转弯时出现“咔叭、咔叭”的响声，且该异响在低速直线行驶时也能听到，而当车速升高后即消失。这多半是差速器行星齿轮啮合间隙过大或半轴齿轮及键槽磨损严重所致。如响声不严重，且润滑情况良好，可继续行驶；如异响严重，应拆下检修。

⑥当车速接近60km/h而抬起加速踏板时，听到后桥处发出不正常的“呼隆、呼隆”的声音，并感到后桥有抖动现象，则为半轴套管弯曲变形引起，应拆下检修，校直或更换。

⑦行驶中如听到后桥突然发出异响，多为后桥内齿轮的轮齿损坏，应立即停车检查，如仍继续行驶，将会进一步损坏齿轮，致使汽车停驶。

（6）驱动桥异响噪声故障的排除：需拆开检查差速器齿轮与减速器齿轮的啮合间隙、减速器圆锥主动齿轮轴承的预紧力及减速器齿轮的接触印痕等。只有装配调整正确，才可能使存在的异响噪声故障得以排除。

第七章　汽车转向系统的检测与故障诊断

【案例】

现象：一辆东风 EQ1090 汽车，两前轮轮胎不正常磨损。

诊断：检查汽车两前轮轮胎气压，正常。检查轮胎磨损情况，发现胎冠呈锯齿形状，初步断定故障由前轮定位引起。测量前束，发现两前轮前端尺寸比后端尺寸大 10mm，为负前束，不符合此车的标准值。进一步检查发现横拉杆弯曲变形，猜测是汽车与道路上的障碍物碰撞所致。由横拉杆弯曲变形，引起前轮前束变化，从而造成轮胎不正常磨损。

排除：拆下横拉杆，冷压校正后装车，重新调整好前轮前束值。

第一节　概　述

汽车完成转向动作主要依靠转向轴和转向系统。转向轴大多为汽车前轴，前轴包括前梁、主销、转向节和轮毂等；转向系通常由转向操纵机构、转向器和转向传动机构组成，可分为机械转向系和动力转向系，它们的一般组成如图 7-1 和图 7-2 所示。机械转向系的操纵能量由人体产生，动力转向系则兼用人体和发动机动力作为转向能源。

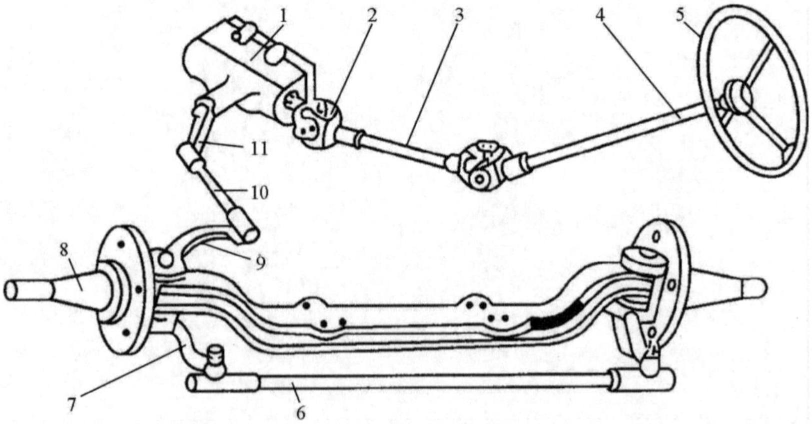

图 7-1　机械转向系的组成

1—转向器；2—转向万向节；3—转向传动轴；4—转向管柱；5—转向盘；6—转向横拉杆；7—转向纵拉杆；8—转向节；9—转向节臂；10—转向直拉杆；11—转向摇臂

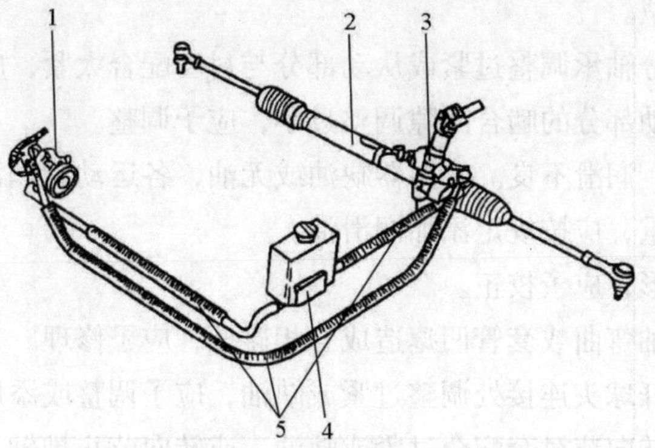

图 7-2 动力转向系的组成

1—转向助力泵；2—转向器；3—控制阀；4—转向油罐；5—油管

目前常用的转向器有两种，循环球式和齿轮齿条式。循环球式转向器一般用于货车等大型车辆；齿轮齿条式转向器由于结构紧凑，传动机构简单，在乘用车上得到广泛使用，有的乘用车上还加装了动力转向机构。

第二节 转向系故障诊断

一、机械转向系故障诊断

机械转向系的常见故障部位主要有：转向盘自由行程、转向传动机构连接处、转向器等。

机械转向系的常见故障主要包括：转向沉重，前轮轮胎磨损不正常，转向盘自由行程过大和转向轮抖动。

1. 转向沉重

(1)故障现象

汽车行驶中，驾驶员向左、右转动转向盘时，感到沉重费力，无回正感；汽车低速转弯行驶和调头时，转动转向盘感到非常沉重费力，甚至打不动。

(2)故障主要原因及处理方法

转向沉重的根本原因是转向轮气压不足或定位不准，转向系传动链中出现配合过紧或卡滞而引起摩擦阻力增大。具体原因主要有：

①转向轮轮胎气压不足，前轮轮胎气压不足时，胎面与路面接触面积增大，同时使汽车重心前移，前轮负载增大，转向轮偏转时摩擦阻力矩加大，导致转向沉重。这种情况应按规定充气。

②转向轮本身定位不准或车轴、车架变形造成转向轮定位失准，应校正车轴和车架，

并重新调整转向轮定位。

③转向器主动部分轴承调整过紧或从动部分与衬套配合太紧，应予调整。

④转向器主、从动部分的啮合间隙调整过小，应予调整。

⑤各运动副缺油、润滑不良。转向器缺油或无油，各运动副润滑不良，传动时运动阻力增大，导致转向沉重，应按规定添加润滑油。

⑥转向器壳体变形，应予校正。

⑦转向管柱转向轴弯曲或套管凹瘪造成互相碰擦，应予修理。

⑧转向纵、横拉杆球头连接处调整过紧或缺油，应予调整或添加润滑脂。

⑨转向节主销与转向节衬套配合过紧或缺油，或转向节止推轴承缺油，应予调整或添加润滑脂等。

(3)故障诊断方法

以桑塔纳乘用车为例，先检查轮胎气压，排除故障由轮胎气压过低引起。接着按图7-3所示机械转向系转向沉重常见故障原因的诊断流程找出故障位置。

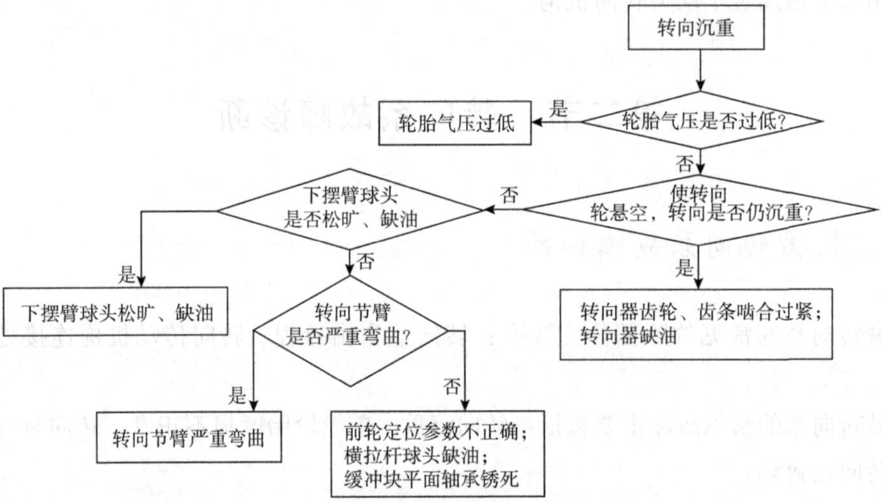

图7-3　机械转向系转向沉重常见故障原因的诊断流程

2. 前轮轮胎磨损不正常

(1)现象　轮胎磨损速度加快，胎面形状出现异常。

(2)原因分析

①轮胎气压过高。轮胎与地面附着性能降低，汽车行驶车轮胎受到来自路面的外力作用时产生横向摆动，造成汽车方向不稳定。

②转向器安装紧固螺栓松动。车辆行驶时由于车身振动，转向器位置发生改变，引起转向轮摆动，转向盘晃动。

③转向齿轮齿条啮合间隙过大。齿轮齿条装配不当或齿面磨损，补偿弹簧弹力减弱，使齿轮齿条啮合间隙增大，转向盘自由行程增大，导致方向不稳。

④转向传动机构球销处磨损或锁紧螺母松动。转向盘与转向轴的连接松旷，球销磨损或锁紧螺母松动，铰接部位配合松旷，转向器垂臂轴与垂臂的连接松旷，使转向盘自由行程增大，转向操纵不灵敏，同时，不能约束车轮受外力作用时发生横向摆动，使转向盘左右晃动。

⑤转向车轮轮毂轴承松旷，转向节与主销配合松旷。转向车轮轮毂轴承装配时，锁紧螺母调整过松或轴承磨损使间隙增大，转向节与主销磨损使间隙增大，汽车行驶中车轮横向摆动，造成转向不灵敏，操纵不稳定，转向不稳，使汽车转向轮难以保证直线行驶或按照操作者的操纵转向行驶。

⑥车轮定位失准。前轮外倾角过大，汽车行驶中两前轮向外张开的趋势加强，高速行驶时车身晃动强烈；左右转向轮外倾角相差过大，转向时前轮产生侧滑，致使方向不稳；前束调整不当，不能消除车轮外倾的不利影响，造成高速摆振，方向不稳。

(3)诊断与排除

①检查轮胎气压，如果轮胎气压不符合车型技术标准，应进行调整。

②检查转向器安装及锁紧螺栓螺母的紧固情况，按规定扭紧力矩拧紧。

③检查转向盘自由行程。

转向轮处于直线行驶位置时，分别向左、向右转动转向盘，最大自由转动量轿车应不大于15度。若自由行程过大，应先拆下转向齿条与横拉杆的连接，再检查转向盘自由行程。

如果转向盘自由行程仍大，就说明转向器传动副(齿轮齿条)啮合间隙过大，应予以调整。调整方法：举升汽车到适当高度，使转向车轮处于直线行驶位置，松开调整螺柱锁紧螺母，拧紧调整螺柱消掉齿轮齿条啮合副间隙。若调整无效则应拆检或更换转向器。

若转向器传动副(齿轮齿条)啮合间隙正常，进一步检查横拉杆球销锁紧螺母有无松动，检查球销有无磨损松旷，视情况紧固锁紧螺母或更换球销。

④轴向推拉车轮，检查前轮轮毂轴承轴向间隙。若轴向间隙过大，再检查轴承锁紧螺母有无松动。若锁紧螺母不松动，但轴承轴向间隙大，需要更换轴承。

⑤转动车轮，检查前轮毂轴承是否装配过紧，有无损坏和磨损松旷，并视情更换轴承。

⑥用四轮定位仪检测转向轮定位参数，并视情调整。

3. 转向盘自由行程过大

转向盘自由行程过大又可称为转向不灵敏。

(1)故障现象

汽车保持直线行驶位置静止不动时，转向盘左右转动的游动角度太大。具体表现为汽车转向时感觉转向盘松旷的量很大，需要用较大的幅度转动转向盘，方能控制汽车的行驶方向；而在汽车直线行驶时又感到行驶方向不稳定。

(2)故障主要原因及处理方法

转向盘自由行程过大的根本原因是转向系传动链中有一处或多处的配合因装配不当、磨损等原因造成松旷。具体原因主要有：

①转向器主、从动啮合部位间隙过大或主、从动部位轴承松旷，应予调整或更换。

②转向盘与转向轴连接部位松旷，应予调整。

③转向垂臂与转向垂臂轴连接松旷，应予调整。

④纵、横拉杆球头连接部位松旷，应予调整或更换。

⑤纵、横拉杆臂与转向节连接松旷，应予调整或更换。

⑥转向节主销与衬套磨损后松旷，应予更换。

⑦车轮轮毂轴承间隙过大，应予更换等。

(3)故障诊断方法

造成转向盘自由行程过大的根本原因是转向系传动链中一处或多处连接的配合间隙过大，诊断时，可从转向盘开始检查转向系各部件的连接情况，看是否有磨损、松动、调整不当等情况，找出故障部位。

4. 转向轮抖动

(1)故障现象

汽车在某低速范围内或某高速范围内行驶时，出现转向轮各自围绕自身主销进行一定频率角振动的现象。特别是高速时，转向轮摆振严重，握转向盘的手有麻木感，振动感，甚至在驾驶室可看到汽车车头晃动。

(2)故障主要原因及处理方法

转向轮抖动的根本原因是转向轮定位不准，转向系连接部件之间出现松旷，旋转部件动不平衡。具体原因主要有：

①转向轮旋转质量不平衡或转向轮轮毂轴承松旷，应予校正动平衡或更换轴承。

②转向轮使用翻新轮胎，应予更换。

③两转向轮的定位不正确，应予调整或更换部件。

④悬架弹簧弹力不足或折断，减振器损坏。悬架系统减振性能差，不能吸收车辆行驶中车身的振动，导致转向盘抖动。

⑤转向器主、从动部分啮合间隙或轴承间隙太大，应予调整或更换轴承。

⑥转向器垂臂与其轴配合松旷或纵、横拉杆球头连接松旷，应予调整或更换。

⑦转向器在车架上的连接松动，应予紧固。

⑧转向轮所在车轴的悬挂减振器失效或左右两边减振器效能不一，应予更换。

⑨转向轮所在车轴的钢板弹簧U形螺栓松动或钢板销与衬套配合松旷，应予紧固或调整。

⑩轮胎气压过高或各车轮气压不相等。轮胎气压过高时不能有效地吸收、减缓路面的冲击，车轮跳动剧烈。各车轮气压相差大时，吸收路面冲击的效能不同引起车身振动和转向盘抖动。

(3)故障诊断方法

以桑塔纳乘用车为例，根据转向轮抖动特征，按照图7-4所示机械转向系转向轮抖动常见故障原因的诊断流程找出故障部位。

二、动力转向系故障诊断

为了操纵轻便，转向灵敏和提高行车安全，目前高级乘用车、豪华客车和重型货车广泛采用了动力转向系。动力转向系一般是在机械转向系的基础上加装转向助力装置；常用的助力装置是液压式，主要由转向泵、动力油缸、控制阀、转向油罐和油管等组成。

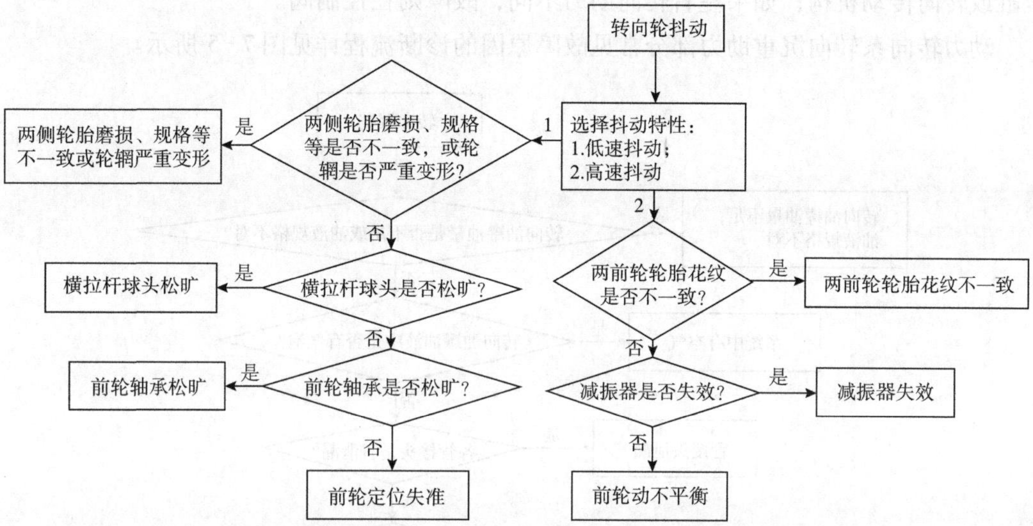

图7-4 机械转向系转向轮抖动常见故障原因的诊断流程

动力转向系的常见故障部位主要有：转向盘自由行程、转向传动机构连接处、转向器、转向泵、控制阀、油管接头等。

动力转向系的常见故障主要是转向沉重和转向噪声。

下面，我们以齿轮齿条式液压动力转向系为例介绍动力转向系的故障诊断。侧重于液压助力系统，机械部分的故障参见本节“机械转向系故障诊断”的内容。

1. 转向沉重

(1)故障现象

同机械转向系。

(2)故障主要原因及处理方法

转向沉重故障一般由液压转向助力系统失效或助力不足，机械传动机构损坏或调整不当引起的。具体原因主要是：

①转向油罐油液油量不足或规格不对，应使用正确的油液并调整到规定高度。

②油路堵塞或不畅，应予检修。

③油路中有泄漏现象，应予检修排除。

④油路中有空气，应予排气。

⑤转向泵传动带损坏或打滑，应予调整或更换。

⑥调节阀失效，使输出压力过低，应予更换或调整。

⑦转向机构调整不当，应予调整等。

(3)故障诊断方法

检查转向油罐中油液是否不足，规格是否不对和有无气泡，检查管接头有无松动，转向泵传动带张紧力是否正常。

将转向盘向左右两个极限位置来回转动，如果左右转向都沉重，故障则在转向泵、液压缸或转向传动机构；如果左右转向助力不同，故障则在控制阀。

动力转向系转向沉重助力部分常见故障原因的诊断流程详见图7-5所示。

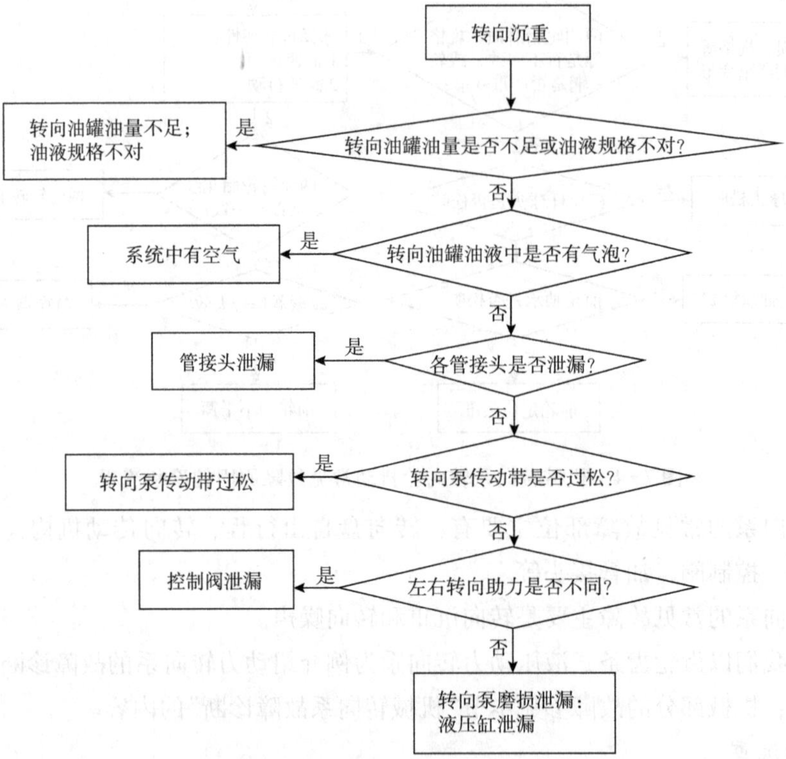

图7-5 动力转系转向沉重助力部分常见故障原因的诊断流程

2. 转向噪声

(1)故障现象

汽车转向时，转向系出现过大的刺耳噪声。

(2)故障主要原因及处理方法

装有动力转向系的汽车，在发动机启动后，转向助力泵的溢流阀中出现液流噪声是正常的，但噪声过大甚至影响转向性能时，该噪声应视为故障。因助力系统引起转向噪声的原因主要是：

①转向泵损坏或磨损严重，应予修理或更换。

②转向泵传动带打滑，应予调整或更换。

③控制阀性能不良，应予检修。

④系统中渗入空气，应予排气。

⑤管道不畅，应予检修等。

(3)故障诊断方法

转向时发出“咔哒”声，如果已经排除转向泵叶片噪声，则由转向泵带轮出现松动引起。

转向时发出“嘎嘎”声，则是由转向泵传动带打滑引起的。

转向时转向泵发出“咯咯”声，是由于系统中有空气；发出“嘶嘶”声，而且系统无泄漏，转向泵传动带张紧度也合适，则由油路不畅或控制阀性能不良引起。

动力转向系的其他故障还有：

(1)转向助力瞬时间消失

故障原因主要是：转向泵传动带打滑，控制阀密封圈泄漏，系统泄漏造成油面过低，发动机怠速过低，系统内有空气等。

(2)转向盘回位不良

故障原因主要是：系统内有空气、压力限制阀工作不良，控制阀弹簧失效等。

(3)转向盘自由行程过大

故障原因主要是：系统内有空气或压力限制阀失效。

需针对故障原因，找出故障位置。

三、转向系仪器检测

转向系的常用诊断参数有：转向盘最大自由转动量(即转向盘自由行程,°)、转向盘外缘最大转向切向力(即转向盘最大转向力，N)、转向轮最大转向角(°)、汽车最小转弯半径(m)、转向轮定位参数等。

对于前轮转向的汽车，转向轮定位参数包括主销后倾角、主销内倾角、前轮外倾角和前轮前束，即我们常说的前轮定位。转向轮定位的检测在行驶系中介绍。转向轮定位应该是行驶系的内容，但由于该参数的改变，既可能造成行驶系故障(如轮胎异常磨损)，也可能造成转向系故障(如转向沉重)，因此转向轮定位参数通常也作为转向系的诊断参数。

依靠人工经验很难判断转向盘的转向力和自由转动量是否正确，可以使用专门仪器来检测。

1. 转向盘转向力的检测

操纵稳定性良好的汽车，必须有适度的转向轻便性。如果转向沉重，不仅增加驾驶员的劳动强度，而且可能会因不能及时正确转向而影响行车安全。如果转向太轻，又可能导致驾驶员路感太弱或汽车“发飘”，同样不利于行车安全。

转向轻便性可用一定行驶条件下作用在转向盘上的转向力(即作用在转向盘外缘的最大切向力)来表示，采用转向参数测量仪可以测得转向盘转向力。下面以国产Z－2型转向参数测量仪为例，介绍其检测转向盘转向力的方法。

(1)安装

将转向参数测量仪对准被测转向盘中心，调整好三只活动卡爪长度，与转向盘牢固连接。

(2)检测

转动操纵盘，转向力通过底板、力矩传感器、连接叉传递到被测转向盘上，使转向盘转动。此时，力矩传感器将转向力矩变成电信号，而定位杆内端连接的光电装置则将转角的变化转变为电信号。这两种电信号由微机自动完成数据的采集、转角的编码、运算、分析、存储、显示和打印，因而该仪器既可测得转向力，又可测得转向盘转角。

转向力的检测可按转向轻便性实验方法进行，一般有原地转向力实验、低速大转角(“8”字行驶)转向力实验、弯道转向力实验等，可参照有关国家标准的规定进行检测。

(3)结果分析

按GB/T 18565中7.2.1条的规定，路试时检测转向盘最大转向力采用下面方法：汽车空载在平坦、干燥和清洁的硬路面上，以10km/h的速度在5s之内沿螺旋线从直线行驶过渡到直径为24m的圆周行驶，施加于转向盘外缘的最大切向力小于等于150N。

2. 转向盘自由转动量的检测

转向盘自由转动量又可称为转向盘自由行程，是指汽车保持直线行驶位置不动时，左右晃动转向盘时的自由转动量(游动角度)。GB/T 18565中7.1.1和7.1.2条规定：最大设计车速大于或等于100 km/h的汽车，转向盘自由转动量最大为20°；最大设计车速小于100km/h的汽车，转向盘自由转动量最大为30°。转向盘自由转动量是一个综合诊断参数，当其超过规定的值时，说明从转向盘至转向轮的传动链中有一处或几处的配合出现松旷。转向盘自由转动量过大时，将造成驾驶员工作紧张，并影响行车安全。

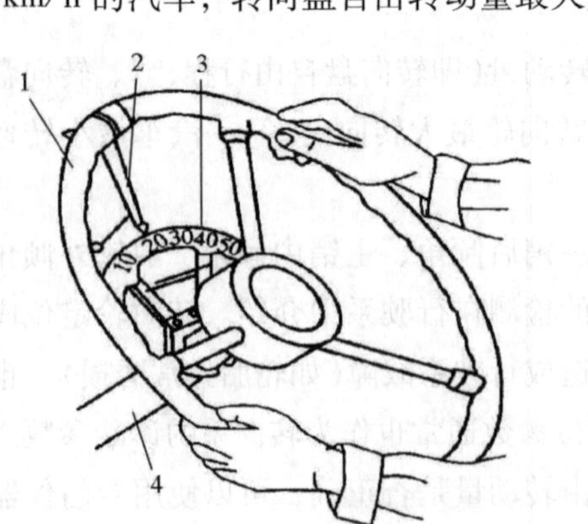

图7-6　转向盘自由转动量的检测

1—转向盘；2—指针；3—刻度盘；4—转向管柱

转向盘自由转动量可采用专用检测仪进行(转向参数测量仪也能检测)。简易的转向盘自由转动量检测仪由刻度盘和指针两部分组成，如图7-6所示。刻度盘通过磁力座吸附在驾驶室仪表盘或转向管柱上，指针则固定在转向盘的周缘上；也可将指针通过磁力座固定在仪表板或转向管柱上，而刻度盘固定在转向盘周缘上。使用该种检测仪时，应使汽车保持直线行驶位置不动，转动转向盘至一侧极限位置，将刻度盘归零，再轻轻转动转向盘至行程另一侧极限位置，指针所示刻度即为转向盘自由转动量。

第三节　转向系维修

一、机械转向系的维修

(一)转向操纵机构的维修

转向操纵机构的维护和修理作业主要包括：

(1)清洁部件外部。

(2)检查转向管柱与转向盘、转向器的花键连接是否松动或磨损，视情况予以更换。

(3)检查转向传动轴万向节有无松动、磨损，视情况予以更换。

(4)润滑万向节。

(二)转向器的维修

1. 转向器的维护

(1)检查转向器固定是否可靠，有没有漏油现象。若有，应将转向器可靠固定，找出漏油原因并加以排除。

(2)检查转向器外壳是否破裂，视情况焊补或更换。

(3)检查调整齿轮、齿条配合间隙。

(4)检查调整转向盘自由行程。以循环球式转向器为例：如图 7-7 所示，旋松摇臂轴上调整螺栓的锁紧螺母 1，拧动调整螺栓 2，使自由行程满足 ±15°，然后将调整螺栓锁止。

(5)紧固。按规定力矩紧固转向器螺钉、转向器与车架的固定螺钉、转向管柱固定螺钉等。

(6)润滑。转向器润滑油一般每隔 8000km 检查添加，48000km 更换；每隔 2000km 润滑转向传动轴。

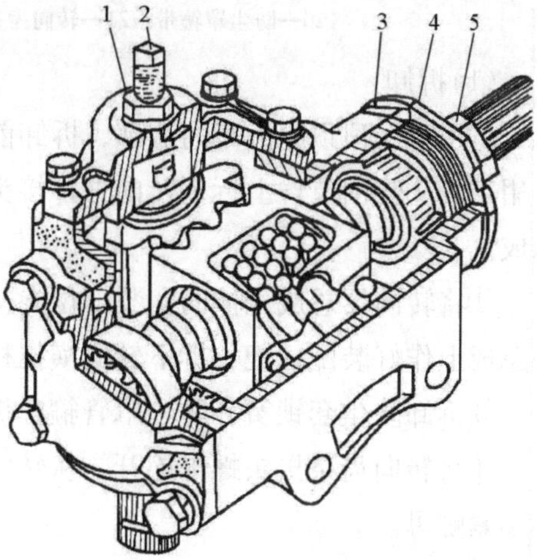

图 7-7　转向盘自由行程的调整

1—锁紧螺母；2—调整螺栓；3—锁片；4—锁紧螺母；5—调整螺母

2. 转向器的修理

齿轮齿条式转向器由于结构紧凑，传动机构简单，在乘用车上得到广泛使用。图 7-8 为天津夏利齿轮齿条式转向器的结构图。现以该车为例，阐述这类转向器的拆卸、检修与装配。桑塔纳、奥迪等乘用车都使用齿轮齿条式转向器，其结构与天津夏利乘用车转向器基本相同。

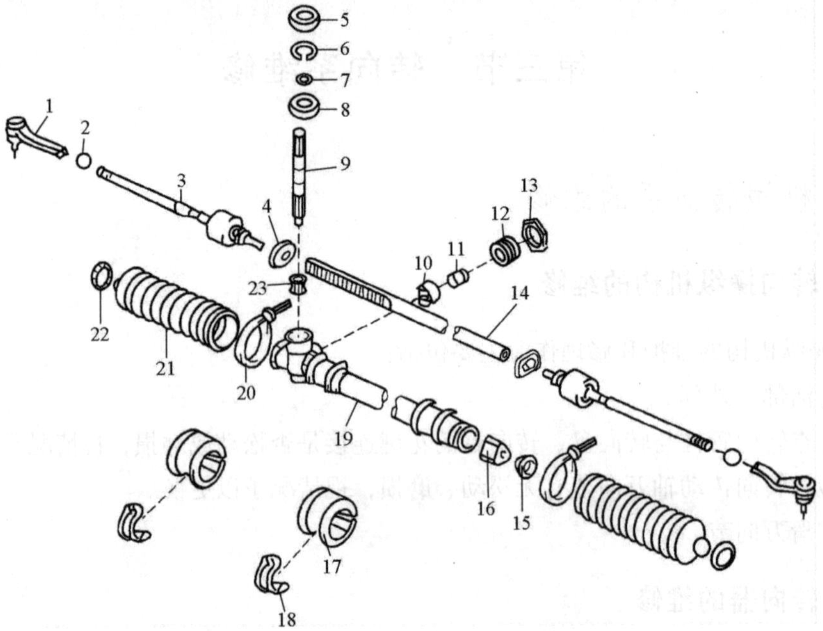

图7-8　天津夏利齿轮齿条式转向器的结构

1—转向横拉杆接头总成；2—锁紧螺母；3—转向横拉杆及齿条接头；4—转向齿条接头锁紧螺母；5—油封；6—孔用弹性挡圈；7—轴用弹性挡圈；8—向心球轴承；9—轴向齿轮；10—齿条导向块；11—压紧弹簧；12—调整螺塞；13—锁紧螺母；14—转向齿条；15—齿条衬套锁止环；16—转向齿条衬套；17—转向器壳体橡胶垫圈；18—转向器壳体固定夹；19—转向器壳体总成；20—防尘罩箍带；21—转向齿条防尘罩；22—防尘罩锁簧；23—滚针轴承

(1)拆卸

①用千斤顶顶起汽车的前部，拆卸前轮、转向轴万向节、转向节横拉杆接头，然后用专用工具从转向节臂上拆下转向拉杆接头，拆下齿条壳夹子的4个固定螺栓，取下转向器总成。

②将转向器总成壳体的安装部位夹持在虎钳上(钳口垫上铜片或铝片)，在转向齿条接头总成上作好装配标记，拆下转向横拉杆接头总成。

③拆卸防尘套锁簧和防尘罩管箍，拆下转向器齿条防尘罩。

④将转向齿条接头螺母松开，从转向齿条壳体上拆下转向接头螺母，再用专用工具拆卸锁紧螺母。

⑤拆卸齿条导向块调整螺塞，从转向齿条壳体上拆下压簧和导向块分总成。

⑥拆下转向器齿条。拉出齿条时，应使齿条朝向壳体侧面再拔出，以防划伤衬套；不允许旋转齿条。

⑦用螺丝刀拆下油封，注意不要划伤壳体。

⑧用专用工具拆下弹性挡圈，从转向齿条壳体中将转向小齿轮和轴承一起拆下。

⑨拆卸向心球轴承。用专用工具拆下轴上弹性挡圈，再用专用工具拆卸轴承。

(2)检修

①检查齿条的摆差、齿的磨损情况；齿条的最大摆差为0.15mm。检查齿条背面是否磨损或损坏，如有则应更换齿条和衬套。更换时，在新的衬套内侧涂敷二硫化钼锂基润滑脂，将衬套装入转向齿条壳体，并对准内侧的3个孔。

②检查轴承是否松旷，若磨损严重应更换新轴承。

(3)装配与调整

①装配前注意在各密封处、相互运动处加注润滑脂。

②装配向心球轴承。用专用工具将轴承装到小齿轮上，并装上轴用弹性挡圈。

③装配转向小齿轮。用专用工具将转向小齿轮装入齿条壳体内，然后装上孔用弹性挡圈，再用专用工具将油封压入齿条壳体内。

④装配转向齿条。将2号二硫化钼锂基润滑脂涂在齿面和整个齿条表面上，再装入转向齿条。注意不要划伤齿条齿套。

⑤调整齿条预紧度。用扳手拧紧压簧调整螺塞，紧固力矩为6.9N·m。前后移动转向齿条约15次，使齿条处于稳定状态，然后继续拧紧压簧调整螺塞，拧紧力矩为12.3N·m。再用扳手将压簧螺塞退回1/8圈，接着使用专用工具测量齿条的预紧度是否符合规定值(29.4～58.8N·m)。如果没有达到规定值，则应重复以上操作。

⑥装配转向齿条接头总成。将转向齿条接头螺母拧入转向齿条接头；将转向齿条接头总成拧入转向齿条。固定转向齿条，拧紧转向齿条接头螺母，紧固力矩为49～63.7N·m。装上转向齿条防尘罩，装上防尘罩锁簧和防尘罩箍带。

⑦装上转向横拉杆接头总成。将锁紧螺母和横拉杆接头总成拧到齿条接头上，直到标记对准。初步拧紧锁紧螺母，在检查调整好前轮前束后，最后拧紧锁紧螺母。

循环球式转向器正传动效率可达90%～95%，操纵轻便，使用寿命长，在货车上得到广泛应用。

二、动力转向系的维修

以桑塔纳2000为例：

(1)检查转向油罐油平面和油液质量

①热车时让发动机怠速，转动转向盘，使油温达到40～80℃，检查转向油罐液面高度。

②检查油液是否有起泡或乳化现象。

(2)检查油压

①系统压力检查。如图7-9所示，打开压力表阀门，启动发动机并怠速运转，满方向转动转向盘数次，压力表读数应为6.80～8.20MPa。

②转向泵压力检查。如图 7-10 所示，启动发动机并怠速运转，满方向转动转向盘数次，将压力表阀门关闭(不超过5s)，压力表读数应为 6.80 ~ 8.20MPa。

(3)清洁转向器及转向油泵外部

清洁并检查是否有漏油痕迹。

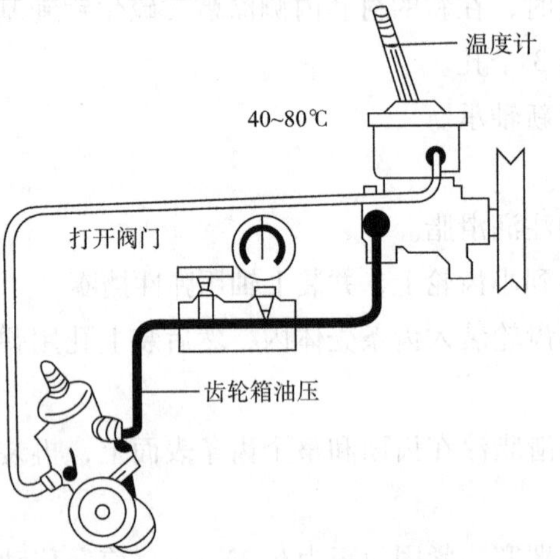

图 7-9　系统压力的检查

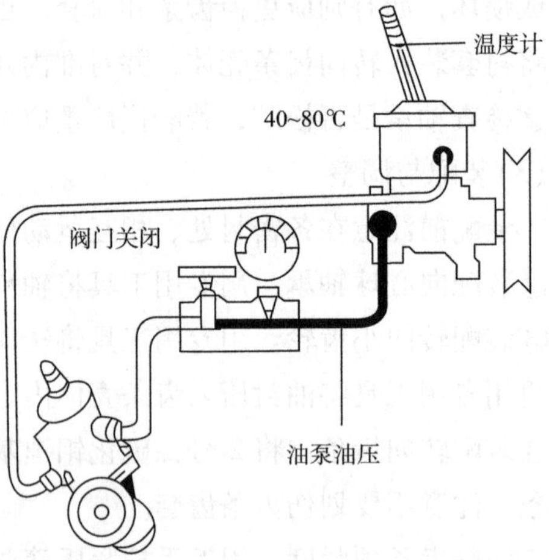

图 7-10　转向泵压力的检查

(4)检查各连接油管、接头

检查油管是否漏油，接头连接是否牢固可靠。

(5)检查转向油泵传动带松紧度

如图 7-11 所示，松开转向油泵装配支架上的 2 个螺母，转动调整螺栓，当带中部的挠度为 9 ~ 10mm 时，再将 2 个螺母锁止。

(6)测量转向盘上的转向力

超过 40N 应予以检查维修，同时，转向盘自由行程应在规定范围内。

(7)转向器齿轮齿条的间隙调整

通过图 7-12 中所标的调节螺钉进行调整。

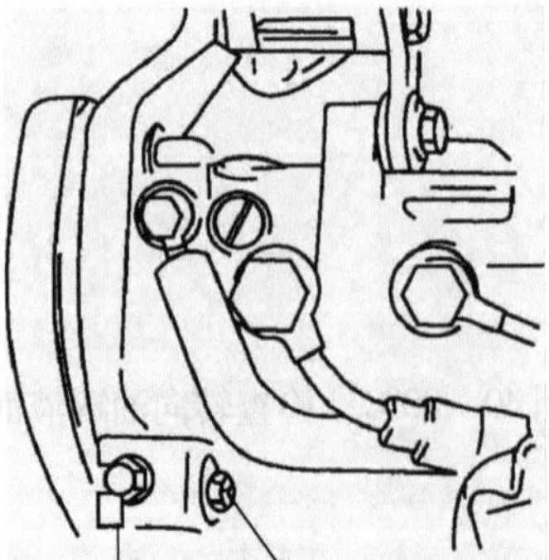

图 7-11　转向油泵传动带张力的调整

1—调整螺栓；2—锁紧螺母

图 7-12　齿轮齿条间隙的调整

(8)转向油更换

①支起汽车前部，使两前轮离开地面。拧下转向油罐盖，拆下回油管放油。同时启动发动机怠速运转，左右转动转向盘。

②关闭发动机，在转向油罐中添加转向油至规定高度，满打转向盘2~3次，若液面下降需补充转向油。降下汽车前部，启动发动机怠速运转，满打转向盘2~3次。重复以上操作，直到转向油罐液面无明显下降，转向油罐中转向油无气泡和乳化现象为止。

附　录

一、汽车转向轮定位检测与调整维修

四轮定位是汽车安全行驶中非常重要的一个环节，对人体的舒适驾驶和车辆安全都起到非常重要的作用。四轮定位就是指车轮，转向节和车桥与车架的安装应保持一定的相对位置。车轮定位参数有：主销后倾，主销内倾，前轮外倾和前轮前束四个参数。通常车轮定位主要是指前轮(转向车轮)定位，现在也有许多车辆除有前轮定位外还需对后轮定位，即称四轮定位。

对于两端装有主销的转向桥，汽车转向时，转向车轮会围绕主销轴线偏转，图1-a所示。但在大多数断开式转向桥中没有主销，采用上、下球头代替主销。上下球头中心的连线相当于主销轴线，图1-b。转向轮的定位作用，是当转向轮在偶遇外力作用或转向后发生偏转时，在外力消失后，应能立刻自动回到直线行驶的位置，使轮胎在行驶过程中磨损均匀，使车轮轮胎尽量与地面接触，并尽量保证车轮轮胎与地面纯滚动，减少轮胎磨损，达到均匀磨损，减轻轮毂外轴承的负荷，转向轻便，提高汽车直线行驶能力，降低驾驶人的疲劳程度。

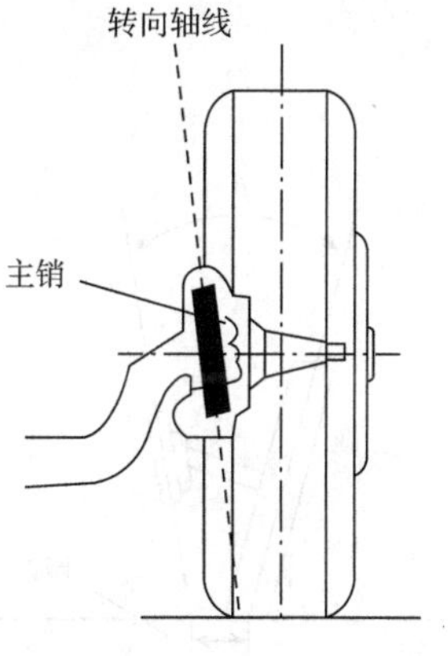

图1-a

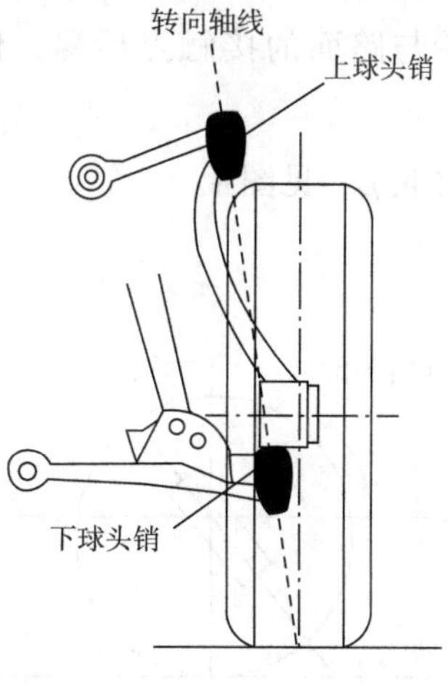

图1-b

四轮定位不仅影响车轮的磨损程度，同时还对汽车行驶操纵稳定性和行车安全产生很大的影响。因此，除了平时经常检查四轮定位外，车辆在车架拆装后和轮胎发生异常磨损，汽车的直线行驶出现问题时，必须检查和维修四轮定位，见图2。

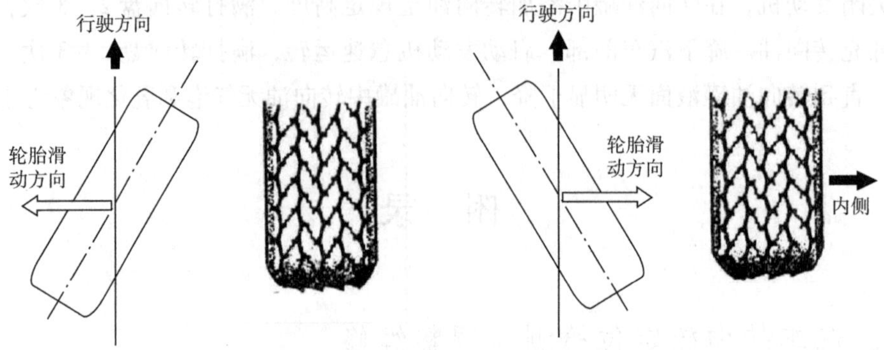

图2

二、前轮检测调试程序

用排除法逐项排除，“首先检测主销后倾角，主销内倾角，前轮外倾检测。”

1. 主销后倾角γ：在纵向垂直平面内主销轴线与垂线之间的夹角γ叫主销后倾角，见图3。

主销后倾角γ主要保证汽车直线行驶的稳定性，在汽车行驶时产生的力矩统称回正稳定力矩。

主销后倾角越大，车速越高，回正力矩越大，转向轮偏转后自动回正的能力也越强。但主销后倾角也不宜过大，γ角一般不超过2°～3°，否则反向力矩会给驾驶人加大操作力，使方向盘变得沉重。

在检测主销后倾角时应考虑到汽车由于采用超低压轮胎，弹性增加，转向时因轮胎弹性变形而使轮胎与路面的接触点后移，使回正力矩增加，故主销后倾角减至负值γ角$-1°30' \pm 3'$。

2. 主销内倾角β：见图4。

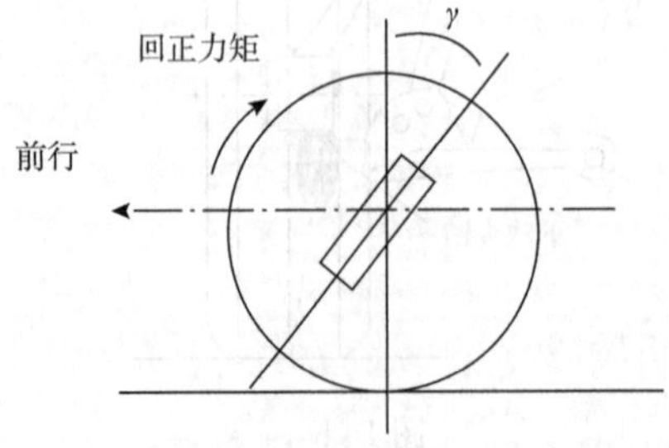

图3　主销后倾

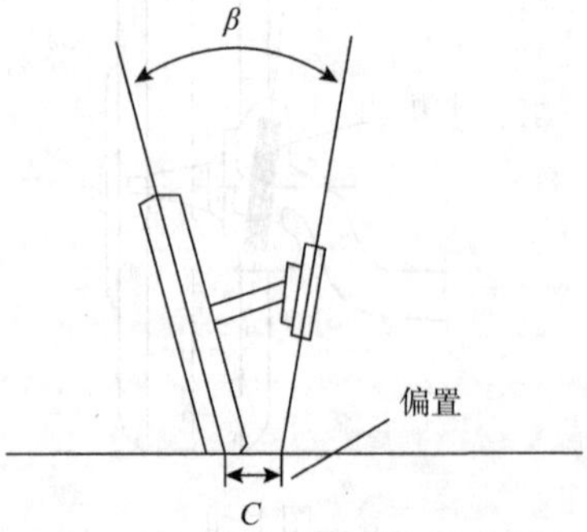

图4　主销内倾

主销内倾角是主销轴线与轮胎垂线之间的夹角 β 称为主销内倾角。作用是车轮在转向时遇到不同路面与阻力时，将产生在主销轴线上产生的力矩减小，使转向轮向后自动回正从而减小驾驶人员操作方向盘上的力。达到转向操纵轻便，同时还可以减少因路面不平而通过转向轮传到方向盘的冲击力。

主销内倾角越大，转向轮自动回正的作用就越大。主销内倾角既不宜过大，也不宜太小。主销内倾角过大，图 4 中 C 值（偏置）减小，车轮在滚动同时将与路面产生较大的滑动，增加胎面与路面的摩擦阻力，使转向沉重，加快胎面磨损。故主销内倾角一般为 5°～8°。偏置一般为 40～60mm。主销内倾角过小（偏置 C 增大），汽车行驶的稳定性和制动的稳定性将变差。在一些发动机前置前轮驱动的轿车上，为了使汽车具有良好的行驶稳定性，特别是制动稳定性，所以在校正调试时选择较大 β 角。

注：主销后倾和主销内倾都具有使转向轮自动回正及转向操纵轻便的作用，区别在于，主销后倾 γ 角调校作用与车速有关，而主销内倾 β 角的调校作用与车重有关。

3. 前轮外倾角 α，见图 5。

是转向节轴颈的轴线与水平面成一角度，该角度即为前轮外倾角。为了使轮胎磨损均匀和减轻轮毂外轴承的负荷，安装车轮时预先使其有一定的外倾角，以防车轮内倾。车轮外倾与主销内倾相结合可进一步缩短偏置 C（图 4），使汽车转向轻便。车轮有一定的外倾角也可以与拱形路面相适应。现在的汽车在设计中一般将外倾角设定为 1°左右，可接近 0°。

4. 后轮外倾角与前轮内倾角一样，后轮外倾角也对轮胎磨损和操纵性能有较大影响。理想状态是四个的运动外倾角均为零，这样轮胎和路面接触面积增大，从而得到最佳的牵引性能和操纵性能。车轮外倾角不是静态的，它随悬架的上下移动而变化。车辆加载后悬架下沉就会引起车轮外倾角改变。

前轮前束见图 6。

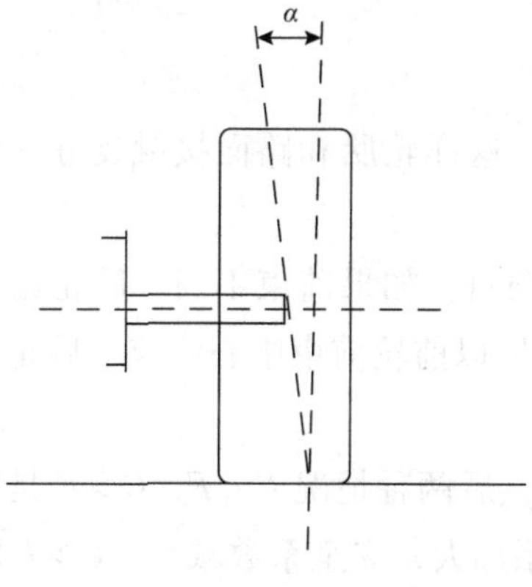

图 5　前轮外倾

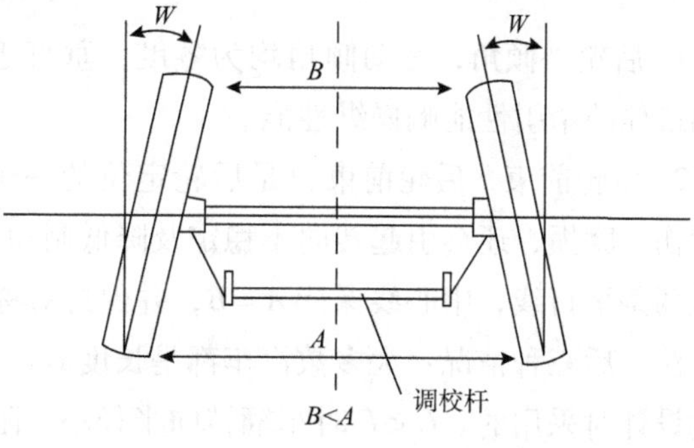

图 6　前轮前束

前轮前束的作用是消除因前轮外倾使汽车行驶时车轮向外张开，减少轮胎八字型后胎面磨损和行驶阻力，减少燃油消耗。

由于前轮外倾，在汽车行驶时，两个车轮的滚动类似两圆锥体的滚动，其轨迹不一定是直线，而是由外力作用各自向外倾滚动，但因收车桥和转向横拉杆的约束，两侧车轮不可能向外滚开，这样车轮在路面上滚动行驶的同时又被强制地拉向内侧，产生向内侧滑，从而加剧轮胎的磨损。

通过调整前轮前束可以改变车轮向内侧滑滚动偏斜，确保车辆行驶过程低油耗，胎面均匀磨损，直线行驶。注：采用非独立悬挂的车轮，其主销内倾和前轮外倾均不可调。部分车型的主销后倾主销内倾和前轮外倾可调，但范围有限，所以，前轮前束测试与调整是四轮定位中非常重要的一项工作(前束值为 -3 ~ 12mm)。

三、后轮检测调试程序

后轮定位：随着汽车技术提高，道路状况改善，现代汽车不仅要求前轮定位，同时要求后轮定位，其原因是对前轮驱动汽车和独立后悬架汽车，如果后轮定位不当，即使前轮定位良好，仍然会有不良的操作性和轮胎磨损见图 7。

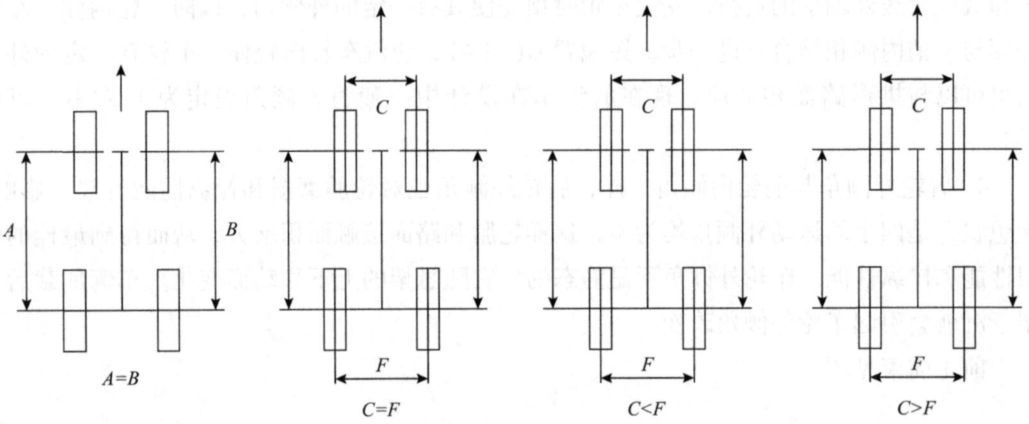

图 7　后轮检测调试

1. 后轮外倾角，运动倾角均为零度，垂直于地面。这样轮胎和路面接触良好，从而得到最佳的牵引性能喝操纵性能。

2. 后轮前束，后轮前束也是后轮定位的一个重要项目，如果前束不当，后轮轮胎也会擦伤、磨损，还会引起转向不稳定及降低制动性能。所以前轮前束中心线应与后轮前束行成两条平行线，中心线保持 $A = B$，并保持对称。

注：后三种情况：大多数汽车都是长度 C = 长度 F，后两种情况 $C < F$，$C > F$ 是特殊车辆设计时采用的。$C < F$ 时车辆转向半径小，阻力数系加大，安全系数减小，$C > F$ 时车辆转向半径加大，阻力系数变小，安全系数减小。

3. 驱动力作用线，驱动力作用线偏离车辆纵轴线，车辆行驶时就会出现跑偏，制动时也会出现车辆单偏，消耗驱动力，加大汽车部件磨损，转向盘发抖。

4. 转向轮定位检测，新车应 3 个月后进行四轮定位校正。一般车辆应半年检测一次，更换轮胎或减震器及发生碰撞后都应及时检测，校正。

附表Ⅰ：转向轮定位概念及功能

定位角度	概念	功能
主销后倾角 γ	由车侧看转向轴中心线与垂直线的夹角	稳定转向方向及时回转
前轮外倾角 α	由车前方看轮胎中心线与垂直线所成的角度	掌握车轮车身重量压力点
车轮前束 W	由上方看左右两个轮胎所形成的角度	减少轮胎磨损与液动阻力
后轮推进角	车轮前后中心平行未形成夹角	转向盘不正跑偏
主销内倾角 β	由车前方看转向轴中心线与垂直线所成角度	车身重量着力点位置

附表Ⅱ：转向轮定位不好造成行驶现象

定位角度	原因	故障现象
主销后倾角	太大	转向时转向盘沉重
	太小	直行时转向盘摇摆不定，转向后转向盘不能自动归正
	不等	直行时车轮往后倾角小的一边拉
前轮外倾角	太大	轮胎外缘磨损，悬架变形磨损
	太小	轮胎内缘磨损，悬架变形磨损
	不等	直行时车辆往外倾角大的一边拉，形成跑偏
前束角	太大	两前轮外缘磨损，且整个轮胎面呈锯齿状磨损，转向盘难以操纵
	太小	两前轮内缘磨损，且整个轮胎面呈锯齿状磨损，增大阻力

第八章　差速器概述与异响诊断

汽车发动机的动力经离合器、变速器、传动轴传送到驱动桥，再左右分配给半轴，从而驱动车轮。在这条动力传送途径上，驱动桥是最后一个总成，它的主要部件是减速器和差速器。汽车差速器是驱动轿的主件之一。汽车差速器主要由左右半轴齿轮、两个行星齿轮及齿轮架组成。它的作用主要有两方面，一是向两边半轴传递动力，二是调整或控制传动系统的速比，允许两边半轴以不同的转速旋转，以满足汽车在转弯或在不平路面上行驶时，两边车轮尽可能以纯滚动的形式作不等距行驶，减少轮胎与地面的摩擦。

一、差速器简介

1. 差速器的工作原理

汽车在转弯时车轮的轨线是圆弧，如果汽车向左转弯，圆弧的中心点在左侧，在相同的时间里，右侧轮子走的弧线比左侧轮子长，为了平衡这个差异，就要左边轮子慢一点，右边轮子快一点，用不同的转速来弥补距离的差异，如图 8-1 所示。

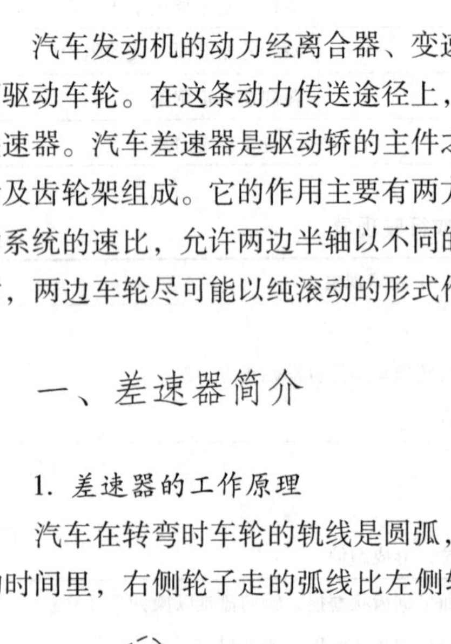

图 8-1　汽车转向时驱动轮运动示意图

驱动桥两侧的驱动轮若用一根整轴刚性连接，则两轮只能以相同的角度旋转。这样，当汽车转向行驶时，由于外侧车轮要比内侧车轮移过的距离大，将使外侧车轮在滚动的同时产生滑拖，而内侧车轮在滚动的同时产生滑转。即使是汽车直线行驶，也会因路面不平或虽然路面平直但轮胎滚动半径不等(轮胎制造误差、磨损不同、受载不均或气压不等)而引起车轮的滑动。车轮滑动时不仅加剧轮胎磨损、增加功率和燃料消耗，还会使汽车转向困难、制动性能变差。为使车轮尽可能不发生滑动，在结构上必须保证各车轮能以不同的速度转动。差速器就是一种将发动机输出扭矩一分为二的装置，允许转向时输出两种不同的转速，且这种调整是自动的。

两驱车只有驱动桥需要安装差速器。而对于四轮驱动和全轮驱动车辆来说，由于前后轴均为驱动桥，需分别在两个前轮和两个后轮之间安装轮间差速器。四驱全时接通的全轮驱动车辆，为了能使前后轴出现转速差，驱动系统在前后轴间还需要再加装轴间差速器。

差速器能起差速作用，主要是行星齿轮起了重要作用，如图 8-2 所示。行星齿轮有三种运动情况，即：公转、公转 + 自转、自转。

当汽车直线行驶时：两侧车轮以相同的速度转动，则行星齿轮绕半轴轴线转动，即被两半轴齿轮紧固中央，不能自转，只能公转，如图 8-3 所示。

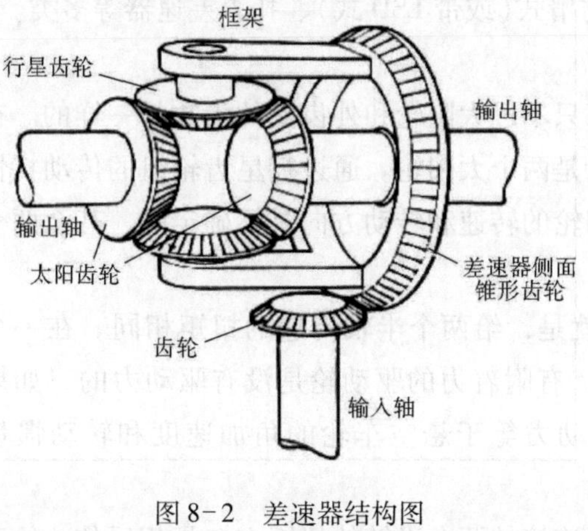

图 8-2 差速器结构图

图 8-3 直行状态下差速器不工作

当汽车转弯行驶：内侧车轮驶过的距离短，外侧车轮驶过的距离长，此时内轮受到的地面阻力大于外轮受到的地面阻力，行星齿轮在公转的同时，还绕自身的轴线转动，即是自转。因此，两半轴齿轮就能带动两侧车轮以不同转速转动，如图 8-4 所示。

差速器正常行驶时差速器里的行星齿轮是在公转，在转弯时行星齿轮是在自转以适应转弯时内轮和外轮的速度差，减少轮胎的磨损。

2. 差速器的构成

普通差速器由行星齿轮、行星轮架(差速器壳)、半轴齿轮等零件组成，如图 8-5 所示。发动机的动力经传动轴进入差速器，直接驱动行星轮架，再由行星轮带动左、右两条半轴，分别驱动左、右车轮。差速器的设计要求满足：(左半轴转速) + (右半轴转速) = 2(行星轮架转速)。当汽车直行时，左、右车轮与行星轮架三者的转速相等处于平衡状态，而在汽车转弯时三者平衡状态被破坏，导致内侧轮转速减小，外侧轮转速增加。

图 8-4 转弯状态下差速器工作

图 8-5 典型的差速器结构图

1—轴承；2、8—差速器壳；3、5—调整垫片；4—半轴齿轮；6—行星齿轮；7—从动锥齿轮；9—行星齿轮轴；

二、差速器的分类

现代汽车上的差速器根据车型的不同以及设计要求多样特点，有多种型号如：开式差速器、中央式(或带锁止)、后桥锁止式、防滑式(或带 LSD 式)、托森差速器等多类。

1. 开式差速器

开式差速器是典型的行星齿轮组结构，只不过太阳轮和外齿圈的齿数是一样的。在这套行星齿轮组里，主动轮是行星架，被动轮是两个太阳轮。通过行星齿轮组的传动特性我们知道，如果行星架作为主动轴，两个太阳轮的转速和转动方向是不确定的，甚至两个太阳轮的转动方向是相反的。

车辆直行状态下，这种差速器的特性就是，给两个半轴传递的扭矩相同。在一个驱动轮悬空情况下，如果传动轴是匀速转动，有附着力的驱动轮是没有驱动力的，如果传动轴是加速转动，有附着力的驱动轮的驱动力等于悬空车轮的角加速度和转动惯量的乘积。

车辆转弯轮胎不打滑的状态下，差速器连接的两个半轴的扭矩方向是相反的，给车辆提供向前驱动力的，只有内侧的车轮，行星架和内侧的太阳轮之间由等速传动变成了减速传动，驾驶感觉就是弯道加速比直道加速更有力。

开式差速器的优点就是在铺装路面上转行行驶的效果最好。缺点就是在一个驱动轮丧失附着力的情况下，另外一个也没有驱动力，开式差速器的适用范围是所有铺装路面行驶的车辆，前桥驱动和后桥驱动都可以安装。

2. 防滑差速器

为提高汽车在坏路上的通过能力，某些越野汽车及高级轿车上装置防滑差速器。防滑差速器的特点是，当一侧驱动轮在坏路上滑转时，能使大部分甚至全部转矩传给在良好路面上的驱动轮，以充分利用这一驱动轮的附着力来产生足够的驱动力，使汽车顺利起步或继续行驶。为实现上述要求，最简单的方法是在对称式锥齿轮差速器上设置差速锁，使之成为强制止锁式差速器。当一侧驱动轮滑转时，可利用差速锁使差速器锁死而不起差速作用。

防滑差速器能够克服普通锥齿轮式差速器因转矩平均分配给左、右轮而带来的在坏路面(泥泞、冰雪路面等)上行驶时，因一侧驱动轮接触泥泞、冰雪路面而在原地打滑(滑转)，另一侧在好路面上的驱动轮却处在不动状态使汽车通过能力降低的缺点。这是因为与泥泞、冰雪路面接触的驱动轮与路面的附着力减少，路面对半轴作用有很小的反作用转矩，结合对称式锥齿轮差速器具有转矩平均分配的特点，这使处在好路面上的驱动轮所得到的转矩只能与处于坏路面上的驱动轮转矩相等，于是两者的合力不足以克服行驶阻力，汽车便停止不动。

根据结构特点不同，防滑差速器有强制锁止式、高摩擦式和自由轮式 3 种。其中，高摩擦式中又有摩擦片式自锁差速器、托森差速器、蜗轮式差速器、滑块凸轮式差速器和黏性联轴器式差速器5种。

3. 托森差速器

托森差速器是美国格里森公司生产的转矩感应式差速器，即差速器可以根据其内部差动转矩的大小而决定是否限制差速器的差速作用。在结构上巧妙地利用涡轮蜗杆传动的不可逆原理而设计，如图8-6所示。作为一种新型差速机构，托森差速器以其独特的优越性能在各种汽车上得到广泛应用。

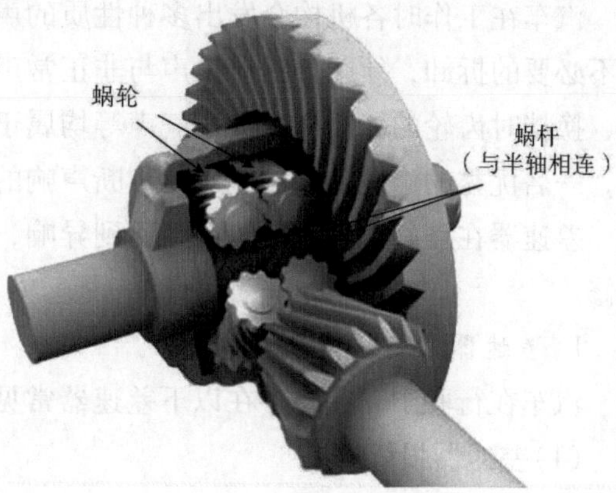

图8-6 托森差速器

托森差速器是开放式差速器的一个衍生形式。当分配给左右两车轮的扭矩相等时，托森差速器和普通的开放式差速器无异。当分配给左右两车轮的扭矩不等时，二者间的差别就会显现出来。比如说当一个车轮处在低附着力的路面上时，差速器内的蜗轮蜗杆机构便会发生自锁。

托森差速器是一个无需离合器、液压系统、执行机构或传感器的全机械装置。托森差速器的蜗轮不但与半轴上的蜗杆相啮合，蜗轮两端还额外通过常规直齿轮彼此啮合。此连接特性使托森差速器在扭矩均匀时能够和普通开放式差速器一样工作；一旦扭矩分配不均，便可立刻产生扭矩感应作用。

托森式限滑差速器是一种全自动纯机械式的限滑差速器，非常可靠耐用，并且反应迅速，从某些角度来说，是一种非常均衡的设计。其能够在非常短的时间里对驱动轮之间产生的扭矩差提供响应，调整扭矩输出以解决轮差的问题，而且锁止特性也非常线性，并且能够在一个相对广泛的扭矩范围内进行调节，而不受到差速器壳结构空间的影响而限制作用的发挥。托森差速器通常是高性能全轮驱动车辆前后轴之间中央差速器的首选，其功用不是分配左右半轴的扭矩，而是负责前后轴之间的扭矩分配。

但是托森式限滑差速器与其他的扭矩感应式限滑差速器相比起来结构相对复杂，重量大，造价也相对比较昂贵；同时蜗轮蜗杆传动副的高内摩擦力矩，也增加了零件磨损，对使用寿命不利。

4. 锁止式差速器

锁止式差速器是开放式差速器的另一个衍生形式，通过电子、气动或液压执行机构将两半轴齿轮锁止为一体，这样驱动桥就相当于一根实心轴。这种装置在越野赛中比较常见，因为越野时难免会遇到单轮离地的状况。差速器锁止后相当于一根实心轴，左右两车轮将保持相同转速前进。

三、差速器异响故障诊断

汽车在工作时各机构会发出多种性质的声音，但有噪声并不表示汽车有故障，为了避免不必要的拆卸，须区分正常噪声与非正常声音。汽车各部件的正常振动声、齿轮啮合噪声、换挡时齿轮的冲击声、进排气声等均属于正常声音。而汽车异响通常就是一种故障表现，一名优秀的修理技工能凭听觉判断声响的异常及故障所在。

差速器在良好状态时一般察觉不到异响，当听到差速器异响时，应当引起重视，及时检修。

1. 差速器常见故障分析

汽车在行驶中，主要存在以下差速器常见故障。

(1)差速器损坏

①驾驶员对差速锁操作不当，导致差速器损坏

差速器的作用主要用于汽车转弯时，左右车轮以不同的转速行驶，实现左右车轮的自动差速功能，避免磨损轮胎和造成机械损坏。当汽车单边车轮驶入光滑或泥泞路面而打滑，汽车无法驶出时，此时将差速锁挂合，左右半轴成为一根刚性连接轴，汽车自然会驶出故障路面。当汽车驶出故障路面时，应立即将差速锁摘除，否则会产生轮胎严重磨损和打坏差速器的故障。

②油位低、油质差导致润滑不良，造成差速器损坏

汽车行驶中，驾驶员未及时观察油面孔，造成油位线过低，导致润滑不良。有时因油品价格问题，添加了市场上劣质油品，也会导致润滑不良，从而造成差速器损坏。

(2)差速器中十字轴断裂

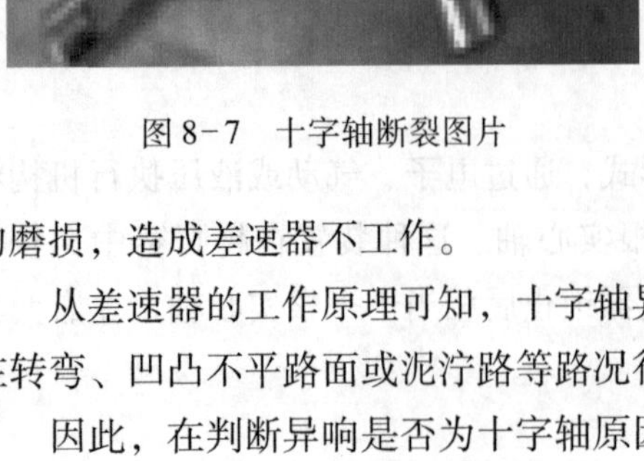

图 8-7　十字轴断裂图片

车辆行驶中，有时会突然听到响声，此时传动轴传动但车辆无法行驶。经拆解主减速器总成，打开差速器壳发现十字轴已发生断裂，同时损坏了差速器壳、主锥齿轮、半轴齿轮、垫片等相关零件，断裂图片如图 8-7 所示。

(3)差速器不差速

十字轴轴颈磨损失圆、行星齿轮垫片研损等，导致行星齿轮无法自转，差速器不差速的故障。售后市场最常见的就是十字轴轴颈部位的磨损，造成差速器不工作。

从差速器的工作原理可知，十字轴异常磨损会引起车辆差速时异响。主要表现为车辆在转弯、凹凸不平路面或泥泞路等路况行驶，会听到异响。

因此，在判断异响是否为十字轴原因引起时首先向用户了解清楚车辆是否在差速时有

异响。

若是车辆在转弯、凹凸不平路面或泥泞路等路况行驶时产生异响，此时十字轴可能发生了问题。

2. 差速器异响故障诊断及处理方法

(1)汽车低速转弯时有异响可能是差速器壳铆钉或螺栓松动，行星齿轮与半轴齿轮啮合间隙过小[差速器行星齿轮、半轴齿轮齿侧间隙由调整垫片调整，要求的标准值为0.2~0.4mm(推荐)]。转弯直行时异响消失，则要架起后桥看车轮的转动方向，如两轮的转动方向一致，可能原因是行星齿轮或半轴齿轮牙齿破碎、行星齿轮与一字轴涩滞、行星垫过厚自转困难。两轮转向相反，则可能原因是行星齿轮与半轴齿轮不配套，行星、半轴齿轮损伤。

(2)差速器壳两端轴承松旷。转弯时，差速器壳处发出杂乱的"喀啦喀啦"的响声，多为差速器轴承松旷所致。处理方法：调整或更换差速器壳轴承。

(3)行星齿轮啮合不良。转弯时，差速器发出"喀喀"响声，直线行驶时发出"嗡嗡"的响声，表明行星齿轮啮合不良。处理方法：更换行星齿轮。

(4)当加速时出现异响或新车行驶几千公里甚至一二万公里才出现异响，大部分是差速器轴承损坏，应检查轴承是否发生点蚀、烧结、偏磨等，如图8-8所示。个别情况属主、被动齿轮本身的质量问题，需要更换主、被动齿轮。注意：在更换齿轮时，一定要主、被动齿轮一起更换，更换的新主、被动齿轮上的号码一定要相同。

图8-8　差速器轴承磨损

3. 差速器的检修

在实际工作中，因受工作条件局限，汽车的响声很难使用专用仪器进行测量，只能用日常生活中对声音的判断来对汽车的响声进行形容和比较。在诊断汽车异响时，应注意创造良好的听诊条件，设法排除其他噪声的干扰，以免影响判断的准确性。最好能有意识地将声音放大或缩小，即使用旋具或其他金属杆件作听诊器具接触发响部位将响声放大，或采用单缸断火的方式将响声减小，以适应诊断需要。听诊现场应保持安静，尽量减少人为因素的干扰。

对于出现故障的差速器总成，它们一般以异响的形式表现出来。现简介一般的检修方法。

(1)清洗各齿轮的表面，详细查看齿轮上面是否有斑点，剥落亦或是细小的裂纹，正常时应该是光滑无磨痕。若有轻微沟槽或者磨损，可以修磨光滑，在不影响配合间隙的情况下可以继续使用，否则就要予以更换。

(2)要检查各啮合齿轮的间隙，它们均为间隙配合，检查时应无明显松旷感觉。包括主减速器和变速器输出轴间的齿轮啮合间隙，差速器行星齿轮间的间隙，以及半轴齿轮间的啮合间隙。如果超过规定值或者不合格，即进行更换。

(3)对于锁止行星齿轮的一字轴销，由于他承担着连接传力的作用，并且不时地改变运动方向，所以承受着很大的交变载荷，检查时不容忽视。其表面不能有任何性质的裂纹或损伤，一经发现应立即更换。装配时采用的是间隙配合，正常时应无明显的松旷感觉，否则应予更换或修理。

(4)对差速器壳体，主要检查其是否有裂纹，正常情况其表面应光滑，无任何性质的裂纹出现。

4. 后桥差速器异声与其他异响的分辨

(1)减速器圆锥主动轴承与差速器轴承异响的分辨

减速器轴承通常产生刺耳的“隆隆”声或“嘎嘎”声，声音节拍稳定，随着车速变化而变化。减速器的圆锥主动齿轮前轴承声在汽车滑行时较大，后轴承的噪声则在行驶时较大。

差速器轴承的噪声通常是一种不变的刺耳声，但它的节拍比减速器圆锥主动齿轮轴承的噪声要缓和得多。

(2)后桥齿轮噪声的分辨

在正常直线行驶时，由于差速器半轴齿轮和行星齿轮几乎没有相对运动，所以听不到噪声。汽车行驶过程中，后桥齿轮发生异响的原因大多是由润滑不良所致，从而导致减速器齿轮磨出伤痕，如果在各种滑行速度下都能听到异响，则说明是由减速器主动齿轮的螺帽松动造成的。低速时，后桥部位发生敲击声，加速或减速时，发出特别沉闷的异响。上述故障可从下列一处或多处查出原因：

①差速器半轴齿轮轴颈与差速器壳的间隙不当。

②差速器十字轴轴颈与差速器壳的配合不当。

③半轴花键齿轮与差速器半轴齿轮键槽的侧隙不当。

④差速器半轴齿轮与行星齿轮的啮合齿隙不当。

⑤差速器圆锥主动、被动齿轮啮合齿隙不当。

⑥止推垫圈磨损。

车辆行驶中，后桥发生异响是因为齿轮啮合的间隙不当，差速器轴承预加负荷调整不当或两者兼而有之。排除异响时，需拆开检查差速器齿轮和减速器齿轮的啮合间隙、减速器圆锥主动齿轮轴承的预加负荷及减速器齿轮的接触。

5. 差速器的使用维护

驾驶车辆时，尽量避免剧烈加速，尽可能不猛踩油门；不要跳挡行驶，不能由高速挡直接换入低速挡；在减速时要有预见性，尽可能不猛然减速。这是因为，对差速器来说，他的一字轴销也因此经常面临工作时的过大冲击力，再加上差速作用，容易产生金属疲劳，或者引起其他部位的配合间隙增大，甚至有的造成行星齿轮定位销脱出，这些都会进一步恶化其工作环境。所以良好的驾驶习惯可以减小对差速器总成的损害。

对于更换润滑油，新车需在第一次换油时全部更换。后期换油，因为一般不宜直接观察到齿轮油变质的情况，所以最好定期更换差速器油，不能等到机油已经变质的情况下才进行。但是差速器油更换周期很长，一般6万千米甚至更长的时间才需要更换，具体视车辆使用环境和车型加减。

汽车经长时间行驶后，出现故障是难以避免的，而异响常常是故障的先兆。差速器异响的原因很复杂，在分析和检修时需实践经验，还要结合相关部件的工作原理综合查找检修。在汽车行驶时，也要多留意异响，经常例行检查，发现隐患及时检修排除，从而提高汽车的使用可靠性和人员的行驶安全性。

第九章 汽车制动系统概述与故障诊断

一、制动系统简介

汽车制动系统的功能是使行驶中的汽车减速甚至停车，使下坡行驶的汽车速度保持稳定以及使已经停止的汽车保持不动。而其中汽车制动器是指产生阻碍车辆运动或运动趋势的力(制动力)的部件，其中也包括辅助制动系统中的缓速装置。

二、制动系统类型

1. 按制动系统功能分类

(1)行驶制动系统：由驾驶员用脚来操纵，所以又称为脚踏制动系统。它的功能是使正在行驶中的汽车减速或者在最短的距离内停止。

(2)停车制动系统：由驾驶员用手来操纵，所以又称为手拉制动系统。它的功能是使已经停止的汽车保持原地不动。

(3)辅助制动系统：经常在山区行驶的汽车以及某些特殊用途的汽车，为了提高行驶的安全性和减轻行车制动系统性能的疲劳及制动器的损耗，还应装备辅助制动系统，用来在下坡时稳定车速。

2. 按制动力来源分类

(1)人力制动系统：以驾驶员的肌肉作为唯一制动能源的制动系统称为人力制动系统。

(2)动力制动系统：靠发动机的动力转化而成的气压或者液压作为制动力的制动系统。

三、制动系统工作原理

汽车制动系统由制动器和制动传动机构组成，其简单工作原理如图 9-1 所示。

制动器主要由旋转的制动鼓和制动蹄组成。制动鼓固定在车轮轮毂上，随车轮一同旋转，它的工作面是内圆柱面。制动蹄固定在制动底板 11 上，制动底板用螺栓与转向凸缘(前桥)或者桥壳凸缘(后桥)固定在一起。在固定不动的制动底板上，有两个支承销 12，支撑着两个弧形制动蹄的下端。制动蹄的外圆面上装有摩擦衬片 9，上端用制动蹄回位弹簧 13 拉紧压靠在制动轮缸活塞 7 上。制动蹄可用凸轮或者液压轮缸等张开机构使其张开。

液压轮缸也安装在制动底板上。

制动传动机机构主要由制动踏板1、推杆2、制动主缸4、制动轮缸6和油管5等组成。装在车架上的制动主缸用油管5与制动轮缸相连通。制动主缸活塞3可由驾驶员通过制动踏板1来操纵。

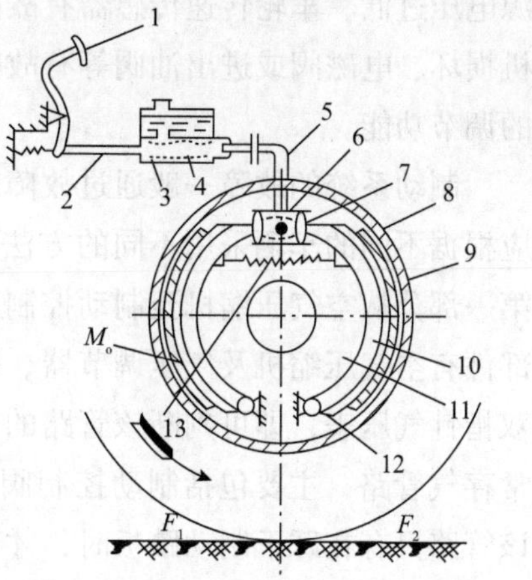

图9-1 制动系统工作原理示意图

1—制动踏板；2—推杆；3—制动主缸活塞；4—制动主缸；5—油管；6—制动轮缸；7—制动轮缸活塞；8—制动鼓；9—摩擦衬片；10—制动蹄；11—制动底板；12—支撑销；13—制动蹄回位弹簧

制动系统不工作时，制动蹄在回位弹簧的拉动下，使制动鼓的内圆面与制动蹄摩擦衬片的外圆面之间保留有一定的间隙，使制动鼓可以随车轮自由旋转。

要使行驶中的汽车减速，驾驶员踩下制动踏板，推杆便推动制动主缸活塞，使制动主缸中的油液以一定压力流入制动轮缸，通过制动轮缸活塞使两制动蹄的上端向外张开，从而使摩擦衬片压紧在制动鼓的内圆面上。这样，不旋转的制动蹄就对旋转着的制动鼓产生一个摩擦力矩，其作用方向与车轮旋转方向相反，摩擦力矩大小取决于轮缸的张力、摩擦因数和制动鼓及制动蹄的尺寸等。制动鼓将该力矩传到车轮后，由于车轮与路面间的附着作用，车轮即对路面作用一个向前的力，与此同时，路面给车轮作用一个向后的反作用力即制动力。制动力由车轮经车桥和悬架传递给车架和车身，迫使整个汽车产生一定的减速度。制动力越大，减速度越大。当松开制动踏板时，制动蹄回位弹簧即将制动蹄拉回原位，摩擦力矩和制动力消失，制动作用也随之接触。

制动时，车轮上的制动力，不仅取决于制动力矩，还取决于轮胎与路面间的附着条件。如果完全丧失附着作用，就不会产生制动效果，即车轮停止了转动而被抱死，汽车仍然向前滑行。不过，在讨论制动系统的结构问题时，一般都假设具备良好的附着条件。

在最近十多年发展中，国内外不少汽车在制动系统中增设了前后桥车轮制动力分配调节装置，用以减少车轮抱死的现象，并逐步发展成电子控制的自动防抱死制动装置。

四、制动系统常见故障诊断及解决方法

行车制动系统在使用中常见的故障现象有制动不灵、制动跑偏、制动发咬、踏板沉重、制动力调节装置失效或者工作不良等。其主要原因有制动蹄片间隙不正常、摩擦片磨损过度或者沾有油污、轮毂失圆、制动盘磨损减薄或表面沟槽较深、偏摆量超差等引起的制动器故障；供能装置、控制装置、传动装置机件或部件损坏，产生的漏气、漏油、堵塞等，调整不当，引起的工作气压或者油压失常等。装有ABS制动力调节装置的车辆，当电

源电压过低、车轮转速传感器有故障、电子控制单元供电不足或搭铁不实、液压泵或者电机损坏、电磁阀或进出油阀等有故障时，ABS将不能工作或者工作不良，从而失去制动力的调节功能。

制动系统的故障一般通过故障现象不难作出一些简单的判断，但在查找故障原因时，应根据不同的车辆采用不同的方法。对气压制动系统而言，通常是将系统分为三个部分，第一部分从空气压缩机至制动控制阀，通常把这一部分称为常存气管路。该管路中的主要部件有空气压缩机及气压调节器、四回路保护阀、储气筒等等。不踩制动踏板，通过观察双指针气压表，即可判断该管路的密封情况。第二部分从制动控制阀到制动气室，称为非常存气管路，主要包括制动控制阀、感载比例阀、继动阀、快放阀、闸阀、制动气室等。该管路只有在踩下制动踏板时，才有高压气体，也可通过管擦双指针气压表的气压下降情况，或者观察制动气室推杆的伸出和收缩情况大概判断故障部位。第三部分为制动器，可通过转动车轮，听是否有摩擦声音，检查制动蹄片间隙是否正常等判断制动器的好坏。对于液压制动系统而言，可通过踏板行程的大小和行程阻力，大概判断系统内是否存在有空气；检查制动液的数量和质量，检查系统有无泄漏；检查助力器的工作情况；最后检查制动器。对装有ABS制动力调节装置的车辆，首先应调取故障码，并按诊断仪的指示排查故障，如无故障码显示，ABS又不起作用，应重点检查液压调节器，如液压泵及电机、电磁阀、继电器、进出油阀等。

更换ABS电子控制单元后，应重新进行编码。对装有ABS的液压制动系统，其液压系统的排气作业与没有ABS装置的液压系统不同，有特定的作业程序，并需要用专门的仪器才能完成。

另外需要注意的是，汽车其他系统存在的故障，也会引起制动系统的故障现象，如汽车的行驶跑偏，通常会造成制动跑偏。悬架系统的某些故障，也会造成制动系统的故障现象，这一点在制动系统故障诊断时需要加以区分。

案例一：商用车制动距离长

（1）车辆的基本信息：一辆商用车因为制动距离长进厂维修，其制动系统为双管路气压制动系统。该车是长期封存后启封不久的新车。

（2）车辆的故障现象：在干燥平坦的水泥路面上，车速为20码的时候，迅速踩下制动踏板，后轮拖印大于3m，前轮无拖印。

（3）根据检查判断：气压制动系统是以压缩空气为动力源的动力制动系统。空气压缩机产生的高压空气，经过空气干燥罐除去水分后通向四回路保护阀。回路保护阀将压缩空气分配给前轮制动储气罐、后轮制动储气罐、驻车制动储气罐和辅助用气设备。前、后轮制动储气罐分别向主车制动阀的前、后轮制动腔室供气，当驾驶员踩下制动踏板时，主车制动阀分别将前、后轮制动气室与前、后制动储气罐导通，储气罐内的高压空气作用在制动气室的膜片上，克服回位弹簧的压力后，使推杆移动，带动制动调节臂及凸轮转动，凸轮的转动使制动蹄张开压向制动鼓，从而使车轮产生制动力。驾驶员放松制动踏板后，使前轮产生制动的压缩空气经主车制动阀排入大气，后轮经气压式感载比例阀排入大气。从以上的分析可以看出该车前、后制动既有联系，又相互独立。

启动发动机怠速运转，几分钟后，仪表盘上的双指针气压表即达到正常气压。将发动机熄火，观察气压表，两个指针指示的气压并不下降，说明前、后制动储气罐气压正常，空气压缩机至主车制动阀之间各个部件正常。将制动踏板踩到底并保持不动，观察气压表，其中一个指针指示的气压始终在下降，仔细听外部有漏气声，说明前制动气室至主车制动阀之间有漏气的部位。在车下检查，找出漏气点，发现一处软管裂开，更换软管后故障消失。

(4)诊断后的结论：制动管路漏气，使前轮制动蹄的驱动力大大降低，造成前轮制动力下降。

(5)解决办法和最终结果：更换损坏的软管，随之故障被消除。

案例二：乘坐用车制动距离长

(1)车辆的基本信息：乘坐用车制动距离过长。

(2)车辆的故障现象：汽车在行驶过程中，将制动踏板踩到底，汽车不立即减速、停车，制动速度小，制动距离长。

(3)根据检查判断：该车制动系统前轮采用盘式制动器，后轮采用鼓式制动器。由储油罐、制动主缸、轮缸、真空助力器等组成的液压伺服制动系统使制动器产生制动力；由ABS电子控制单元、液压控制器和液压泵等组成防抱死装置，自动控制和调节制动力的大小，使车辆获得最佳的制动性能。制动距离过长的因素多与上述部件的工作性能不良有关。

将车钥匙旋至ON挡，观察仪表板上的ABS警报灯不亮。制动警报灯亮，放松驻车制动手柄，制动警报灯熄灭。踩踏制动踏板，感觉踏板行程和阻力基本正常。打开发动机舱盖，检查制动液面高度正常，油质清洁。检查发动机舱内制动管路，无漏油痕迹。抬高车辆，检查制动管路及前、后轮，均没有漏油现象和其他异常。以上结果说明液压系统和ABS装置基本正常，问题可能出在制动器上。通过后轮检视孔，观察到后制动器的摩擦片较薄，于是决定拆检鼓式制动器，发现后制动的摩擦片超过使用极限，制动鼓有失圆现象。检查前轮制动钳的摩擦块，其厚度也比较薄，制动盘厚度也薄，均超过了正常使用的极限。更换后轮制动蹄，削制动鼓，更换前轮制动盘和摩擦块，装上后进行液压系统的排气，故障现象消失。

(4)诊断后的结论：后轮制动器摩擦片、前轮制动盘、摩擦块超过了使用极限，后轮制动鼓失圆，是造成制动器制动力下降的主要原因。装有ABS防抱死装置的制动系统，此时虽然能使轮缸保持一定的工作压力(制动时车轮转速没有降到预定值，电子控制单元将使液压泵工作，以增加或保持轮缸压力)，但制动器主要零件磨损超限、轮鼓失圆，使制动器的摩擦系数下降很多，造成制动器制动力不足。

(5)解决办法和最终结果：更换、修理相关受损部件。随即故障被消除。

案例三：商用车制动后起步困难

(1)车辆的基本信息：一辆商用车因制动系统故障进维修站维修，询问驾驶员后得知：该车在行车途中轻点制动踏板后，有时发动机熄火，有时加速困难，紧急制动时有制动跑偏的现象。驾驶员自己曾经调整过后轮制动蹄片间隙。

(2)车辆的故障现象：车辆行驶过程中，始终向左跑偏。加速时，发动机转速升高很快，但车辆提速略显迟缓。变速杆在某一挡时，轻点制动踏板后，抬起制动踏板，发动机有熄火现象。车辆行驶几十公里后，左右轮毂温度明显高于其他轮毂。

(3)根据检查判断：根据故障现象和经验，判断该车存在制动发咬故障。使左后轮悬空，变速杆在空挡位置时，转动车轮，能听到摩擦声音。通过检视孔用厚薄规检查制动蹄片间隙，发现一只制动蹄片的凸轮端间隙过大，支撑销端没有间隙，而另一只制动蹄片刚好相反。检查制动底板上支撑销，发现锁紧螺母松动，检查右后轮，也存在同样问题，只是制动蹄片一端的间隙很小、支撑销的锁紧螺母没有松动。通过碗面调整法，恢复两后轮正确的制动蹄片间隙，测量制动蹄片中间位置：制动鼓与制动蹄片之间的间隙为0.5mm。进行道路试验时，行驶跑偏和制动跑偏的现象消失，但制动后加速迟缓、发动机熄火的现象依然存在，说明制动发咬的故障尚未彻底排除。

一人在车内踩抬制动踏板，一人在车下观察前轮制动气室推杆的伸出和收缩情况，结果是伸出和收缩的长度相同，收缩的速度也比较快。支起前桥，两前轮转动自如，制动蹄片间隙符合要求。用同样的方法检查两后轮，结果发现两制动气室推杆收缩速度较慢，气压式感载比例阀排气声音较长，说明气压式感载比例阀排气阀开度小，造成制动气室排气不畅。

检查感载阀的外部安装以及调节臂和联动杆的情况，无明显异常，于是决定用同类车型的感载阀替换该阀。完成更换后上路试车，故乡现象消除。

(4)诊断后的结论：两后轮进行蹄片间隙调整时操作错误，导致后轮制动器发咬。一般情况下，制动蹄片间隙的调整只需要通过转动制动臂上的蜗杆轴进行简易调整即可，全面调整法因作业复杂，技术要求高，应由专业维修人员进行。该车驾驶员并不了解全面调整的技术要求和作业方法，结果造成后轮制动蹄片间隙失常，不仅没有排除已有的故障，反而又造成了新的故障。本车原有的故障应该是感载比例阀内的排气阀开度不足，使得后轮制动气室排气不畅，造成制动发咬。

(5)解决办法和最终结果：重新调整后轮制动器的蹄片间隙，使得恢复正常。更换或者修理感载比例阀内的排气阀，使得能正常开启，随之故障被解决。

案例四：汽车加速性能差，滑行距离短

(1)车辆的基本信息：乘坐用汽车加速性能差，滑行距离短，行驶中制动后车辆再次起步困难。

(2)车辆的故障现象：车辆行驶中，发动机动力充足，但车辆提速迟缓。以30码的初速度开始滑行，距离不足20m的时候便停止。制动后，抬起制动踏板，发动机有熄火的迹象。放松驻车制动，变速杆在空挡时，在平坦的路面上一个人能推动车辆前行，但是感觉阻力较大。行驶几十公里后，前轮制动盘、后轮制动鼓温度较高。

(3)根据检查判断：据故障现象和维修经验，判断该车液压伺服制动系统或者ABS装置可能有故障，造成所有车轮制动器解除制动困难。

仪表板上的ABS警报灯不亮。制动警报灯在解除驻车制动的情况下也不亮。检查制动踏板的自由行程，发现踏板无自由行程，且踏板的回位弹簧也没有，重新修复一只回位弹簧，并调整好踏板自由行程，进行道路试验，故障现象开始的时候没有出现，但连续几次制动后，故障现象又反复的出现。检查自由行程，发现自由行程又偏大了，说明制动主缸回油不畅。打开发动机舱盖，拆下主缸的储油罐盖，检查制动油液的清洁度，基本正常。一人在车内踩抬制动踏板，一人观察储油罐内的回油情况，发现放松制动踏板时，回油很慢，说明制动主缸有故障。更换制动主缸后，故障现象消除。

(4)诊断后的结论：制动踏板无自由行程，主缸回油不畅，造成制动发咬。

(5)解决办法和最终结果：调整自由行程，更换制动主缸。排除故障。

案例五：汽车ABS指示灯常亮

(1)车辆的基本信息：汽车因前轮制动器损坏，在修理厂更换两个前轮制动器，在试车时发现黄色的ABS警报灯总是亮着，且车轮抱死制动、拖印整齐。

(2)车辆的故障现象：ABS警报灯亮，制动时车轮抱死且有拖印。

(3)根据检查判断：ABS是一种制动力的调节装置，其作用是防止制动时车轮抱死拖滑。其工作原理是，ABS系统通过转速传动感应器对相应车轮的转速进行实时监测，当某一车轮出现抱死倾向时，系统立即响应，通过减小相应车轮的制动力来消除即将发生的抱死现象。踩下制动踏板时，制动液进入电磁液压阀，并进入车轮制动器的工作缸，制动器起作用，使汽车迅速减速，车轮开始边滚边滑并趋于抱死状态。当ABS电子控制单元接收到各轮转速传感器传来的相当于滑移率在8%～35%之间的信号时，ABS电子控制单元给电磁液压阀通以小电流，使电磁液压阀上移，关闭制动液通道，此时制动液压力保持不变。当ABS电子控制单元接到某一转速传感器传来的相当于滑移率超过35%的信号时，ABS电子控制单元给电磁液压阀通以较大电流，使电磁液压阀继续上移，并打开制动液回流通道，部分制动液回流进入回流泵及降压器。回流泵工作将制动液输入制动主管路，以平衡因制动踏板力增加带来的制动压力上升。回流泵工作压力在20～25MPa，这时候驾驶员脚上有制动踏板反弹的感觉。当车速因制动压力减少而变快时，ABS电子控制单元发出断电的信号，电磁液压阀阀体在弹簧力的作用下下移，制动管路接通，制动液压力又增大。如此反复，直到停车。ABS系统的配置，既可有效避免紧急制动时车轮抱死现象的发生，同时还可以保持车辆制动过程中的转向操作性，从而大大增强了行驶中的安全性。从以上的分析可以看出，安装有ABS系统的车辆在制动时不会产生制动拖印，显然该车的ABS在制动时不起作用，所以应重点对该车的ABS系统进行检查。

首先将发动机舱内右侧减震器旁边的ABS系统维修专用连接器接头脱开(此接头为白色)，把点火开关钥匙旋到ON位置，打开发动机舱内的故障诊断插座盖，依据盖上的图示，用跨接线连接 TC 脚和 E1 脚，观察并记录下仪表盘上的 ABS 灯闪烁情况，读取故障码为 31 和 32，分别为右前轮和左前轮转速传感器信号故障。

分别检查左右两前轮的转速传感器线束，没有发现异常，检测传感器电阻值为 1kΩ，符合标准。检查右前轮传感器与齿环的间隙时，发现没有齿环，检查左前轮也没有齿环，仔细检查新更换的制动器总成，发现两个制动器均是不带齿环的老式制动器。换用新式制动器，调整传感器和齿环的间隙为 0.8mm。随之故障被排除。

(4)诊断后的结论：老式制动器与新式制动器在外形上看是一样的，只是一个无齿环，一个有齿环，如果不注意换上了一个无齿环的制动器或者漏装了齿环，也就相当于拆除了 ABS 系统，制动系统只能以常规方式工作。

(5)解决办法和最终结果：换用了带齿环的新式制动器后，故障被排除。

案例六：汽车制动时候车轮产生间歇拖印

(1)车辆的基本信息：一辆汽车检修前悬架过后，紧急制动时车辆有异常抖动，右前轮轮胎产生间歇性拖印，产生的拖印间歇距离大概为 0.5m，并且制动踏板震动较大。

(2)车辆的故障现象：制动时候，右前轮轮胎产生间歇性拖印，制动踏板振动过大。

(3)根据检查判断：由于该车在维修前悬架之前没有故障，而在维修前悬架的过程中需要拆装前轮转速传感器的导线连接器，从而说明故障很有可能是在维修前悬架的过程当中认为造成的。从故障现象看，是属于右前轮 ABS 控制发生异常。从轮胎抱死拖印和减压滚动的印迹来看，ABS 电控单元是具备防抱死控制功能的，但对右前轮的控制频率下降，即抱死制动距离比不抱死的制动距离长，由此判断右前轮转速传感器出现故障的可能性较大。因为 ABS 电子控制单元是依据转速传感器所提供的信号来进行控制的，当转速传感器不提供转速信号或者信号太弱的时候，ABS 才判定车轮抱死，从而向液压控制单元发出放油减压的指令。当 ABS 电控单元又接收到轮速传感器的信号时，判定车轮未抱死，于是向液压控制单元发出停止放油并增压至抱死的指令。从以上的分析可以得出本车故障应该从右轮转速传感器上找愿意。经过仔细检查后，发现右轮转速传感器线束连接器塑料罩上有一个损坏的缺口，将导线连接器插到传感器上后有松动的感觉，更换右前轮转速传感器后进行道路试验，随即故障现象消失。

(4)诊断后的结论：右前轮转速传感器在维修过程中被认为损坏。

(5)解决办法和最终结果：更换一个新的传感器，故障现象消失。

案例七：汽车制动不灵

(1)车辆的基本信息：一辆汽车制动失灵，询问车主得知，该车故障时在行驶途中突然出现的。

(2)车辆的故障现象：踩下制动踏板的时候，感觉软而轻，几乎感觉不到阻力。行车中制动时，停车减速慢，制动距离比较长。

(3)根据检查判断：根据故障现象和维修经验，判断该车可能是液压油泄漏或者液压系统中存在空气。打开发动机舱盖，检查制动储液罐，发现制动液面很低。将车辆举起，检查前后车轮制动器液压管路，发现右后制动器软管破裂。更换该软管后，加足制动液，进行排气作业。

对于安装 ABS 防抱死制动系统的汽车，必须依靠专用的故障诊断仪来协助完成液压系统的排气作业。其基本排气程序如下：

连接好故障诊断仪，在基本设定里面用指定的代码组完成排气作业，排气作业需要 3 人协同完成，1 人负责踩制动踏板，操作仪器；1 人负责添加制动液；1 人负责旋松可紧固排气螺栓。排气作业前应先进入 ABS 防抱死制动系统，清楚所有故障码。如果有故障，应先将故障排除，在确保 ABS 防抱死制动系统无故障存在的情况下，才可以进行下面的一系列操作。

①选择基本设定功能，进入最初的通道

a. 根据提示，踩下制动踏板并保持不动，松开两前轮排气螺栓。

b. 踩下制动踏板 10 次，锁紧排气螺栓。

②进入第二通道，重复①的 a、b 步骤。

在排气作业时应该注意，只能按照顺序来操作，中间不能跳过任何一步。如果感觉空气还是没有排干净，将汽车行驶 20km 后，再次重复。操作过程中要始终保持储液罐中制动液的液面高度。

(4)诊断后的结论：制动液泄漏。

(5)解决办法和最终结果：更换破裂的制动软管，排除系统内的空气，随后故障被消除。

案例八：汽车 ABS 故障灯时亮时灭

(1)车辆的基本信息：一辆汽车因 ABS 警报灯时亮时灭而进厂维修。

(2)车辆的故障现象：发动机仪表盘上的 ABS 警报灯常亮，以 20 码的速度进行上路试验，紧急制动时，ABS 不起作用。以 60 码的速度进行上路试验，紧急制动时，制动抱死。上路试验的时候，故障灯有时熄灭，有时汽车减速的时候，警报灯又亮起。

(3)根据检查判断：用汽车故障测试仪检测，自检系统显示故障编码为 00290，即左后轮故障。重复路试一次，再使用故障测试仪检测，故障编码不变，黄色的 ABS 警报灯有时亮时灭的现象，制动踏板有脉冲的感觉，制动距离基本正常。根据这种现象认为，ABS 有时起作用，有时不起作用，这基本上说明 ECU 和机械部分正常，应该怀疑的是车轮转速传感器。根据驾驶员介绍，该车曾在农村土路上行驶过，因为雨天路滑，两只后轮陷入在泥土中，后来侧歪下路基，车底沾满泥水。由此推断，可能是转速传感器塞满了泥垢。先从外观开始检查，左后转速传感器的线束连接器无松动、无脱落，但转速传感器处塞满泥垢。清洗传感器后重新插接安装，并使线束连接器铁心与车轮轴承之间间隙保持在 0.1mm 左右。然后转动左后轮，用数字万用表 mV 挡测量传感器的输出信号，约为 280mV。重新安装完毕进行路试，ABS 功能恢复正常。

(4)诊断后的结论：左后轮传感器有泥垢。

(5)解决办法和最终结果：清洁转动后轮车速传感器后，故障随之排除。

第十章　汽车电器系统的系统故障和维修

第一节　汽车电器系统的组成

电器系统是汽车系统的重要组成部分之一，其性能好坏直接影响汽车的动力性、可靠性、舒适性以及排放等性能。随着科技的发展，半导体、集成电路和微型电子计算机在汽车上的广泛应用，电器的数量、种类在增加、电器设备功率在增大，功能结构更加完善。电器系统的故障也是汽车损坏的常见情形，维修人员也需要对电器系统的构造、工作特点熟悉，并由此判断故障原因制定合理的维修方案。汽车运行故障通常伴随着异响声，电器系统故障也不例外，某些故障也可由异响声进行判断和检修。

一、汽车电器系统的组成

1. 电源系统组成部分

电源系统包括蓄电池、发电机、调节器三个主要部分。发电机为主电源，当发电机正常工作时，由发电机向全车用电设备供电，同时给蓄电池充电。调节器的作用是使发电机的输出电压保持恒定。

蓄电池，为可逆的直流电源，其中使用最广泛的是启动用铅蓄电池，它与发动机并联，向用电设备供电。蓄电池的作用是：(1)当发动机启动时，向启动机和点火系供电；(2)在启动机不发电或电压较低的情况下向用电设备供电；当用电设备同时接入较多，发电机超载时，协助发电机供电；(3)当蓄电池存电不足，而发电机负载又较少时，它可将发电机的电能转变为化学能储存起来。因此它在汽车上占有重要位置。如何正确使用和维护保养蓄电池，对延长蓄电池的使用寿命极为重要。所以，汽车修理厂要担负维护、修理及启用新蓄电池等作业项目。

发电机是汽车电系的主要电源，它在正常工作时，对除启动机以外的所有的用电设备供电，并向蓄电池充电，以补充蓄电池在使用中所消耗的电能。

汽车所用的发电机有直流发电机、交流发电机。直流发电机是利用机械换向器整流，交流发电机是利用硅二极管整流，故又称硅整流发电机。

汽车用电器都是按照一定的直流电压设计的，汽油机常用12V，柴油机常用24V。在汽车上，发电机既是用电器的电源，又是蓄电池的充电装置。为了满足用电器和蓄电池的要求对发电机的供电电压和电流变化范围也有一定的限制。

直流发电机所匹配的调节器一般都是由电压调节器、电流限制器、截断继电器三部分组成。而交流发电机调节器都可大大简化。由于硅二极管具有单向导电的特性，当发电机电压高于蓄电池动势时，二极管有阻止反向电流的作用，所以交流发电机不再需要截流继电器。由于交流发电机具有限制输出电流的能力因此也不再需要限流器。但它的电压仍是随转速变化而变化的，所以为了得到恒定的直流电压，还必需装有电压解调器。

2. 用电系统组成部分

(1)启动系统

包括串励式直流电动机、传动机构、控制装置。其作用是用于启动发动机。

启动机是用来启动发动机的，它主要由电机部分、传动机构(或称啮合机构)和启动开关三部分组成。

(2)点火系统

包括点火开关、点火线圈、分电器总成、火花塞等，它是汽油发动机的组成部分，包括电子点火系统或传统点火系统的全部组件。

在现代汽油发动机中，汽缸内燃料和空气的混合气大多采用高压电火花点火。电火花点火具有火花形成迅速，点火时间准确，调节容易以及混合气点燃等优点。点火装置按电能的来源不同，可分为蓄电池点火和磁电机点火两大类。

其任务是为了产生高压电火花，按发动机的工作顺序点燃汽缸内的可燃混合气。

(3)电子控制系统

主要指由微机控制的装置，包括：电子控制点火装置、电子控制燃油喷射装置、电子控制防抱死制动装置、电子控制自动变速装置等。

(4)信号系统

包括电喇叭、蜂鸣器、闪光器及各种信号灯等，主要用来保障安全行车所必要的信号。

(5)照明系统

包括汽车内、外各种照明灯及其控制装置。用来保证夜间行车安全。主要有前照灯、雾灯、尾灯、制动灯、棚灯、电喇叭、转向灯闪光器等，其中前照明灯最重要。

(6)辅助电器

包括电动刮水器、空调器、低温启动预热装置、收录机、点烟器、玻璃升降器等。

3. 检测系统

包括各种检测仪表如电压表、水温表、油压表、燃油表、车速里程表、发动机转速表和各种报警灯，主要用来检测汽车其他系统的运行情况。

4. 配电系统

配电系统包括中央接线盒、电路开关、保险装置、插接件和导线等，主要是保证线路工作的可靠性、安全性。

二、汽车电器系统的特点

汽车电器系统具有以下四个特点：

1. 低压直流供电

汽车电系的额定电压有12V、24V两种，汽油车普遍采用12V电系，而柴油车多采用24V电系。电器产品额定运行端电压，对发电装置12V电系为14V；对24V电系为28V。对用电设备电压在0.9～1.25倍额定电压范围内变动时应能正常工作。

2. 直流电源

汽车电系采用直流是因为启动发动机的启动机，为直流串激式电动机，其工作时必须由蓄电池供电，而蓄电池消耗电能后又必须用直流电来充电。

3. 单线制

从电源到用电设备使用一根导线连接，而另一根导线则用汽车车体或发动机机体的金属部分代替。单线制可节省导线，使线路简化、清晰，便于安装与检修。

4. 负极搭铁

采用单线制时，蓄电池的负极必须用导线接到车体上，称为负极搭铁，这是国家标准规定的，也是交流发电机正常工作的必要条件。

5. 用电设备并联

具体是指汽车上的各种用电设备都采用并联方式与电源连接，每个用电设备都有各自串联在其支路中的专用开关控制，互不产生干扰。

第二节　蓄电池故障判断与检修

汽车蓄电池汽车电器系统的不可或缺重要组成部分，是一种可逆的低压直流电源，可以实现化学能和电能的相互转化。蓄电池的按其性能分类有湿荷电、干荷电和免维护蓄电池等。目前汽车上广泛采用免维护塑料槽的、干荷电铅酸蓄电池。这种蓄电池有以下作用：

(1)启动发动机时，供给启动机大电流，故称为启动型蓄电池。

(2)在发电机不发电或电压较低的情况下向用电设备供电。

(3)当用电设备短时间耗电超过发电机供电能力时，协助发电机向用电设备供电。

(4)蓄电池存电不足，而发电机负载又较小时，它可将发电机的电能转变为化学能储存起来(即充电)。

另外，蓄电池相当于一个大电容器，它可随时将发电机产生的过电压吸收掉，起到保护晶体管、延长其使用寿命的作用。

按其外部结构可分为：橡胶槽和塑料槽蓄电池。按其性能可分为：湿荷电、干荷电和免维护蓄电池等。目前汽车上广泛采用干荷电、免维护塑料槽的铅酸蓄电池。

一、汽车蓄电池的结构

铅蓄电池的构造主要有极板、隔板、壳体、电解液、极柱等部分组成。极板分正、负两极，每片极板均由栅架和活性物质构成。制成正极板上的活性物质为二氧化铅；负极板上的活性物质为海绵状纯铅。为了增大蓄电池的容量，需要把正、负极板分别焊成极板组，且负极板组比正极板组多一片。在正负极之间安装有由木质、微孔塑料或玻璃纤维制成隔板，以正负极板相碰而短路。由橡胶或塑料制成壳体整体，用以储存电解液和支承极板，壳体一般分隔为 3 个或 6 个单格，每个单隔均盛装有电解液，插入正极板组便成为单体电池。每个单体电池的标称电压为 2V，将 3 个或 6 个单体电池串联后便成为一只 6V 或 12V 蓄电池总成。如图 10-1 所示。

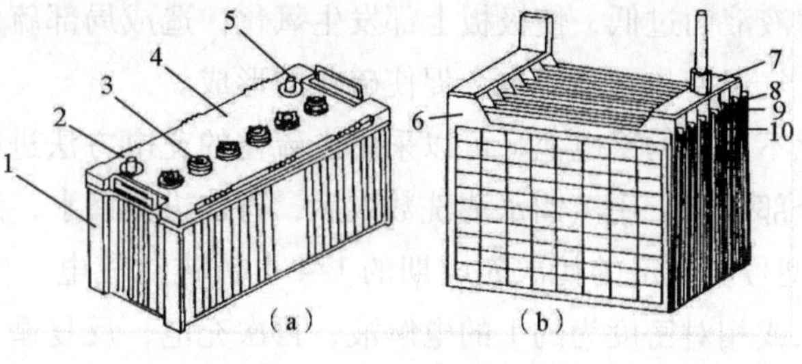

图 10-1 汽车蓄电池结构

1—外壳；2—正极板；3—加液孔螺塞；4—电池盖；
5—负极柱；6—负极板组；7—正极板组；8—隔板；9—负极板；10—正极

1. 极板

极板分正极板和负极板，每片极板均由栅架和活性物质构成。制成正极板上的活性物质为二氧化铅，呈棕红色；负极板上的活性物质为海绵状纯铅，呈青灰色。为了增大蓄电池的容量，需要把正、负极板分别焊成极板组，且负极板组比正极板组多一片。

2. 隔板

隔板通常用木质、微孔橡胶、微孔塑料或玻璃纤维制成。隔板安装在正负极板之间，防止正负极板相碰而短路。隔板一面制有沟槽，装配时有沟槽面应竖直面向正极板。

3. 电解液

电解液由纯净硫酸与蒸馏水按一定比例配制而成。其密度大小可用密度计测量，一般为 $1.23 \sim 1.30 g/cm^3$ 之间。

4. 外壳

蓄电池外壳用橡胶或塑料制成整体，用以储存电解液和支承极板。相邻两单格之间有隔壁，把每个外壳分成三个或六个单格。

5. 极柱与穿壁式联条

每个单格电池都有正、负两个极柱，分别连接正、负极板组，连接正极板组的叫正极柱，连接负极板组的叫负极柱。正极柱接启动机开关接柱，负极柱接车架(接铁)。

穿壁式联条用来连接相邻单格电池的正、负极柱，使单格电池相互串联成多伏的电池。如一只12V的蓄电池由6个单格电池串联而成。

二、蓄电池常见的故障诊断与维修

蓄电池常见的内部故障有极板硫化、活性物质脱落、内部短路、自放电、蓄电池变形等。

1. 极板硫化

蓄电池长期充电不足或放电后长时间放置，极板上会结晶一层白色的硫酸铅粗晶体。形成的主要原因可能是：充电不足的蓄电池因长期放置，硫酸铅从电解液中析出并使极板硫化；蓄电池内电解液液面过低，使极板上部发生氧化，造成局部硫化；电解液相对密度过高或电解液不纯，气温变化剧烈等也会促使硫化的形成。

故障排除：硫化不严重的蓄电池，可以采用去硫化的充电方法进行充电。严重时，将蓄电池中的电解液全部倒出，用蒸馏水清洗数次后，再加进蒸馏水，液面应高出极板10～15mm。根据蓄电池型号所规定的初次充电期的1/4电流进行充电，当相对密度升至1.15时，重新注入蒸馏水或相对密度为约1的电解液，再次充电，反复循环多次直到电解液相对密度不再增加为止。最后将电解液全部倒出，换上规定值的电解液，根据正常的充电方法，将蓄电池充足电，即可使用。

2. 极板活性物质大量脱落

正极板上的活性物质二氧化铅脱落会导致蓄电池的寿命周期变短。导致活性物质脱落的原因有：充电电流过大，过充电时间过长，低温大电流放电等。过充电会电解水，并产生大量氢气和氧气，当氢氧从负正极板孔隙向外冲出时，就会导致活性物质二氧化铅脱落。维护对策：充电过程中，当蓄电池基本充足电时，应将充电电流减少一半。如果发现电解液已呈深褐色，表示沉淀物过多，应该更换极板。

3. 自行放电

蓄电池在无负载状态下，电量自行消失的现象称为自行放电。蓄电池自放电是不可避免的，对于充足的蓄电池，在30天内若每昼夜容量降低不超过2%，则为正常放电。导致蓄电池自行放电的主要原因是使用环境因素，如电解液含杂质过多，电解液密度偏高，电池表面不够洁净等等。一般预防对策：避免产生自放电措施：(1)配制电解液使用符合国际规定的蓄电池专用硫酸和规定的蒸馏水；(2)配制电解液所用器皿必须是耐酸材料做成的，配好的电解液应妥善保存；(3)蓄电池加液孔螺塞要盖好，以免掺入杂质。其表面的酸泥等脏物，要用清水擦洗干净，并保持清洁干燥。对于自放电严重的蓄电池，应倒出电解液，取出极板组和隔板，再用蒸馏水冲洗干净后重新组装才可使用。

4. 内部短路

故障现象：蓄电池组开路端电压过低，启动机运转无力，或启动时电压迅速下降；充电时，某格电池电解液相对密度上升很慢，产生气泡很少，温度上升很快，电压很低或者是零。产生该现象的主要原因：部分极板拱曲、隔板损坏，极板活性物质沉积过多，都会造成极板的短路。

应对方案：查出短路或故障的某格电池，用烙铁烫开此格电池的封口胶，锯断该格电池两端的连接条，取出该格电池的极板组。根据实际情况合理校正极板的拱曲度或更换新的极板组。然后重新装入蓄电池内，焊好锯断的连接条，封好口后，须单独对修复的电池进行充电，最后对整个电池组进行充电，并调整各格电池的电解液相对密度。

5. 蓄电池变形故障现象及原因：

蓄电池变形不是突发的，往往是有一个过程的。蓄电池在充电到容量的80%左右进入高电压充电区。这时，在正极先析出氧气，氧气通过隔板中的孔，到达负极。在负极板上进行氧复活反应：

$$2Pb + O_2 = 2PbO + 热量$$

$$PbO + H_2SO_4 = PbSO_4 + H_2O + 热量$$

反应时产生热量，当充电容量达到90%时，氧气发生速度增大，负极开始产生氢气。大量气体的增加使蓄电池安全阀打开，气体逸出，最终表现为失水。

$$2H_2O = 2H_2\uparrow + O_2\uparrow$$

随着蓄电池循环次数的增加，水分逐渐减少，结果蓄电池出现如下情况：

(1)氧气“通道”变得畅通，正极产生的氧气很容易通过“通道”到达负极。

(2)热容减小，在蓄电池中热容最大的是水。水损失后，蓄电池热容大大减小，产生的热量使蓄电池温度升高很快。

(3)由于失水后蓄电池中超细玻璃纤维隔板发生收缩现象，使之与正负板的附着力变差，内阻变大，充放电过程发热量增大。经过上述过程，蓄电池内部产生的热量只能经过电池槽散热。如散热量小于发热量即出现温度上升，使蓄电池析气电位降低，析气量增大，正极大量的氧气通过“通道”，在负表面反应，发出大量的热量使温度快速上升。形成恶性循环导致“热失控”，发生变形。

故障的可能性：

(1)是电池容量不一致，充电时造成某些电池过充电引起变形。容量不一致的原因，可能有短路单格存在，也可能用户将电池试验放电或自放电等。

(2)是某些电池出现极板不可逆硫酸盐化，内阻增大，充电发热变形。

(3)是某些电池连线时反接造成充电发热变形。对未变形的电池检查放电容量以及自放电性能，若无异常则不属电池问题。

解决蓄电池变形的措施有：

保证不漏液的前提下尽可能多加液，以延长或避免“热失控”的产生；避免产生内部短路或微短路，及带有微短路倾向；使用过程中应防止过放电的发生，做到足电存放；严格检查充电器，不得有严重过充现象；在高温下充电，必须保证蓄电池散热良好。应采取降温措施或减短充电时间的方法，否则应停止充电。

第三节　启动机故障判断及检修

启动机可以将蓄电池的电能转化为机械能，驱动发动机飞轮旋转实现发动机的启动。大体上说，启动机用三个部件来实现整个启动过程。直流电动机引入来自蓄电池的电流并且使启动机的驱动齿轮产生机械运动；传动机构将驱动齿轮啮合入飞轮齿圈，同时能够在发动机启动后自动脱开；启动机电路的通断则由一个电磁开关来控制。其中，电动机是启动机内部的主要部件，它的工作原理就是我们在大学物理中所接触电路定律为基础的能量的转化过程，即通电导体在磁场中受力的作用。

1. *启动机的结构*

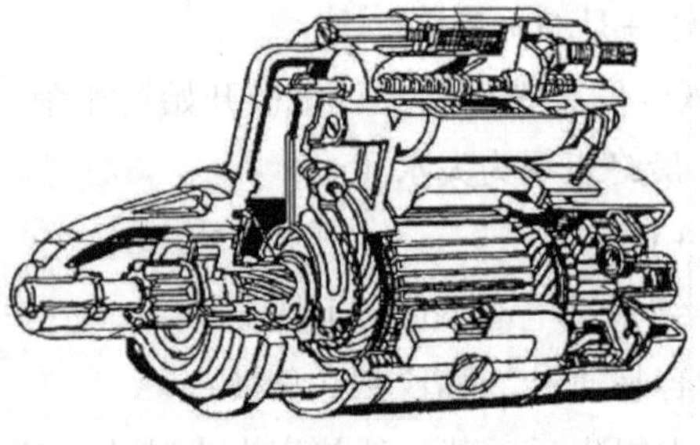

图 10-2　汽车启动机的机构

启动机由串励直流电动机、传动机构和控制装置三大部分组成，如图 10-2 所示。启动机驱动发动机飞轮旋转实现发动机的启动，以实现蓄电池的电能转化为机械能。启动机通过三个部件来实现整个启动过程，直流电动机引入来自蓄电池的电流并且使启动机的驱动齿轮产生机械运动；传动机构将驱动齿轮啮合入飞轮齿圈，同时能够在发动机启动后自动脱开；启动机电路的通断则由一个电磁开关来控制。

2. *启动机常见的异响故障诊断与维修*

启动机常见故障：启动机不运转、启动机空转、启动机运转不停、启动机运转无力等。

(1)启动机不运转

将点火钥匙旋至点火开关启动位置时，启动机不运转。其原因有以下可能：

①蓄电池亏电，或连接导线断路、接头松脱；②启动继电器触点严重烧蚀或其线圈断路；③启动机电磁开关的触点严重烧蚀或其吸拉线圈断路；④启动机直流电动机内部绕组断路或短路；⑤启动机电枢轴弯曲，轴与轴承间隙过紧；⑥换向器严重烧蚀，电刷磨损过多，电刷在刷架内卡住或压刷弹簧过软。

故障诊断：

对于电磁操纵式启动机，若点火开关旋至启动位置，启动机不转并且听不到活动铁芯移动的声音，此时应首先检查启动继电器，看继电器几个接柱上的导线是否完好和牢固，然后用“试灯”或“划火”方法检查继电器与蓄电池接线柱是否有电。若无电，则系接至该接线柱上的常通导线断路。如果有电，用螺丝刀把蓄电池接线柱与启动机接线柱短接，如果启动机或电磁开关立即工作，则系继电器的电路有故障，但不能接通启动机电磁开关线圈的电路。因此，应进一步检查：把点火开关旋至启动位置，检查继电器的点火接线柱是否有电，如果无电，则说明该接线柱至点火开关的导线断路、接触不良，或点火开关的启动挡不通；若有电，用螺丝刀将继电器的电枢接线柱与机壳连接搭铁，如果继电器仍无反应，系内部线圈断路、短路、接触不良；若继电器“嗒”地一声微响，触点闭合，启动机接线柱通电，系继电器线圈搭铁不良，回路不通。

如果在点火开关旋至超动位置时，启动继电器“嗒”地一声微响，触点闭合并接通启动机接线柱电路，说明继电器电路正常。检查电磁开关时，用一根导线的一端接启动机开关的电池接线柱，另一端接电磁开关的线圈接柱。如果这时启动机工作，说明电磁开关和启动机电路良好，继电器至电磁开关的电路不通；如仍无反应，可用螺丝刀接通启动机主电路，若启动机工作，说明启动机内部电路正常，故障是电磁开关线圈断路、接触不良或活动铁芯卡滞不能移动，应进一步检修或更换开关。若启动机仍不动，说明启动机内部断路，应对启动机解体修理。

(2)启动机空转

接通点火开关后，启动机只是高速空转，而不能带动发动机运转。其原因有以下可能：①单向离合器打滑或损坏；②拨叉变形或拨叉联动机构松脱；③启动机驱动齿轮与发动机齿环行程调整不当，或驱动轮不能自由滑动。

故障诊断：

启动机空转时转速很高，可听到“嗡嗡”的高速旋转声，一般为单向离合器打滑或损坏。可先用手正反向转动驱动齿轮，若均能转动，则证明是离合器失效。为了进一步确认，可检查单向离合器的锁止力矩。滚柱式单向离合器打滑，多因楔形槽和滚柱磨损过多而引起；弹簧式单向离合器打滑，多因弹簧折断或弹簧首未圈的紧缩量消除而引起；摩擦片式单向离合器打滑，常由下述原因引起：外接合鼓定位卡簧脱落，使摩擦片与结合鼓脱开；花键套前端的特殊螺母松动；弹簧圈破裂；从动片表面磨损，减小了与主动片结合的摩擦力；飞轮将变速器或曲轴箱窜入的机油甩入摩擦片间等。

若启动时伴有撞击声，应检查拨叉的联动机构是否松脱；启动机固定螺丝是否松动；驱动齿轮的行程是否合适。

(3)启动机运转不停

当发动机启动后，将点火开关关断，启动机仍然不能停止运转，并发出尖叫声。其原因有以下可能：①单向离合器卡死；②启动机驱动齿轮缓冲弹簧复位力过小或折断；③启动继电器触点或电磁开关触点烧结焊死。

故障诊断：

出现这种故障应立即切断电源，否则会损坏启动机。在断电熄火后，先检查启动继电器触点和电磁开关触点是否烧结焊死，以排除电路不能断开的故障；再检查单向离合器是否卡死、缓冲弹簧是否折断或过软等机械故障，使驱动齿轮不能退出啃合位置而被飞轮反拖。

(4)启动机异响

故障现象：启动机在启动瞬间出现异常的撞击声。其故障原因有以下可能：

①齿顶缺损不能正常啃合；②启动机安装不当，齿侧间隙太小；③缓冲弹簧过软或折断。

故障诊断：

按下启动机开关有撞击声，则说明启动机驱动小齿轮啮入困难。这时用手摇把将曲轴转一个角度，再按下启动机开关试验。如果此时撞击声消失并能启动发动机工作，则系飞轮齿圈部分齿轮啮入端打坏。若曲轴转过任何角度撞击声都出现，驱动小齿轮始终不能啮入，则就有可能是启动机拨叉行程或电磁开关行程过短，导致驱动小齿轮尚未啮入即高速旋转。此外，启动机固定螺栓或离合器固定螺栓松动，也可出现撞击声。鉴别该故障可在接通启动机开关时观察启动机壳体是否振抖，即可查明。

启动机在启动时经常发生金属摩擦声和撞击声，容易被认为是启动机驱动齿轮与飞轮发出的，将两种声音误断为是打齿。启动机打滑时发出的金属摩擦声与打齿撞击声很相似，如没有实际诊断经验，是很难准确地判别出来的。现将启动机打滑声和打齿声判别方法介绍如下：

①冷车时启动机驱动小齿轮打滑发生的次数较多，特别是冬季；而热车时很少发生或没有。而打齿无论是热车和冷车均会发生，但有时稍转发动机的曲轴，此现象会暂时消失。

②启动机启动的一瞬间，若启动机打滑，则水泵风扇叶片会出现微动现象，而打齿则无此现象。

③启动机打滑时，只有启动机旋转发出驱动齿轮离合器的金属摩擦声，虽声音较响但不强烈，而打齿时发出的金属摩擦声，既响又强烈。

④从车上拆下启动机检查时，会发现打滑的齿轮齿牙前端边缘没有金属磨损痕迹；而打齿的齿牙和飞轮牙的前端边缘都有明显的金属磨损痕迹。

第四节　发动机点火系统故障及检修

1. 点火系统的组成

电子点火系统主要有点火电子组件、分电器及位于分电器内的点火信号发生器、点火线圈火花塞组成，点火电子组件也称电子点火器(简称点火器)，它是个电子开关电路，可以根据点火信号发生器产生的点火脉冲信号，接通和断开点火线圈的的初级电路。汽油发动机主流点火系网络结构，如图 10-3 所示。

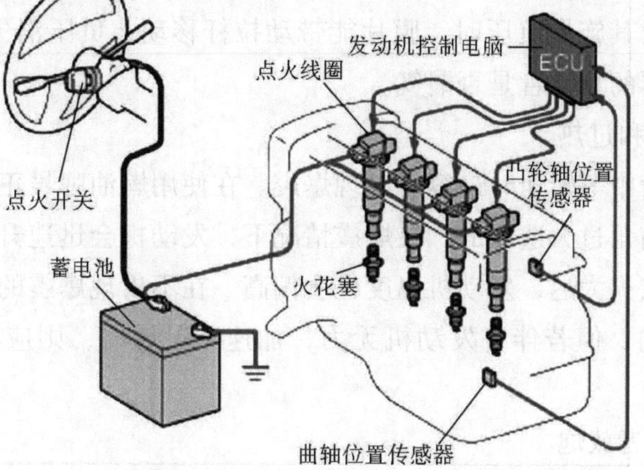

图 10-3　发动机点火系网络结构

(1)点火系的功用

汽油机汽缸内压缩后的可燃混合气由点火系产生的高压电火花点燃，点火系的作用是将蓄电池或发电机提供的低压电变为高压电，按照发动机的工作顺序，适时、准确地将高压电分配给各缸火花塞，使之跳火，点燃可燃混合气。

(2)点火系的需求

①能产生足以击穿火花塞电极间隙的高电压。

②火花塞产生的电火花应具有足够的能量。

③点火时间要适当。

④持久的耐用性。

2. 发动机点火系统常见异常故障及检修

关于发动机点火系统故障绝大部分都是通过异响来反映的，可见异响对故障判断的重要性多。下面就从比较常见的从异响判断故障做简要描述。

(1)发动机点火时间过早

点火时间过早会出现怠速运转不平稳，易熄火；加速时，发动机有严重的爆燃声的现象，该故障主要是点火正时调整失准或点火角度装配失准所致。解决措施：首先将分电器沿分火头旋转的方向转动少许，若启动后加速时仍有过早现象，一般是断电触点间隙过大，此时应调整触点间隙至标准值。有条件时，应使用点火正时仪调校点火提前角至该发动机规定值。

(2)发动机点火过迟

点火过迟会出现消音器声响沉重、急加速化油器回火、发动机冷却液温度较高、汽车行驶无力等现象。可能的原因：分电器沿分火头旋转方向转动过多；分电器壳紧固螺钉松脱；断电触点间隙过小；离心或真空点火提前机构工作不良。

解决方案：①拧松压板固定螺栓，将分电器沿分火头旋转方向转动少许若运转正常，则为分电器沿分火头旋转方向转动过多；②检查离心调节器或真空调节器；③离心调节器在分电器轴固定不动时，使凸轮向其工作方向转至极限，放松时应立即返回原位；真空调节器在手动真空泵对其施加负压时，膜片能带动拉杆移动，负压消失，拉杆能迅速回位；检查化油器至分电器的真空管是否漏气。

(3)发动机爆震和过热

发动机在大负荷中等转速时最容易出现爆震。在使用燃油牌号正确的情况下，爆震现象多数是因点火提前角过大造成的。在爆震情况下，发动机会迅速升温。另一方面，点火提前角过于落后，点火太迟，发动机温度也会偏高。在不出现爆震的情况下，水温过高多数不是点火系引起的，但若伴有发动机无力，加速不灵敏时，则应检查点火提前角是否过小。

(4)点火错乱或者放炮

发动机不易启动，启动时有严重的“回火”、“放炮”现象；发动机启动后，会有规律地“回火”、“放炮”，在加速尤为明显；怠速不稳定，及其容易熄火；

引起故障的原因可能有：①高压分线排列顺序错乱；②高压分线对缸或邻缸相互插错；③分电器盖或高压分线严重窜电；④点火正时严重失准等等。

诊断和维修方案：

①检查高压分线排列顺序与该发动机做功顺序是否一致；②检查分电器是否窜电，检查分电器盖的中央插孔间有无窜电。检查时将分电器盖悬空，拔出火花塞端所有分线距离缸体约5mm，拔动触点，若某根高压分线跳火，表明该缸插孔与中央插孔窜电；③也可检验旁插孔间是否窜电；④检验时将中央高压线与高压分线插入两相邻旁插孔内，拔动触点，若高压分线距缸体端跳火，表明被测两插孔间窜电。

第五节　信号系统喇叭故障判断与检修

汽车上喇叭的作用是用来警告行人和其他车辆、以引起注意，保证行车安全。电喇按有无触电分为普通电喇叭和电子电喇叭。普通电喇叭主要是靠触电的闭合和断开，控制电磁线圈激励膜片振动而产生声响的；电子电喇叭中无触点，是利用晶体管电路激励膜片振动产生声响的。

1. 电喇叭的结构与组成

盆形电喇叭结构如图10-4所示，由铁芯1、磁性线圈2、触点6、衔铁5、膜片3等组成。当按下按钮8时，电流流经触点通过线圈，线圈产生磁场力吸下衔铁5强制膜片移动使得触点断开，由于电流中磁力消失，膜片在本身的弹性和弹簧片作用下又同衔铁一起恢复原位，触点闭合电路接通，电流再通过触点流经线圈产生磁力，重复上述动作。如此反复循环膜片不断振动，从而出声响。共鸣板 4 与膜片刚性联接，可使振动发出声音更加悦耳。

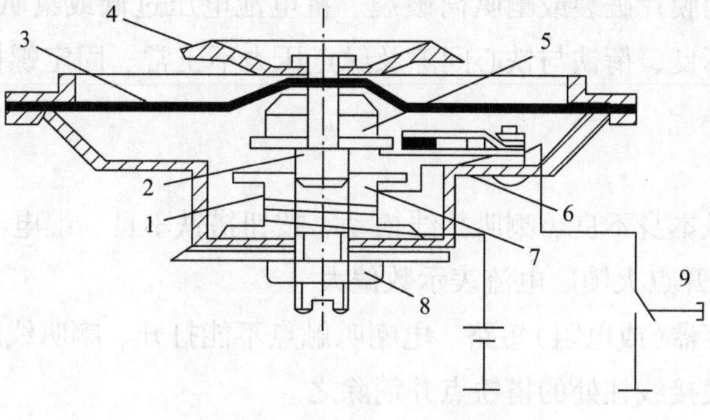

图 10-4　盆形电喇叭结构图

盆形电子电喇叭的结构和电路如图 10-5、图 10-6 所示：

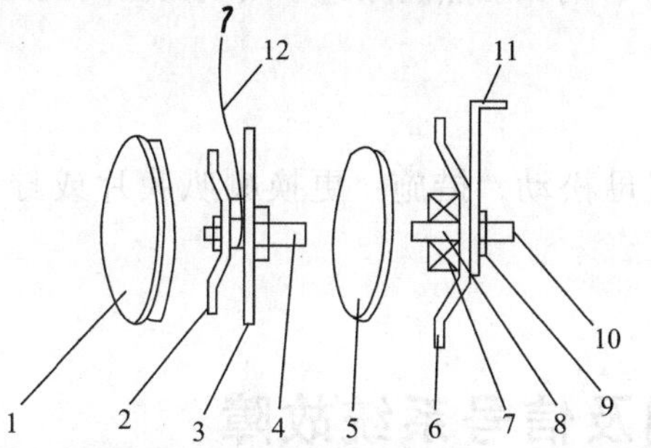

图 10-5　电子电喇叭

1—罩盖；2—共鸣板；3—绝缘膜片；
4—上衔铁；5—绝缘垫圈；6—喇叭体；7—线圈；
8—下衔铁；9—锁紧螺母；10—调节螺钉；
11—托架；12—导线

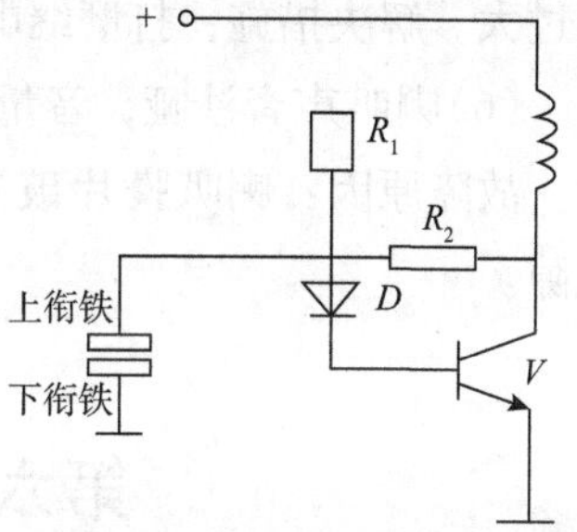

图 10-6　电子电喇叭电路图

若装用双喇叭时，由于喇叭消耗电流较大，用按钮直接控制时，按钮及其容易烧坏。为了避免该缺点常采用喇叭继电器，其构造和接线方式如图 10-6 所示。当按下按下按钮时，线圈因有电流通过而产生电磁力，吸下触点臂，使触点闭合接通喇叭电路。因喇叭的大电流不再经过按钮，从而保护了喇叭按钮。当松开按钮时，线圈内电流中断，磁力消失，触点在弹簧作用下断开，即可切断喇叭电路，使喇叭停止振动发音。

2. 电喇叭常见的故障与检修

电喇叭电路有带继电器与不带继电器两类。目前以单线制、带继电器的蜗牛型喇叭应用较为广泛，电喇叭常见故障及原因如下：

(1) 喇叭不响

故障原因：喇叭电源线路断路、喇叭线圈烧坏或有脱焊处、喇叭衔铁气隙过大、灭弧电容击穿电路、喇叭按钮接触不良、接地不良或其导线断路等等。解决措施：调整中心杆端螺母，减小触点间隙。

(2)声音异常

故障原因：振动膜片破裂或喇叭筒破裂、蓄电池电压过低或喇叭电源线路接触不良、喇叭触点烧蚀接触不良、衔铁与铁心间隙及触点压力不正常、固定螺栓松动、继电器触点接触不良等等。

(3)时响时不响

故障原因：喇叭本身不良、喇叭接线松动、按钮搭铁不良、继电器工作不良。

(4)喇叭不响，开点火锁后电流表示数偏大

故障原因：电容器(或电阻)短路、电喇叭触点不能打开、喇叭线圈有搭铁处等。解决措施：检查喇叭火线接线柱处的搭铁点并消除之。

(5)喇叭触点经常烧坏

故障原因：装有灭弧电阻的喇叭、发电机电压过高、电阻值增大或断路、装有灭弧电阻的喇叭、电容断路或其电容量过大或过小、喇叭触点间隙过小或线圈匝间短路、工作电流过大。解决措施：打磨继电器触点。

(6)喇叭声音沙哑，音量显著降低

故障原因：喇叭膜片破裂或共振板螺母松动，措施：更换喇叭膜片或拧紧共振板气隙。

第六节　照明及信号系统故障

1. 汽车灯的常见故障

汽车灯光常见故障一般有灯光不亮、灯光亮度低、灯泡频繁烧坏等

灯光不亮引起灯光不亮的原因主要有灯泡损坏、熔断丝熔断、灯光开关或继电器损坏及线路短路或断路等故障。若只有一只灯泡不亮，一般为该灯的灯丝熔断，可将灯泡拆下后检查；若是几只灯泡都不亮，再按喇叭，喇叭也不响则是熔断器熔断；若同属一个熔断丝的灯泡都不亮，则可能是该支路的熔断丝被熔断处理熔断器熔断故障时，在讲总熔断器复位或更换新的熔断丝之前，应查找出超负荷的原因其方法是：将熔断丝所接各灯的接线从灯座拔掉，拥万用表电阻挡测量灯端与打铁之间的电阻，若电阻较小或为零，则可断定线路中有搭铁故障。其他部分的检查如下：

(1)继电器的检查：将继电器线圈直接供电，可检查出继电器是否能正常工作，如不能正常工作，应更换继电器。

(2)灯光开关的检查：可用万用表检查开关各挡位的通断情况，若与要求不符，应更换灯光开光。

(3)线路的检查：在检查线路时，可用万用表或试灯逐段检查线路，以便找出短路或断路故障的部位。

(4)灯光亮度下降：若灯光亮度不够多为蓄电池电量不足或发电机和调节器的的故障所致。另外，导线接头松动或接触不良、导线过细或搭铁不良、散光镜坏或反射镜有尘垢、灯泡玻璃表面发黑或功率过低及灯丝没有位于反射镜的焦点上，均可导致灯光暗淡，需要逐一检查排除。检查时，首先要检查蓄电池和发电机的工作状态，若不符合要求，首先恢复电源系统的正常工作电压。在电源正常状态下，再检查线路的链接情况及灯具是否良好。

(5)灯泡频繁烧坏：灯泡频繁烧坏的原因一般是电压调节器不当或失调，使发电机输出电压过高所致，应重新将输出电压调整到正常工作范围。此外灯具的接触不良也是造成灯泡频繁烧坏的原因。

2. 转向信号灯电路的常见故障

(1)转向灯打到左侧或右侧时，转向指示灯闪烁比正常情况快这种故障现象说明这一侧的转向灯灯泡有烧坏，或转向灯的接线、搭铁不良。

排除方法：更换灯泡或接线搭铁不良时，视情况处理。

(2)左右转向灯均不亮这种故障的原因可能是熔断丝烧断、闪光器坏、转向开关出现故障、或线路有段路的地方。

排除方法：①检查融丝断了更换。②检查闪光器。③若以上正常检查转向灯开关或其接线，视情况修理或更换。

第七节 汽车电子电路与仪表

汽车仪表常见故障的检查和维修汽车仪表是监测汽车发动机，汽车辅助装置是否正常工作的设备，其中的转速表、里程表等是机械驱动，再其他仪表多数是电驱动。因此，仪表大部分故障都集中在电路接头、连线，以及一些传感器件上，这里主要谈谈传感器有关故障的检查和维修。

传感器常见故障：汽车仪表中用了各种传感器件。温度传感器为热敏电阻，处在高温、剧烈振动条件下作，长期使用，热敏电阻，处在高温，剧烈振动条件下工作，长期使用，热敏电阻自身易发生断裂。油液位传感器是一种线绕可变电阻，靠浮球带动滑动触件工作，浮球破裂、进油，常引起滑壁接触不良，电阻丝断路等故障，这些传感器属于二端器件，工作时一端接地，一端通过插件引线输线。若在车损情况下，连接线本身不易发生折断，但插件常因接触不良引起故障。

传感器的检查维修：可采用静态检查和动态检查的方法。

静态检查：用万用表 R×10 或 R×100 挡检查温度和油液传感器，表的一端搭铁机壳底盘一端测传感器输出头，场应有几欧姆或几百欧姆的随值显示。若随值过大，则表示接触不良或器件已损坏。注意历用表欧姆挡检测时，应切断车辆电流。

动态检查：用万用表 Z－5A 电流挡，把万用表牢入温度或油液位传感器的回路中，此时电流表应有指示值，当温度升高而发生电流变化。若电流表无显示说明传感器已损坏。根据以上方法查出故障及时更换相关无件，即可使汽车正常运行。

第十一章　车架与车桥的概述与异响诊断

第一节　概　述

车架是汽车装配的基础，车桥是传递车架与车轮之间各向作用力及其所产生的弯矩和转矩的装置，车轮由轮胎直接与地面接触在道路上行驶，而车架和车桥是行驶系统的两大组成部分。本章着重介绍车架、车桥的类型、组成和工作原理。

行驶系统的主要功用：

(1)支承汽车的总质量；

(2)接受由发动机经传动系统传来的转矩，并通过驱动轮与地面之间的附着作用，产生驱动力，以保证整车正常行驶；

(3)传递并支承路面作用于车轮上的各种反力及其所形成的力矩；

(4)尽可能地缓和不平路面对车身造成的冲击和振动，保证汽车平顺行驶；

(5)在轴线相交且相对位置及轴间夹角经常变化的转轴之间传动力。

汽车(轮式汽车)行驶系统一般由车架、悬架、车轮和车桥等部分组成，如图 11-1 所示。车架是整个汽车的基体，它将汽车的各相关总成连接成一个整体，构成汽车的装配基础；车架通过弹性悬架支承在车桥上，起连接、支承和减震的作用；车轮 4 和 5 分别支承着车桥 3 和 6，车桥又通过弹性悬架 2 和 7 与车架 1 相连接。

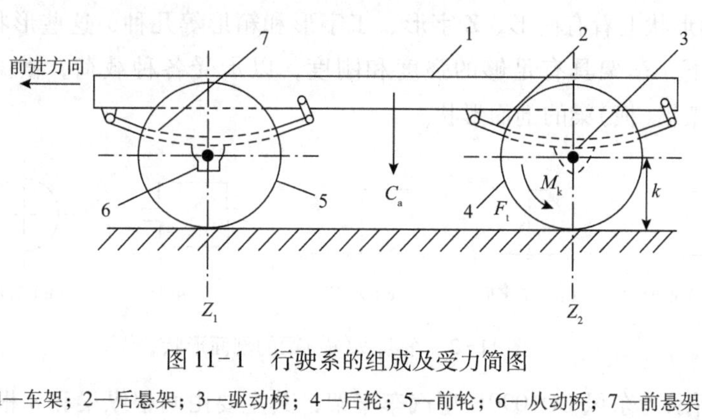

图 11-1　行驶系的组成及受力简图

1—车架；2—后悬架；3—驱动桥；4—后轮；5—前轮；6—从动桥；7—前悬架

汽车行驶系统的基本类型主要有轮式、履带式、半履带式、车轮—履带式和水陆两用汽车等几种形式。汽车行驶在比较坚实的道路上，其行驶系统中直接与路面接触的部分是车轮，这种行驶系统称为轮式行驶系统，这样的汽车便是轮式汽车。行驶系统中直接与路面接触的部分是履带的汽车称为履带式汽车。

行驶系统中直接与路面接触的部分既有车轮又有履带的汽车称为半履带式汽车或车轮—履带式汽车，应用较多的是轮式汽车行驶系统。水陆两用汽车除具有一般轮式汽车的行驶系统外，还备有一套在水中航行的行驶机构。

第二节　车　架

汽车车架俗称“大梁”。其上装有发动机、变速器、传动轴、前后桥、车身等总成和部件。车架的功用是支承、连接汽车的各总成，使各总成保持相对正确的位置，并承受汽车内外的各种载荷，并通过悬架装置坐落在车轮上。

性能要求：有足够的刚度和强度；车身高度低，降低重心，保证行驶稳定性；尽可能的降低质量(质量一般小于整车质量的10%)，增加汽车动力性。

目前，汽车车架的结构形式基本上有三种：边梁式车架、无梁式车架、中梁式车架和综合式车架；其中，以边梁式车架应用最广泛。

1. 边梁式车架

边梁式车架是由两根位于两边的纵梁和若干根横梁通过铆接或焊接而连成的坚固的刚性构架。

纵梁的结构具有以下特点：

(1)从宽度上看有前窄后宽、前宽后窄和前后等宽三种形式，前窄使前轮具有足够的偏转角度，提高了车辆的机动性能；后窄用于重型车辆，便于布置双胎。

(2)从平面度上看有水平的和弯曲的两种形式，水平的纵梁便于零部件、总成的安装和布置；弯曲的纵梁可以降低车辆重心。

(3)从断面形状上看有槽形、Z字形、工字形和箱形等几种，这些形状主要为了满足质量小的前提下，车架具有足够的强度和刚度，以承受各种载荷，横梁多为槽形。图11-2所示为车架纵(横)梁的剖面形状。

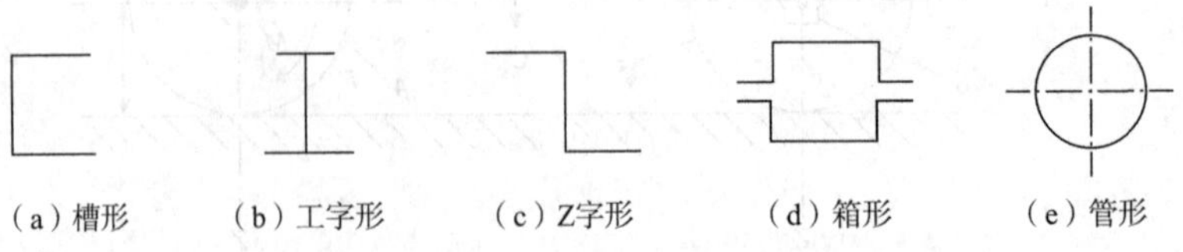

图11-2　车架纵(横)梁的剖面形状

图11-3所示为东风EQ1090E型汽车车架，其主要由两根纵梁和8根横梁铆接而成，纵梁用钢板冲压成槽形，其断面高度不等，由于纵梁中部受到的弯曲力矩最大，故中部断面高度最大，而向两端断面高度则逐渐减小，这样，可使应力分布均匀，构成等强度梁，

同时又减轻了重量。

在左右纵梁上加工有100多个孔，用以安装脚踏板、转向器、钢板弹簧、汽油箱、储气筒、蓄电池等的支架；有的孔是用来通过管道、电线的，有的是加工定位等用孔。

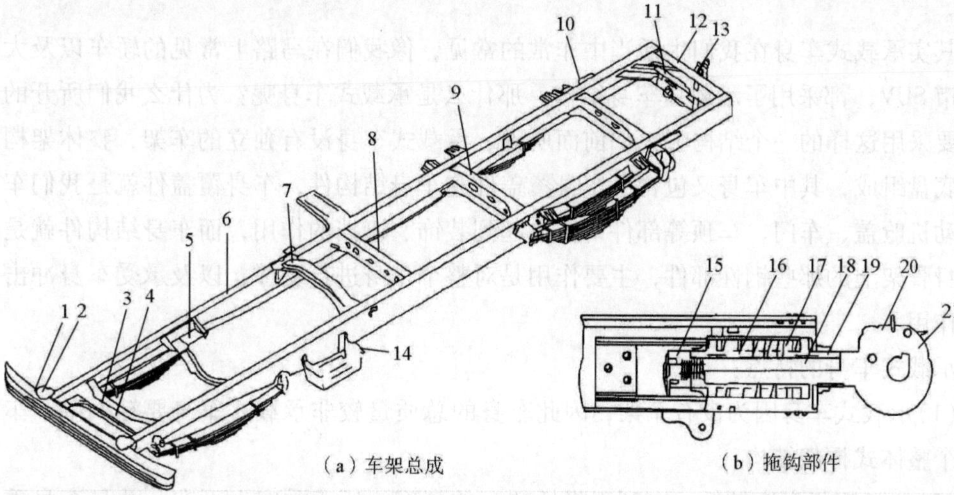

（a）车架总成　　　（b）拖钩部件

图 11-3　东风 EQ1090E 型汽车车架

1—保险杠；2—挂钩；3—前横梁；4—发动机前悬置横梁；5—发动机后悬置支架和横梁；6—纵梁；7—驾驶室后悬置横梁；8—第四横梁；9—后钢板弹簧前支架横梁；10—后钢板弹簧后支架横梁；11—角撑横梁组件；12—后横梁；13—拖钩部件；14—蓄电池拖架；15—螺母；16、19—衬套；17—弹簧；18—拖钩；20—锁块；21—锁扣

横梁也用钢板冲压成槽形，以增强车架的抗扭强度，前横梁上装置冷却水散热器，横梁作为发动机的前悬置支座。为了尽可能降低发动机的位置，以改善驾驶员的视野，因此横梁做成下凹形，在横梁的上面安装驾驶室的后悬置，在其下面安装传动轴中间轴承支架。由于传动轴安装位置的需要，横梁制成拱形，其余横梁都制成简单的直槽形，后横梁上装有拖带挂车用的拖钩部件，因后横梁要承受拖钩传来的作用力，故用角撑加强。

两根纵梁和所有横梁铆接后，其前后等宽，这主要是为了简化制造工艺，并避免纵梁宽度转折处应力集中，提高车架的使用寿命。

车架前端装有横梁式的缓冲件—保险杠，当汽车突然受到障碍物的冲击时，它可以保护翼子板和散热器，使之不受损伤。另外，车架前端还装有简单拖挂钩，以便在汽车发生故障或陷人泥坑时。可以用别的汽车来拖曳它。

车架后端拖钩部件安装在车架后横梁的中部，拖钩的尾部支承在两个衬套上，在两个衬套的凸缘之间装有弹簧，而在拖钩尾部的端头旋有螺母，并用开口销锁住。弹簧用以缓和汽车行驶时所受到的冲击力，此冲击力可能由主车传到挂车，也可能由挂车传到主车。为保持挂车与拖架的挂环与挂钩的衔接，拖钩具有可掀转的锁扣，其上有带弹簧的锁块，锁扣可用平头销及开口销固定在闭合位置，此时平头销穿过锁扣与锁块上相重合的小孔。

2. 无梁式车架

无梁式车架是用车身兼做车架，汽车的所有零部件、总成都安装在车身上，车身要承受各种载荷的作用，因而这种车身又称为承载式车身，广泛用于轿车和客车，如图 11-4 所示。

其实承载式车身在我们生活当中非常的常见，像我们在马路上常见的轿车以及大多数的城市 SUV，都采用了承载式车身结构。那什么是承载式车身呢？为什么我们所开的大部分车要采用这样的一个结构呢？如前面所说，承载式车身没有独立的车架，整体架构由车身和底盘组成，其中车身又包含了车身覆盖件和车身结构件，车身覆盖件就是我们车身上的发动机舱盖、车门、车顶等部件，主要起到装饰、遮挡的作用，而车身结构件就是分布在车身骨架上的那些钢性部件，主要作用是对整个车身进行支撑，以及承受车身冲击和扭转的作用。

承载式车身的特点：

(1) 承载式车身因为没有车架，因此车身的总质量较非承载式车身要轻一些，车身形成一个整体式框架结构；

(2) 车身底板高度较低，有利于降低整车的高度，便于乘客上下车，并且车身重心更低，在城市或者高速路段行驶时，对于车身的平稳性有着很大的作用；

(3) 由于不存车身本体与车架的装配关系，减少了复杂的装配工序；

(4) 车内空间的利用率更高，为乘客提供更宽敞舒适的乘坐空间；

(5) 承载式车身适合大批量生产；

(6) 发动机、传动系、悬架等都是直接安装在车身本体上，各个零部件总成工作时需要采用复杂的手段检测车身内的振动和噪声；

(7) 车身在受到碰撞时，更换车身上的结构件十分困难；

(8) 承载式车身在抗扭钢性上会比较弱，车辆的承载能力上也比较有限。

图 11-4　承载式车身

3. 中梁式车架和综合式车架

中梁式车架和综合式车架分别如图 11-5、图 11-6 所示，由于这两种车架结构复杂，加工制造及维修困难，所以目前很少应用。

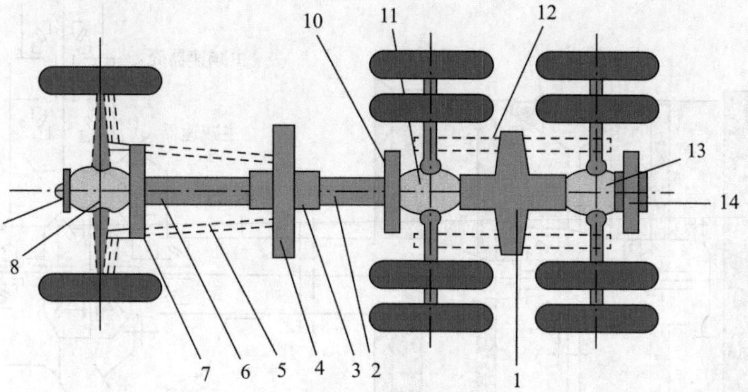

图 11-5　中梁式车架

1—连接桥；2—中央脊梁；3—分动器壳；4—驾驶室后部及货箱副梁前部托架；5—前悬架扭杆弹簧；6—前脊梁；7—发动机后部及驾驶室前托架；8—前桥壳；9—发动机前托架；10—连接货箱副梁的托梁；11—中桥壳；12—后悬架的钢板弹簧；13—后桥壳；14—连接货箱副梁的托架

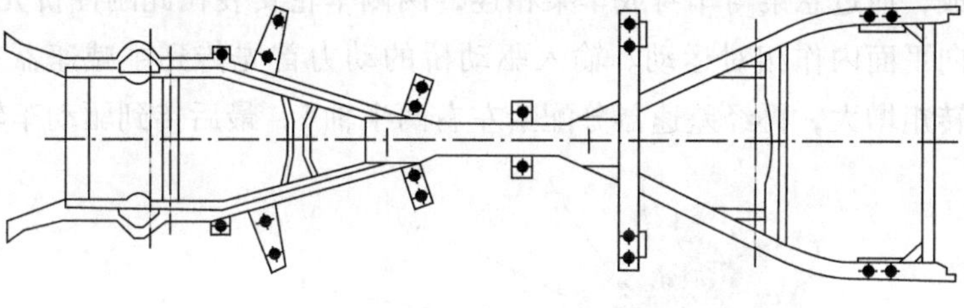

图 11-6　综合式车架

第三节　车　　桥

车桥（也称车轴）通过悬架与车架（或承载式车身）相连接，两端安装车轮。车架所受的垂直载荷通过车桥传到车轮；车轮上的滚动阻力、驱动力、制动力和侧向力及其弯矩、转矩又通过车桥传递给悬架和车架，故车桥的作用是传递车架与车轮之间的各向作用力及其所产生的弯矩和转矩。

1. 车桥的结构及分类

1）根据悬架及驱动桥的结构型式，车桥可分为整体式和断开式两种。

（1）整体式

①采用非独立悬架；

②驱动桥壳为一刚性的整体，驱动桥两端通过悬架与车架连接，左右半轴始终在一条直线上，即左右驱动轮不能独立地跳动，其示意图如图 11-7 所示。

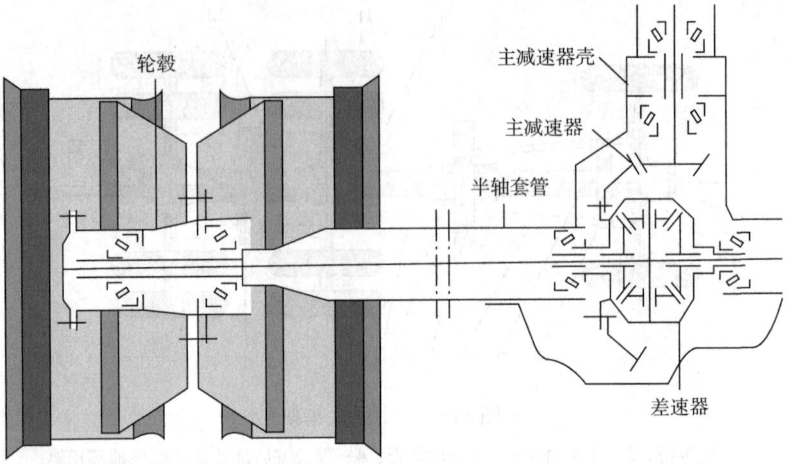

图 11-7　整体式驱动桥示意图

整体式驱动桥的结构图如图 11-8 所示，由图可知，它是由驱动桥壳 1，主减速器 6、7，差速器 2、3、4，和半轴 5 组成。驱动桥壳 1 由中间的主减速器壳和两边与之刚性连接的半轴套管组成，通过悬架与车身或车架相连，两侧车轮安装在此刚性桥壳上，半轴与车轮不可能在横向平面内作相对运动。输入驱动桥的动力首先传到主减速器主动小齿轮 7，经主减速器后转矩增大，再经差速器分配给左右两半轴 5，最后传到驱动车轮。

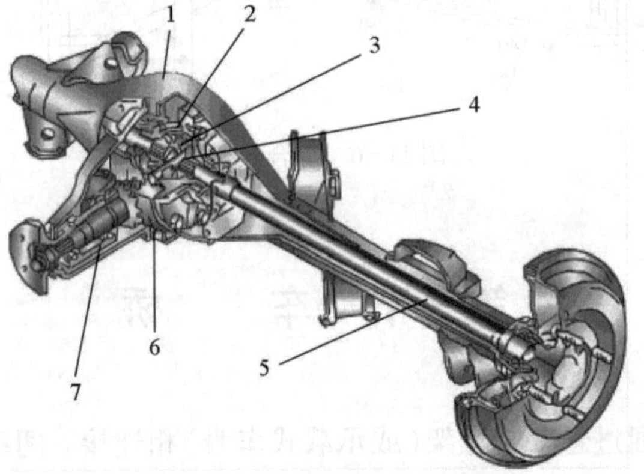

图 11-8　整体式驱动桥结构图

1—后桥壳；2—差速器壳；3—差速器行星齿轮；4—差速器半轴齿轮；
5—半轴；6—主减速器从动齿轮齿圈；7—主减速器主动小齿轮

(2) 断开式

①采用独立悬架；

②主减速器固定在驱动桥壳制成段并用铰链连接，驱动桥两端通过悬架与车架连接，半轴分段并用万向节连接，即左右驱动轮及桥壳可以独立地相对于车架跳动，其示意图如图 11-9 所示。

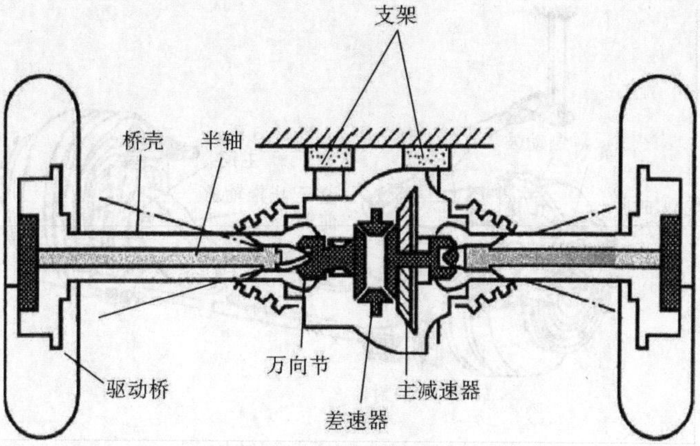

图 11-9 断开式驱动桥示意图

断开式驱动桥结构如图 11-10 所示，为了与独立悬架相适应，驱动桥壳需要分为用铰链连接的几段，更我的是只保留主减速器壳(或带有部分半轴套管)部分，主减速器壳固定在车架或车身上。为了适应驱动轮独立上下跳动的需要，差速器与车轮之间的半轴也要分段，各段之间用万向节连接。

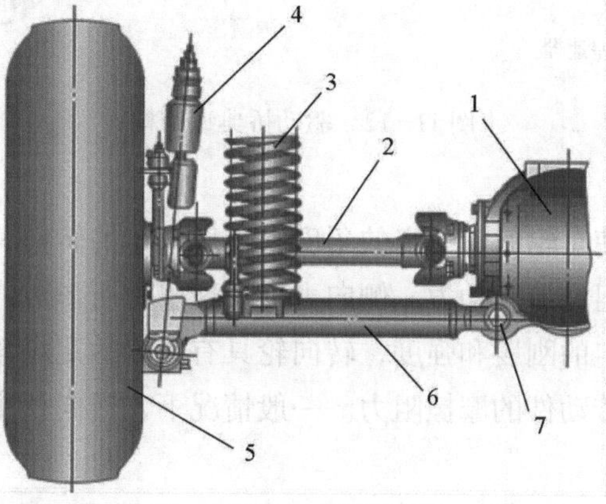

图 11-10 断开式驱动桥结构图

1—主减速器；2—半轴；3—弹性元件；4—减震器；
5—车轮；6—摆臂；7—摆臂轴

2)按照车桥上车轮的运动方式和作用，车桥可分为转向桥、驱动桥、转向驱动桥和支持桥四种类型。卡车一般采用发动机前置，后轮驱动的布置方法。一般情况下，前桥都是转向桥，如图 11-11 所示；而驱动桥在后桥，如图 11-12 所示，驱动桥位于汽车传动系统的末端，主要由主减速器、差速器、半轴、轴承和驱动桥壳等组成。

2. 车桥的功能

如前所说，车桥的主要功能是传递车架与车轮之间的各向作用力，以及传递车架与车轮之间所产生的弯矩和转矩。

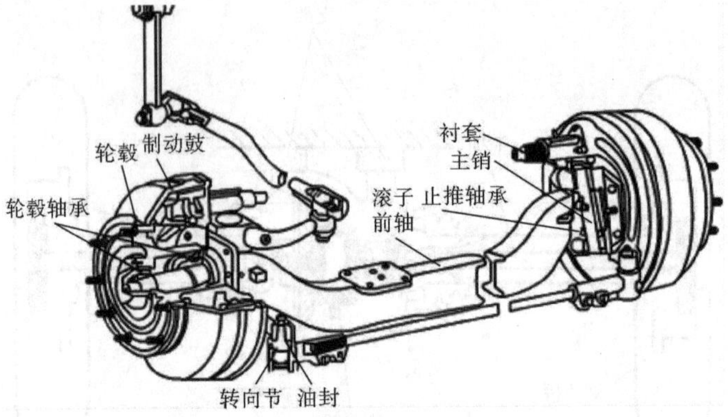

图 11-11　前桥典型结构

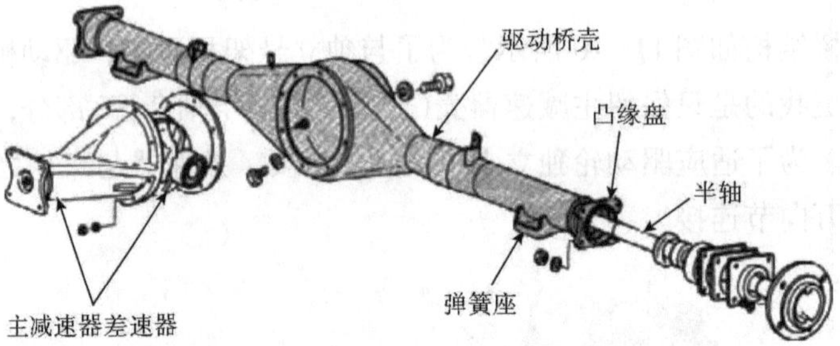

图 11-12　驱动桥典型结构

(1)转向桥的功能

利用转向节的摆动使车轮偏转一定的角度以实现汽车的转向；承受车轮与车架之间的垂直载荷、纵向的道路阻力、制动力、侧向力以及这些力所形成的力矩。其工作时由于路况复杂，车桥需要有一定的刚度和强度，转向轮具有正确的定位角和合适的转向角，尽量减少转向轮重量和转向传动件的摩擦阻力。一般情况下，转向桥主要由前轴、转向节、主销和轮毂等组成。

①前轴的断面一般是工字形，为提高抗扭强度，两端由工字形断面过渡到方形断面，再到一个加粗的拳形，其中有通孔，主销中部切有槽，用楔形锁销将主销固定在拳部孔内；前轴中部向下弯曲成凹形，其目的是使发动机位置得以降低，从而起到降低汽车质心、扩展驾驶员视野、减小传动轴与变速器输出轴之间的夹角等作用。

②转向节是车轮转向的铰链，它是一个叉形部件，上下两叉有安装主销的两个同轴孔，转向节轴颈用来安装车轮。转向节上销孔的两耳通过主销与前轴两端的拳形部分相连，使前轮可绕主销偏转一定角度而使汽车转向。为了减小磨损，转向节销孔内压入青铜或尼龙衬套，衬套上开有油槽，用油嘴注入润滑脂润滑。为使转向灵活轻便，在转向节下销孔与前轴拳部下端面之间装有推力轴承，上销孔与拳部上端面之间有调整垫片。

③主销的作用是铰接前轴及转向节，使转向节绕着主销摆动以实现车轮的转向。主销的中部切有凹槽，安装时用主销固定螺栓与它上面的凹槽配合，将主销固定在前轴的拳形

孔中。主销与转向节上的销孔是动配合，以便实现转向。通常，轿车中不设独立的主销，而以转向节上下球头中心的连线为主销的轴线。

④车轮轮毂通过两个圆锥滚子轴承支承在转向节外端的轴颈上。轴承的松紧度可用调整螺母(装于轴承外端)加以调整。轮毂内侧装有油封，以防止润滑脂进入制动器内，轮毂外端装有金属罩，以防止泥水和尘土侵入。

(2)驱动桥的功能

它的作用是将万向传动装置传来的动力和发动机转矩，通过改变力的传递方向，并由主减速器降低转速传到驱动车轮，实现降低转速、增大转矩后，经差速器分配给左右半轴和驱动轮。驱动桥处于动力传动系的末端，其基本功能是：

①将万向传动装置传来的发动机转矩通过主减速胎、差速器、半轴等传到驱动车轮，实现降速增大转矩；

②通过主减速器圆锥齿轮副改变转矩的传递方向；

③产生驱动力；

④通过差速器实现两侧车轮差速作用，以满足汽车转弯及在不平路面上行驶时，保证内、外侧车轮以不同转速转向。

(3)转向驱动桥

转向驱动桥与转向桥的区别就是一切都是空心的，横梁变成了桥壳，转向节变成了转向节壳体，因为里面多了根驱动轴。这根驱动轴因被位于桥壳中间的差速器一分为二，而变成了两根半轴。半轴在“脖子”的位置也多了一个关节——万向节，因此半轴也变成了两部分，内半轴和外半轴。

车桥有单独转向桥只起到转向和支撑功能，而驱动桥只起到驱动车辆和支撑工程，顾名思义，如果两种功能都能实现的就是转向驱动桥，既能实现转向功能，有可以传动动力；从结构上来说是两个功能性的部件的组合，其中有等角速万向节连接，在汽车行驶时，将汽车的行驶方向按照驾驶员的操作进行改变，与此同时，驱动部分也在进行动力传输。一般四驱的车辆，比如越野车，高性能的全驱跑车，前轮都算是转向驱动桥。

(4)支持桥

没有动力输出，只起到承载作用。某些单桥驱动的三轴汽车(6×2汽车)的中桥或后桥为支持桥，挂车上的车桥都是支持桥。支持桥中还有一种悬浮桥形式。悬浮桥指能上下浮动的桥，结构跟普通支持桥基本相似，多了一个举升机构，在卡车重载时将悬浮桥放下，承载重量，空载或轻载是将悬浮桥提升减少油耗。

前置前驱动轿车的后桥为典型的支持桥。主要由后桥焊接总成、橡胶－金属支承座、后车轮总成等元件组成。后桥焊接总成的前端通过橡胶－金属支承座与车身铰接，纵臂与后桥焊接总成焊接在一起，其后端与后轮轮毂及减振器相连。汽车行驶时，后轮和后桥焊接总成以橡胶金属支承座为支点相对车身转动。

第四节　异响声故障诊断

随着汽车工业的发展，对汽车的可靠性和安全性提出了更高的要求。车桥作为汽车的一个承重部件，它的可靠性对汽车来说显得尤为重要。例如某型号的前桥系统，在行驶的过程中前桥制动时，伴随着刺耳的声音及前桥的颤动。这种现象大都是由于摩擦自激产生的频率成分与车桥系统的低阶固有频率相近，从而使车桥产生共振造成的[3]。

1. 车架异响声故障分析

发动机、变速器、传动轴、前后桥、车身等总成和部件装于汽车车架上，而车架的功用又是支承、连接汽车的各总成，使各总成保持相对正确的位置，并承受汽车内外的各种载荷，并通过悬架装置坐落在车轮上。其本身是各部件的一个承载体，一般情况下是可以满足其能要求的，如有足够的刚度和强度，车身较低，降低重心，保证行驶稳定性，增加汽车动力性等。故其本身发出异响声的概率是很小的，如果车架有异响，则可能是其上的某个零部件出现了异常，故应具体问题具体分析。

2. 车桥异响声故障分析

对于齿轮油应用中的问题，反映较多的为行车过程中后桥齿轮箱有特别声响，有时会随车速提高，异响声会更大，有些车辆更换齿轮油会有所改善。

几种异响的分辨方法

①发动机异响和后桥异响的分辨

首先将汽车在平坦的路面上行驶一定的里程，使后桥的工作温度升至正常，然后当汽车行驶发出异响时，记下车速，停车后，置变速器于空挡位置，再缓缓地加速，直至发动机的转速与出现异响时的车速相当时，观察有无异响的发生，可以重复几次，以确定异响是否由于排气或发动机的不正常状况所引起的。

②轮胎噪声与后桥噪声的分辨

轮胎噪声是随路面而发生变化的，后桥噪声则不然。当汽车的速度低于48km/h时，后桥噪声消失，而轮胎噪声则继续存在。汽车在行驶和滑行时，轮胎的噪声是相同的，但后桥的噪声却不同。

③轮毂轴承异响和后桥噪声的分辨

汽车在行驶和滑行时，前轮轴承的噪声不变，如保持车速不变而稍施制动，可使轮载轴承减少部分负荷，从而可减弱噪声，即可发现噪声源来自何处。

当车速大于48km/h时，除非后轮轴严重损坏，一般情况下后轮轴承的噪声很少能听到，汽车滑行或空挡时，裂损的后轮轴承会产生“隆隆”声响，而剥蚀的后轮轴承则发出“沙沙”声响。

④减速器圆锥主动轴承与差速器轴承异响的分辨

减速器轴承通常产生刺耳的“隆隆”声或“嘎嘎”声，声音节拍稳定，随着车速变化而变化。减速器的圆锥主动齿轮前轴承声在汽车滑行时较大，后轴承的噪声则在行驶时较大。差速器轴承的噪声通常是一种不变的刺耳声，但它的节拍比减速器圆锥主动齿轮轴承的噪声要缓和得多。

⑤后桥齿轮噪声的分辨

在正常直线行驶时，由于差速器半轴齿轮和行星齿轮几乎没有相对运动，所以听不到噪声。汽车行驶过程中，后桥齿轮发生异响的原因大多是由润滑不良所致，从而导致减速器齿轮磨出伤痕，如果在各种滑行速度下都能听到异响，则说明是由减速器主动齿轮的螺帽松动造成的。低速时，后桥部位发生敲击声，加速或减速时，发出特别沉闷的异响。

上述故障可从下列一处或多处查出原因：

a. 差速器半轴齿轮轴颈与差速器壳的间隙不当；

b. 差速器十字轴轴颈与差速器壳的配合不当；

c. 半轴花键齿轮与差速器半轴齿轮键槽的侧隙不当；

d. 差速器半轴齿轮与行星齿轮的啮合齿隙不当；

e. 差速器圆锥主动、被动齿轮啮合齿隙不当；

f. 止推垫圈磨损。

3. 转向桥可能故障分析

(1)汽车转弯时，转动转向盘感到沉重费力，或又无回正感且有异响等现象时，则可能是转向桥出现了相关的故障，如：

①转向节臂装置松动或变形；

②转向节推力轴承缺油或损坏；

③转向节主销与被套间隙过小或缺油；

④前轴或车架变形引起前轮定位失准；

⑤前螺旋弹簧折断或车身、车架变形；

⑥轮胎气压不足等。

故障诊断与排除方法：

由于导致转向沉重的故障因素很多，诊断时应首先判明故障所在部位，然后再进一步确定在哪一个部件。

①拆下转向臂，转动转向盘，如感觉沉重则应调整轴承紧度和传动副啮合间隙。若有松紧不均或有卡住现象，则应拆下转向轴检查传动副及轴承有无损坏，转向轴与主管有无摩擦或卡住现象，必要时进行修理或更换。

②转动转向盘时，如感到轻松，则故障在传动机构，应顶起前轴，并用手左、右扳动前轮。如过紧，应检查转向节主销与衬套，推力轴承和直、横拉杆销配合是否过紧，润滑是否良好，必要时进行调整和润滑。

③先支起前桥，用手转动转向盘，若感到转向很容易，不再有转动困难的感觉，这说

明故障部位在前桥与车轮。因为支起前桥后，转向时已不存在车轮与地面的摩擦阻力，而只是取决于转向器等的工作状况。此时应仔细检查前轮胎气压是否过低，前轴有无变形，同时也要考虑检查前钢板弹簧是否良好，车架有无变形。必要时，检查车轮定位角度是否正确。

④若上述情况均正常良好，则应检查前轴和车架是否变形，前束是否符合标准，必要时调整前束。

(2)低速摆头和转向不稳

现象：

汽车低速直线行驶时前轮摇摆，有异响且感到方向不稳。转弯时大幅度转动方向盘，才能控制的行使方向。

故障原因：

①转向节臂装置松动；

②转向器轴承过松；

③传动副啮合间隙过大；

④横、直拉杆球头销磨损严重；

⑤转向节主销与衬套磨损严重，配合间隙过大；

⑥前轮毂轴承松旷，前轴弯曲，轮毂轴承间隙过大；

⑦车架轮辋变形，前束过大，轮毂轴承间隙过大；

⑧转向主销与衬套磨损松旷，配合间隙增大；

⑨轮毂轴承间隙过大；

⑩前束过大，轮毂螺栓松动或数量不全。

故障诊断与排除方法：

①一人转动转向盘，另一人在车下查看传动机构，如转向盘转了许多而转向臂不动，则故障在转向器，如转向臂转动了许多而前轮并不偏转，则故障在传动机构。

②如果故障在转向器，应检查传动副啮合间隙，必要时进行调整。

③如果故障在传动机构，应检查转向臂和直、横拉杆各球头是否松旷，必要时进行调整。

④经检查上述情况良好，则应架起前轴用手推动车轮，检查转向节主销与衬套，前轮毂轴承是否松旷，必要时进行调整或修理。

⑤转向盘经过上述检查、调整后仍不稳定，应检查前轴和车架以及轮辋是否变形，前束是否符合标准规定，必要时进行调整或修理。

⑥前轮低速摆头和转向盘自由空程大，一般是各部分间隙过大或有连接松动现象，诊断时应采用分段区分的方法进行检查。可支起前桥，并用手沿转向节轴轴向推拉前轮，凭感觉判断是否松旷。若松旷，说明转向节主销与衬套的配合间隙过大或前轴主销孔与主销配合间隙过大。若此处不松旷，说明前轮毂轴承松旷，应重新调整轴承的预紧度。若非上

述原因，应检查前轮定位是否正确，检查前轴是否变形。如果前轮轮胎异常磨损，则应检查前束是否正确。

4. 驱动桥异响故障分析

(1)汽车后桥异响原因：

①齿轮油量不足或黏度下降；

②支承轴承松紧度调整不当；

③主减速器齿轮合间隙调整不当；

④齿轮磨损过大或损坏；

⑤差速器行星齿轮，半轴齿轮或半轴花键磨损过大或损坏。

故障诊断与排除方法：

是否可以通过加油来改善呢？如果属于齿轮油量不足或齿轮油黏度下降引起，可通过换油改善，加足油量或者原用多级油的改用单级油，或高一黏度级别的油，如果属机械故障引起，得进厂修理，为此可先试加合适的新油，仍无改善得停车检修。

汽车在行驶过程中，有时底盘部位会发出噪声和异响。为迅速排除故障，需准确分辩噪声和异响发生的部位。

(2)后桥异响产生的机理：

后桥异响噪声基本都是在二挡和三挡在减速工况时产生的：用二挡加速到40km/h，然后松开油门，在30～20km/h车速范围里会听到异响；用三挡加速到60km/h，然后松开油门，在40～30km/h的车速范围里也会听到异响。近几年产生异响的车辆基本都是在二、三挡的时候加速到该挡的极限转速后，松开油门时会发出奇怪的声音。

后桥异响产生的机理如下：

①整车共振；

②由主减速器引起后桥异响：主减速器壳、差速器壳精度超差；主动齿轮轴承、差速器轴承扭紧力超差；

③后桥清洁度超差；

④后桥润滑油质量差。

(3)驱动桥异响时一般有如下现象：

①行驶时驱动桥有异响，脱挡滑行时异响减弱或消失；

②行驶时驱动桥有异响，脱挡滑行时亦有异响；

③汽车直线行驶时无异响，但当汽车转弯时驱动桥处有异响；

④汽车上坡或下坡时后桥有异响，或上、下坡时驱动桥都有异响；

⑤车轮有运转噪声或沉重的异响等等。

则可能原因有：

①圆锥和圆柱主从动齿轮、行星轮、半轴齿轮啮合间隙过大；半轴齿轮花键槽与半轴的配合松旷；主、从动锥齿轮啮合不良；圆锥和圆柱主从动齿轮啮合间隙不均；齿轮齿面

损伤或轮齿折断。

②主动圆柱齿轮轴承、主动锥齿轮轴承、差速器圆锥滚子轴承松旷；后桥中某个轴承由于预紧力过大，导致间隙过小；主、从动锥齿轮调整不当，间隙过小。

③差速器行星齿轮半轴齿轮不匹配，使其啮合不良；行星齿轮、半轴齿轮磨损或折断；差速器十字轴轴颈磨损；行星齿轮支撑垫圈磨薄；行星齿轮与差速器十字轴卡滞或装配不当，使行星齿轮转动困难；减速器从动齿轮与差速器壳的紧固铆钉松动。

④驱动桥某一部位的齿轮啮合间隙过小、后桥某一部位的齿轮啮合间隙过大或齿轮啮合印痕不当、齿轮轴支撑轴承松旷等，导致汽车上坡、下坡或上下坡时都发响。

⑤车轮轮毂轴承损坏，轴承外圈松动；制动鼓内有异物、车轮轮辋破碎、车轮轮辋轮胎螺栓孔磨损过大，使轮辋固定不牢等。

故障诊断与排除方法：

根据异响部分的不同来判断异响的具体原因，并就查找出的异响原因对症下药，进行适当的调整、修理或更换，以排除安全隐患。例如：

①汽车行驶中发出“嗷……”的响声，用手触摸后桥壳，如有发热现象，则为齿隙过小；如严重发热，则可能时缺油，应检查油面；

②汽车在行驶中发出“刚当、刚当”的撞击响声，一般是齿轮啮合间隙过大；

③汽车在行驶中，如车速越高响声越大，而滑行时响声减小或消失，一般是由于轴承磨损或齿轮间隙失常所致；如急剧改变车速或上坡时发响，则为齿轮啮合间隙过大；

④在踏下加速踏板时汽车行驶正常，在放松加速踏板的过程中发出“呜”的响声，而匀速行驶时此响声消失，一般是由于主动锥齿轮突缘紧固螺母松旷；

⑤汽车行驶中后桥处有剧烈响声，则多为齿轮牙齿损坏或轴承损坏；

⑥汽车转弯时发出“咔叭、咔叭”的响声，低速直线行驶时也能听到一点，而车速升高后响声即消失，一般是差速器行星齿轮啮合间隙过大或半轴齿轮及键槽磨损所致；

⑦车速接近60km/h收回油门时，后桥处有不正常的“呼隆、呼隆”声，并感到后桥有抖动现象，则为半轴套管弯曲变形所引起；

⑧汽车行驶中发现后桥有响声，可停车将后桥的一侧架起，用彩笔在轮胎和传动轴上各划一印记，然后挂上挡，使发动机以最低稳定转速运转，并倾听其内部在一定时间内的发响次数。若发响次数略多于车轮转数的1.5倍，则可能是圆锥从动齿轮摆动，具体原因可能是圆锥从动齿轮跳动或有故障。

(4)驱动桥还可能出现的其他故障：驱动桥过热、驱动桥漏油等。

驱动桥过热现象：汽车在行驶一段里程后，用手探试驱动桥壳中部或主减速器壳时异常烫手。

原因：

①齿轮啮合间隙和行星齿轮与半轴齿轮啮合间隙调整过小；

②轴承调整过紧；

③润滑油量不足、变质或牌号不符合要求；

④止推垫片与主减速器从动齿轮背隙过小；

⑤油封过紧和各运动副、轴承润滑不良而产生干、半干摩擦。

故障诊断与排除方法：

局部过热：

①油封处过热，则故障由油封过紧引起；

②轴承处过热，则故障由轴承损坏或调整不当引起；

③油封和轴承处均不过热，则故障由止推垫片与主减速器从动齿轮背隙过小引起。

普遍过热：

①检查齿轮油油面高度：油面太低，则故障由齿轮油油量不足引起；否则检查齿轮油规格、黏度或润滑性能；

②检查结果不符合要求，则故障由齿轮油变质或规格不符引起，否则检查主减速器齿轮啮合间隙大小；

③松开驻车制动器，变速器置于空挡，轻轻转动主减速器的凸缘盘；若转动角度太小，则故障由主减速器齿轮啮合间隙太小引起；若转动角度正常，则故障由行星齿轮与半轴齿轮啮合间隙太小引起。

驱动桥漏油现象：从驱动桥加油口、放油口螺塞处或油封、各接合面处可见到明显漏油痕迹。

原因：

①螺栓多次拆卸导致螺纹孔间隙大；

②通气孔堵塞；

③油封、衬垫等老化、变质；

④螺栓松动导致接合面不严密；

⑤润滑油加注过多，运转中壳体内压增高，使齿轮油渗出；

⑥放油螺栓松动、壳体有铸造缺陷或裂纹；

故障诊断与排除：

根据漏油痕迹部位判断漏油的具体原因，并根据具体的情况进行调整、修理或更换零部件；如齿轮油经主减速器、半轴油封、或衬垫向外渗漏，产生这些现象的主要原因是油封或衬垫损坏或通气孔堵塞等。

5. 车身抖动

(1)如果发现怠速车身抖动明显，那么可能意味着车辆存在下面四种状况：

①油压不稳。如果已经清理过发动机积炭、洗过节气门、换过油垫以及火花塞等，仍然发现怠速时车身抖动，建议到4S店检查燃油供油压力以及进气压力传感器，如果油泵供油压力不正常或进气压力传感器数值错误和工作不良都会引发车身抖动。最好的解决办法是检查油压，必要时更换部件。

②发动机部件或出现老化，像引擎脚老化都有可能使得车身发生抖动。引擎脚其实是发动机的避震系统，引擎脚负责吸收发动机在运转时候的细微抖动，如果引擎脚出现问题，这些震动就会传到方向盘、驾驶室内。解决办法是更换部件。

③发动机节气门过脏或喷油嘴积炭过多引起抖动。当积炭过多时，冷启动喷油头喷出的汽油会被积炭大量吸收，导致冷启动的混合气过稀，启动困难。而着车后吸附在积炭上的汽油又会被发动机的真空吸力吸入汽缸内燃烧，使混合气变浓，发动机的可燃混合气时稀时浓，造成怠速抖动。解决办法则是清洗油路，检查怠速马达是否有积炭应该清洗。

④点火系统问题。检查一下火花塞、高压导线和点火线圈的工作状况，点火系统工作不良，火花塞跳火状况不好同样会导致这类故障现象。

(2)在车辆行驶中发生了车身抖动，或许心细的驾驶员会格外将之放在心上，但是仍并不清楚是什么原因引起的。如果行车上路遇上车身抖动，该如何判断和解决?

①严重抖动可能是钢圈变形，如果在行车过程中，发现车身有轻微的抖动或偏移，首先想到的是轮胎因素。可能是轮胎平衡状况不佳，需要车主尽快去做一个四轮定位和动平衡。

②另一种状况则可能是因为钢圈变形所致，这就需要车主去维修店检查。这种状况一般发生在使用年限较长的车辆身上。一般汽车更换新轮胎、新钢圈时都要做一次轮胎平衡，否则配重不平均时方向盘就容易发生抖动的现象。

③第三种情况是因为传动轴变形不平衡引起，一般这种情况出现在底盘碰撞过的车比较多。

第十二章　混动/电动汽车故障检测与维修

案例一：本田思域混合动力汽车的原理与故障诊断

一、本田思域混合动力系统的组成

思域一体化电机辅助系统(IMA 系统)为并联型混合驱动系统，由主电源装置(汽油发动机)与辅助系统(IMA 电机)构成。

发动机为四缸直列，排量为 1.339L。为减少耗油值，发动机具备 i-DSI 稀薄燃烧控制功能并配备阀中止系统，这样在减速过程中就能减少发动机的泵送损失并增加电能的再生。

IMA 电机直接与发动机曲轴相连接，在减速过程中具备发电功能，辅助发动机驱动车轮。

IMA 系统由 DC158V 蓄电池与空调同步电机、控制系统与相关附件构成。为安全起见，智能动力装置(IPU)位于后排座椅之下。

1. 电机控制模块(MCM)

电机控制模块(MCM)的系统控制电路如图 12-1 所示。

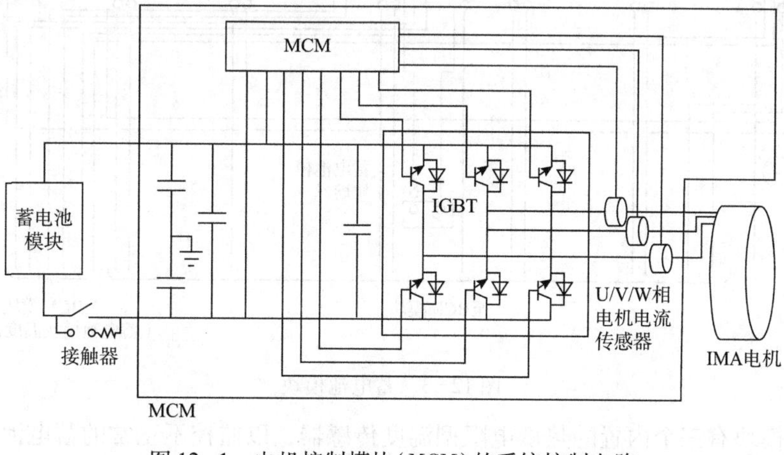

图 12-1　电机控制模块(MCM)的系统控制电路

电机控制模块将158V直流电源转化为三相交流电源，以在辅助过程中运行电机。在发电过程中，电机控制模块将交流电压转换为直流。电机控制模块控制DC－AC的转换，即从IMA蓄电池158V直流转换为IMA电机三相交流，反之亦然。

电机控制模块采用空气冷却方式。散热器散发的热量通过IPU模块风扇排至行李箱与车外。电机控制模块控制IMA电机、辅助系统与再发电的功能。

2. IMA电机

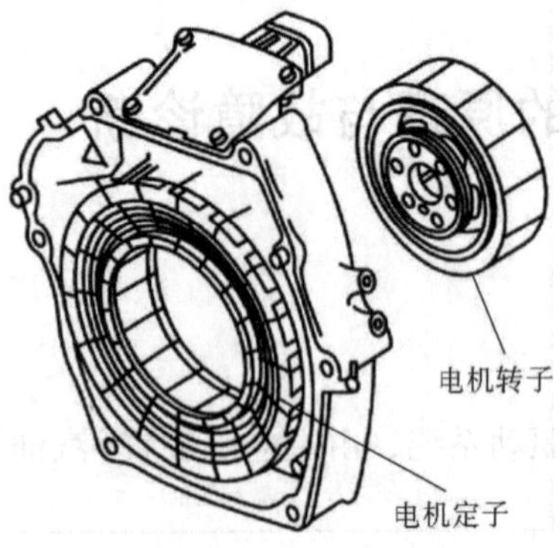

图12－2　IMA电机

IMA电机为交流永磁同步电机，它将电能转化为动能，也能将动能转化为电能(如制动时)。它启动发动机并在车辆加速过程中辅助发动机驱动汽车。

电机位于发动机与变速器之间，由三相线圈定子以及与发动机曲轴直接连接的永磁体转子构成，如图12－2所示。电机转子位置传感器安装在发动机体背部，以检测转子位置。

3. 蓄电池模块

蓄电池重量较轻，Ni－MH(镍金属氢化物)蓄电池为IMA系统提供能量。蓄电池有11个模块，这些模块并联连接，如图12－3所示。每个模块中有12个1.2V的电池。总蓄电池电压标准为158V，最大容量为5.5Ah。

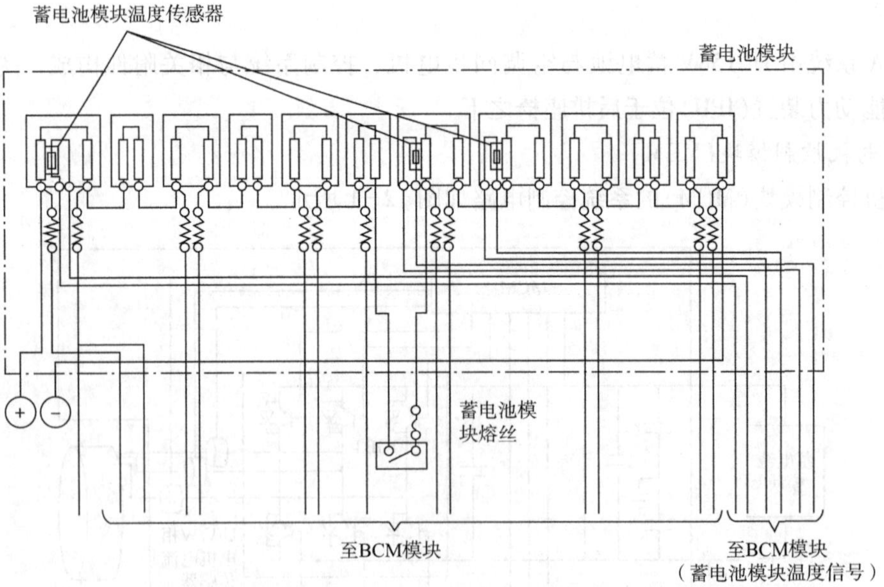

图12－3　蓄电池模块

蓄电池模块有三个内置的热敏电阻型温度传感器，以监控不正常的蓄电池状态。

4. 蓄电池模块开关

蓄电池模块开关与蓄电池模块熔丝串联连接。进行维修、需要在高压电路或在其周围进行检查时，应关闭蓄电池模块开关。

5. 接线板

接线板安装在蓄电池模块上，将高压电能分布至IMA系统。接线板上有插头、旁通电阻器与蓄电池电流传感器等，如图12-4所示。

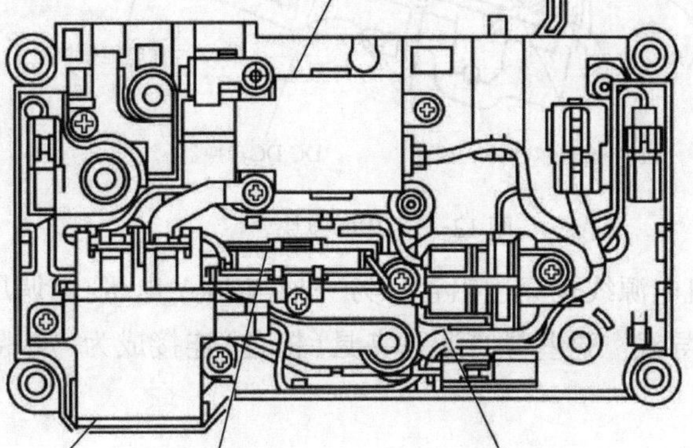

图12-4　接线板

6. DC/DC 转换器

电气系统使用DC/DC转换器而非交流发电机，保持12V的蓄电池电压。转换器将直流高电压转换为直流低电压，转换过程中几乎不会损失能量。如果12V系统中出现故障，则DC/DC转换器点亮充电系统指示灯，通过BCM模块向仪表控制模块(转速表)发送信号。

DC/DC转换器有温度监测系统，如果温度过高，则它将发送信号至BCM模块。必要时，BCM模块将发送信号关闭DC/DC转换器。

DC/DC转换器产生的热量通过IPU模块风扇排放至行李箱。

DC/DC转换器也可导致PGM-FI与/或IMA故障码。

7. IPU 模块风扇

在执行辅助/再发电功能时，蓄电池模块、MCM、空调压缩机驱动器与DC/DC转换器等会产生热量。IPU配备风扇以将其冷却，确保蓄电池的性能并保护系统，如图12-5所示。风扇配备由BCM模块控制的控制电路与旋转传感器。冷空气从后托架处抽入蓄电池模块内。然后通过MCM散热器、DC/DC转换器与空调压缩机驱动器散热器排入行李箱与车外。

8. 电源线

IMA电机电源线连接IMA电机与电机控制模块(MCM)。导线穿过铝管，以防止损坏

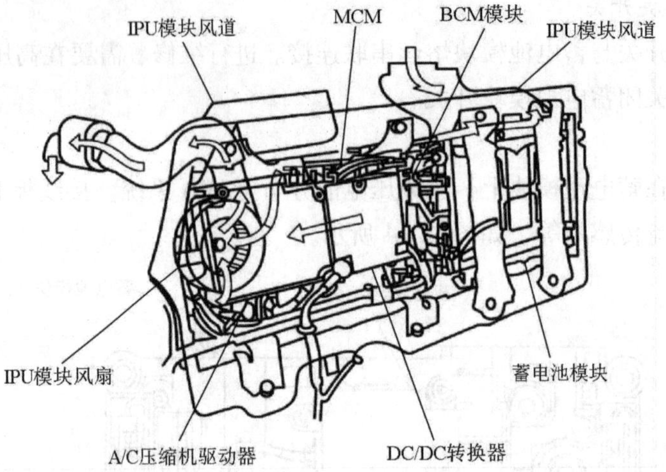

图 12-5 IPU 模块

或产生噪声。空调压缩机电源线也穿过铝管。另一根与 IMA 电机/空调压缩机导管平行的铝管罩住 DC/DC 转换器导线。这些导管通过夹具(橙色)连接成为一根导管，并安装在车辆下，如图 12-6 所示。

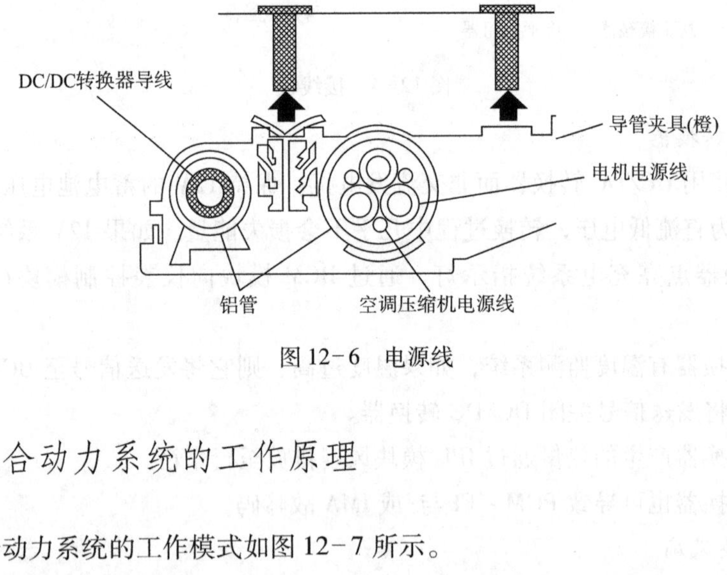

图 12-6 电源线

二、混合动力系统的工作原理

思域混合动力系统的工作模式如图 12-7 所示。

1. *发动机启动*

IMA 系统驱动 IMA 电机，正常启动发动机并在自动停止之后重新启动发动机，如图 12-8 所示。IMA 电机与发动机曲轴直接相连，所以它比 12V 启动机更加安静。如果 IMA 系统发生故障，如蓄电池模块充电状态低、温度低、IMA 系统故障等，PCM 接收 MC 梦的信号并使用 12V 启动机启动发动机。

2. *车辆加速状态*

在加速过程中，蓄电池模块为 IMA 电机供电，电机产生 103N · m 的最大转矩以辅助

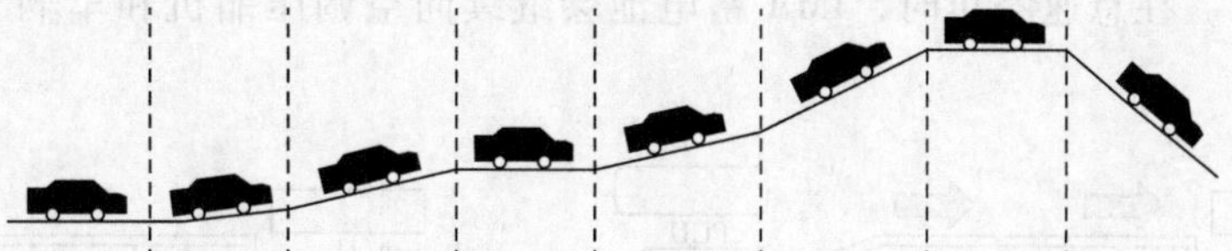

驾驶类型	停止	开始运行	缓慢加速	低速巡航	加速	迅速加速	高速巡航	减速
发动机	怠速停止	低升程	低升程	气门关闭	低升程	高升程	低升程	气门关闭
IMA电机	停止	辅助	停止	仅电机	辅助	辅助	停止	充电
辅助量（仪表）	辅助 充电	辅助 充电	辅助 充电	辅助 充电	辅助 充电	辅助 充电	辅助 充电	辅助 充电

图 12-7　思域混合动力系统的工作模式

发动机。PCM 与 MCM 通信以控制蓄电池模块 SOC 在规定的范围内。当蓄电池模块 SOC 低于规定范围时，MCM 停止辅助功能并防止放电过量或损坏蓄电池。发动机过冷或过热时，辅助功能失效，这样可以允许使用较小排量的发动机，从而提高燃油经济性。车辆加速时的工况如图 12-9 所示。

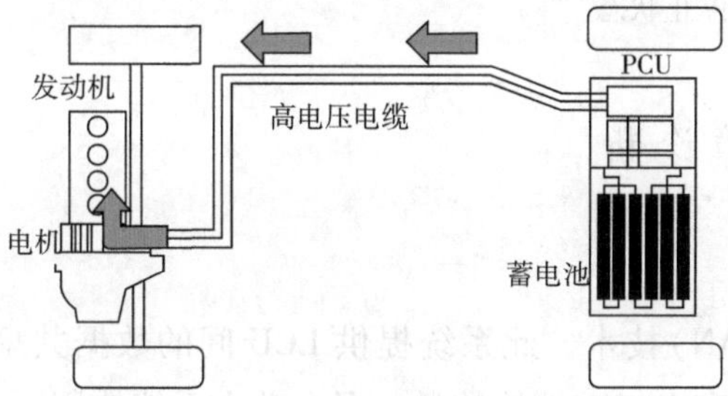

图 12-8　正常的发动机启动工况

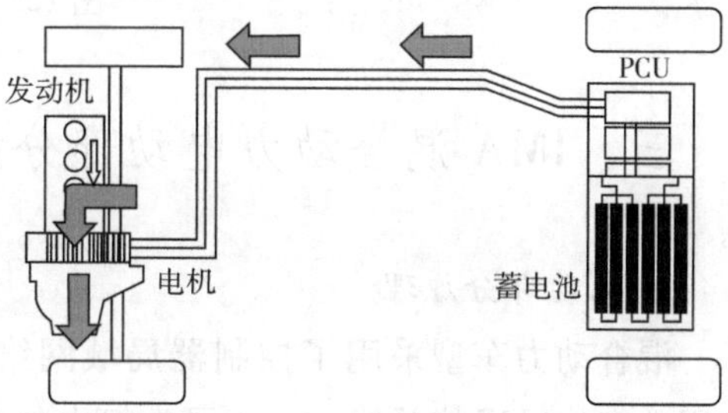

图 12-9　车辆加速工况

3. 低速巡航状态

思域混合动力轿车在低速巡航状态时，汽油发动机“滑行”，车辆仅由 IMA 电机提供动力，如图 12-10 所示。车辆行驶速度必须在 10～50km/h 之间且发动机转速小于 1000r/min 时才能够进入此模式。进入或退出此模式时，乘客将不会觉察出变化。

4. 减速状态

在减速过程中，IMA 电机由车轮驱动，并具备发电功能。在制动过程中，它将动能转换成电能并存储在 IMA 蓄电池中。当蓄电池模块电量充足时再发电停止，以防止蓄电池充电过量。减速工况如图 12-11 所示。

5. 停止状态

当车辆停止时，发动机会进入怠速停止模式并完全关闭，从而达到节油的目的，如图

12－12 所示。在怠速停止时，IMA 蓄电池会继续向空调压缩机和车辆 12V 电气系统提供电能。

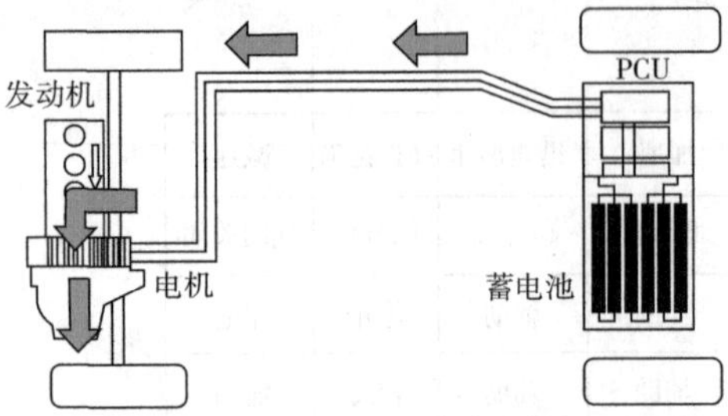

图 12－10　低速巡航状态

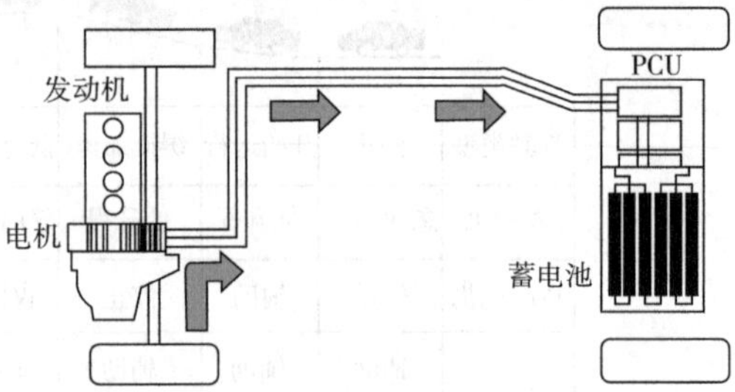

图 12－11　减速工况

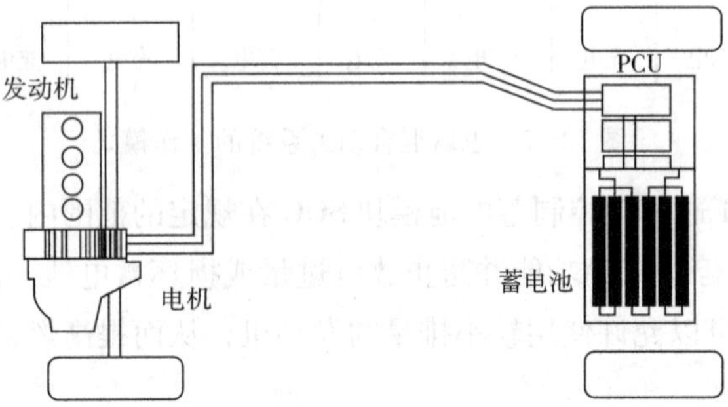

图 12－12　停止状态

三、IMA 混合动力电动部分故障诊断

1. 电动部分原理

混合动力车型采用了控制器局域网络（CAN）技术，此系统提供 ECU 间的数据共享，采用数字信号通信总线，减少了车辆电气线束和电气零件的数量。混合动力系统使用了多个控制单元，如图 12－13 所示，每个 ECU 都放置在发动机舱内。与传统汽车相比，除了 FI、CVT 控制系统外，还增加了 IMA 的管理功能。蓄电池 FCU 位于智能动力单元（IPU）内，并且可对 IMA 蓄电池进行各种管理。MOT 的 ECU 位于 IPU 内并且与动力驱动单元（PDU）集成以减少尺寸。

本田 IMA 系统组成如图 12－14 所示，IMA－GAN 用于 IPU 中 ECU 之间的信息共享，以及 IMA 系统与 ECWPCM 之间的继电器信息共享。

2. IMA 系统故障码诊断程序

DTC P0562（15）：BCM 模块系统电压低

说明：

为了验证此故障处理程序是否合适，使用本田诊断系统（HDS）短接 SCS 线并读取闪烁代码，或更改 HDS 程序以显示并读取 HM 代码。

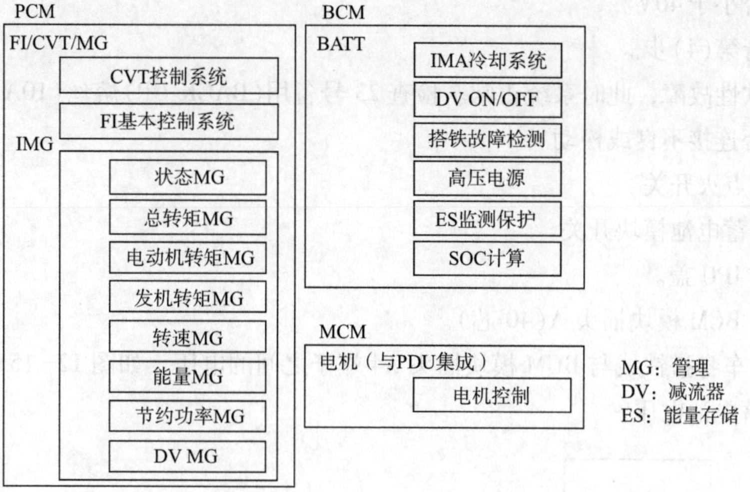

图 12-13　本田混合动力系统控制单元

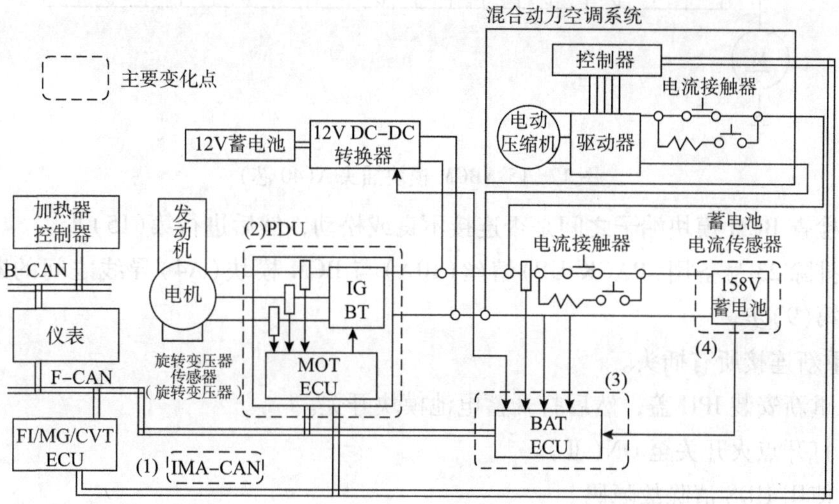

图 12-14　本田 IMA 系统组成

进行故障处理前，应记录所有冻结数据，并查阅一般故障处理信息。

诊断程序如下：

(1)检查仪表板下熔丝/继电器盒内的 23 号备用(BACK UP)熔丝(10A)。

熔丝是否正常?

是，进行第(2)步。

否，排除 23 号备用(BACK UP)熔丝(10A)与 BCM 模块(A4)导线之间的短路故障，同时更换 23 号备用(BACK UP)熔丝(10A)，然后进行第(9)步。

(2)打开点火开关至 ON(Ⅱ)。

(3)使用 HDS 检查数据表(DATA LIST)内的 BCM 备用电压(BACK UP VOLTAGE)。

电压是否小于40V？

是，进行第(4)步。

否，间歇性故障，此时系统正常。检查23号备用(BACK UP)熔丝(10A)与BCM模块导线之间是否连接不良或松动。

(4)关闭点火开关。

(5)关闭蓄电池模块开关。

(6)拆下IPU盖。

(7)断开BCM模块插头A(40芯)。

(8)测量车身搭铁线与BCM模块插头A4端子之间的电压，如图12-15所示。

是否为蓄电池电压？

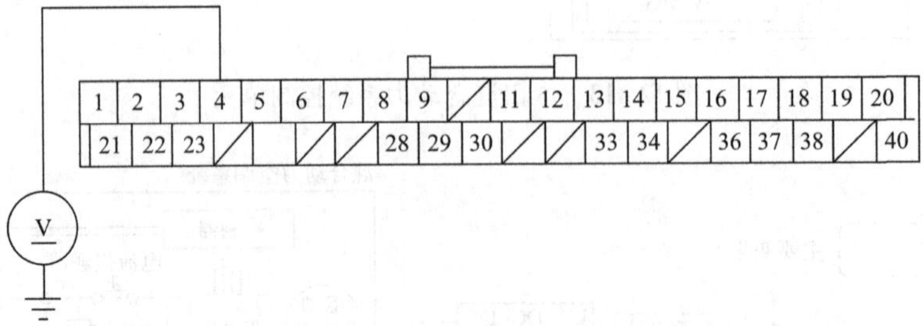

图12-15　BCM模块插头A(40芯)

是，检查BCM模块端子之间是否连接不良或松动，然后进行第(15)步。

否，排除23号备用(BACK UP)熔丝(10A)与BCM模块(A4)导线之间的断路故障，然后进行第(9)步。

(9)重新连接所有插头。

(10)重新安装IPU盖，然后打开蓄电池模块开关。

(11)打开点火开关至ON(Ⅱ)。

(12)使用HDS清除故障码。

(13)使用HDS检查故障码。

是否显示故障码P0562(15)？

是，检查23号备用(BACK UP)熔丝(10A)与BCM模块端子之间是否连接不良或松动，然后进行第(1)步。

否，进行第(14)步。

使用HDS在DTC菜单(DTC MENU)中检测DTC P0562(15)的OBD状态(OBD STA)。屏幕是否显示通过(PASSED)？

是，故障处理完成。如果在第(13)步显示临时故障码，则排除显示的故障码故障。

否，如果屏幕显示未通过(FAILED)，则检查23号备用(BACK UP)熔丝(10A)与BCM模块端子之间是否连接不良或松动，然后进行第(1)步。如果屏幕显示未完成(NOT COMPLETED)，则保持打开点火开关至ON(Ⅱ)直至结果出现。

(14)重新连接所有插头。

(15)重新安装 IPU 盖，然后打开蓄电池模块开关。

(16)如果 BCM 不是最新版软件，则升级 BCM 或使用运行良好的 BCM 替换。

(17)打开点火开关至 ON(Ⅱ)。

(18)使用 HDS 检查临时故障码或故障码。

(19)是否显示故障码 F9562(15)?

是，检查23号备用(BACK UP)熔丝(10A)与 BCM 模块端子之间是否连接不良或松动。

如果 BCM 模块已升级，则使用运行良好的 BCM 模块替换．然后进行第(18)步。如果已替换 BCM 模块，则进行第(1)步。

否，进行第(20)步。

(20)使用 HDS 在 DTC 菜单(DTC MENU)中检测故障码 P9562(15)的 OBD 状态(OBD STA_ RUS)。屏幕是否显示通过(PASSED)?

是，如果 BCM 模块已升级，则故障处理完成。如果 BCM 模块已替换，则更换原来的 BCM 模块。如果在第(19)步显示其他临时故障码或故障码，则排除显示的故障码故障。

否，如果屏幕显示未通过(FAILED)，则检查23号备用(BACK UP)熔丝(10A)与 BCM 模块端子之间是否连接不良或松动。如果 BCM 模块已升级，则使用运行良好的 BCM 模块替换，然后进行第(18)步。如果已替换 BCM 模块，则进行第(1)步。如果屏幕显示未完成(NOT COMPLETED)，则保持打开点火开关至 ON(Ⅱ)直至结果出现。

四、混合动力制动系统故障诊断

1. 制动系统原理

混合动力车辆为了满足其独特要求，引入了新型制动系统。当混合动力车辆制动时，IMA 电机作为发电机，产生再生制动力，同时驾驶人踩制动踏板产生液压制动力。为了保持适当的踏板感和制动特性，这两种制动力必须保持平衡。过去的本田混合动力车辆的再生制动力是一个固定值，大部分制动力由液压制动系统提供。新型的先进液压助力系统通过调节液压制动助力，允许再生制动力可变，以平衡这两种制动力。制动力分配曲线如图12-16 所示。新型的制动系统通过重新获得过去车辆以制动形式损失的能量，使 IMA 蓄电池可最大程度地充电。

2. 主要部件和功能

液压助力系统组成及踏板行程传感器如图 12-17 和图 12-18 所示。

伺服单元如图 12-19 所示，调节器产生的调节压力与踏板力比较如图 12-20 所示。

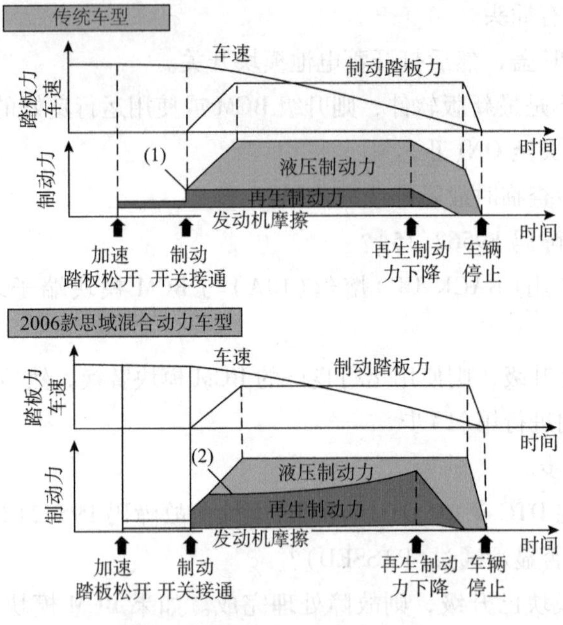

图 12-16　混合动力车辆制动力

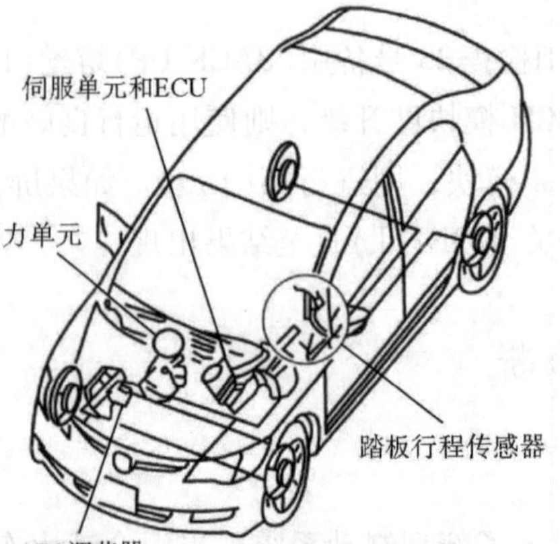

图 12-17　液压助力系统组成

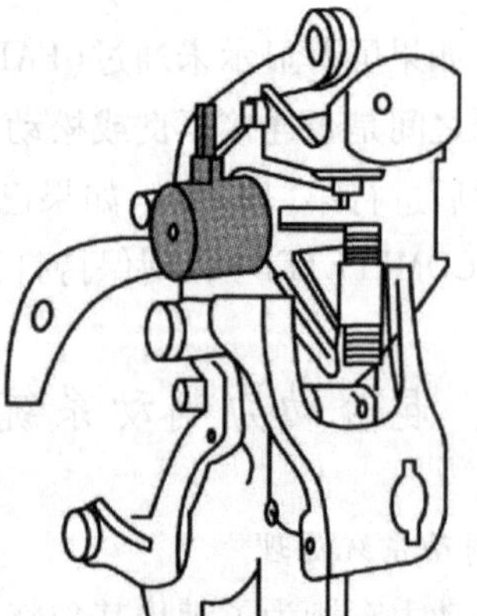

图 12-18　踏板行程传感器

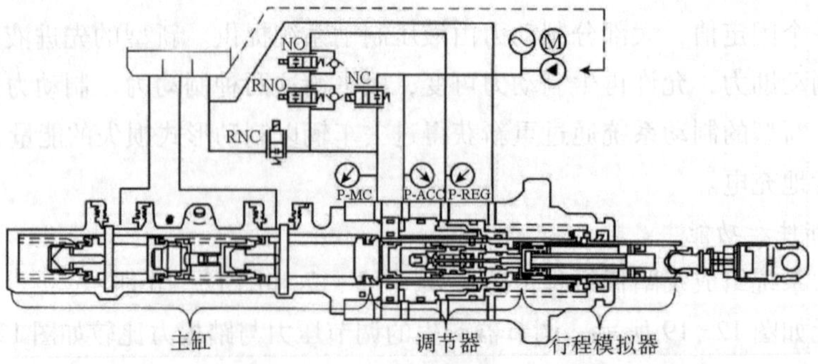

图 12-19　伺服单元

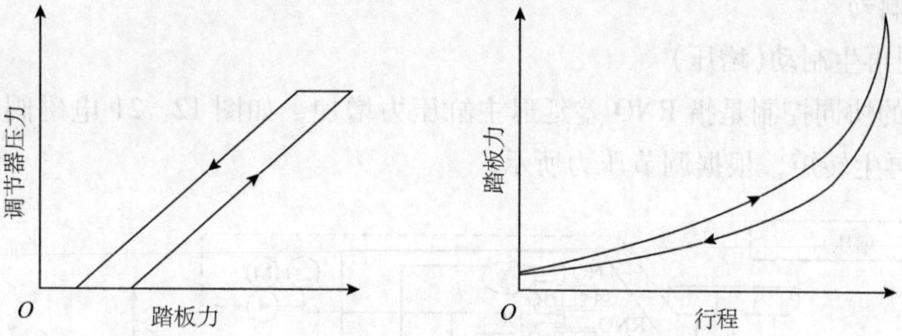

图 12-20 调节器产生的调节压力与踏板力成正比

表 12-1 故障描述

故障描述	系统警告灯	制动警告灯	警告蜂鸣器	电机驱动(助力功能)		液压控制(再生协同 CASBA)	车辆状况
				主电路	分电路		
·主 CPU 异常	亮	亮	报警	不运行	运行	不能控制	CONV 制动性能正常 当 CONV 不受控制时，警告灯点亮/蜂鸣器鸣响
·动力单元故障 ·电源电压升高/降低 ·伺服机构故障等	亮	亮	报警	不运行	不运行	不能控制	CONV 制动性能下降(动力损失)
·蓄能器压力传感器异常等	亮	亮	报警	运行	运行	不能控制	电机根据预定的时间表 ON/OFF，与蓄能器压力无关。蓄能器压力下降。最恶劣的情况是失去动力
·电机分电路异常	亮			运行	不运行	不能控制	CONV 制动性能正常
·电机主电路异常				不运行	运行		
·电磁阀异常 ·调节器压力传感器异常 ·主缸压力传感器异常 ·行程传感器异常 ·CAN 通信异常等	亮			运行	运行	不能控制	CONV 制动性能正常

如果伺服操作失败，止动器将阻塞模拟器油路并控制行程，使车辆回到常规制动。

3. 再生制动

(1)协同再生制动(增压)

带 IMA 的协同控制是指 RNO 差延迟主缸压力增加，如图 12-21 电磁阀调节压力差，使其等同于再生转矩，根据调节压力所示。

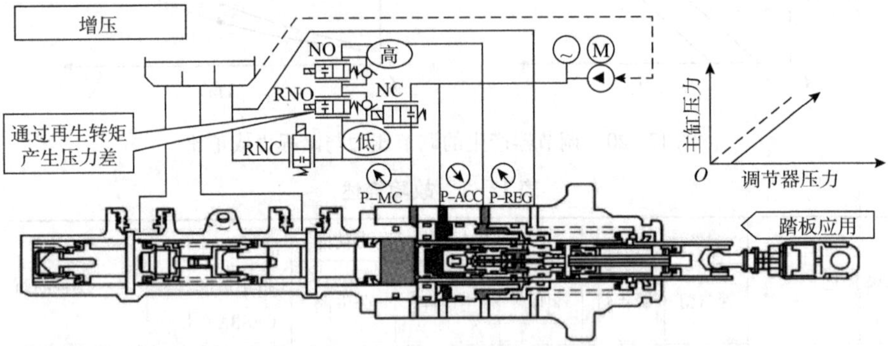

图 12-21 协同再生制动(增压)

(2)协同再生制动(减压)

带 IMA 的协同控制是指 RNO 电磁阀将主缸压力释放至储液罐，根据调节压力加快主缸压力下降，如图 12-22 所示。

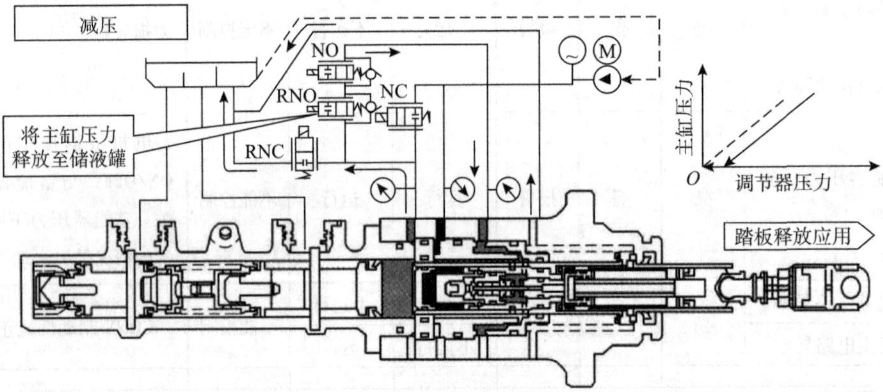

图 12-22 协同再生制动(减压)

IMA 根据电机转速和再生制动转矩(制动力)计算出电机的最大转矩，用于加速踏板松开时的再生制动，并将再生转矩极限值发送到伺服制动系统的 ECU，计算出等同于再生量的主缸减压量和目标油液压力。伺服制动系统的 ECU 控制主缸的油液压力，计算所需的再生转矩并发送到 IMA 端。

(3)CAS 控制

慢行辅助系统(CAS)控制是指伺服制动的 ECU 通过 NO 电磁阀的线性驱动来控制主缸压力。伺服制动的 ECU 基于 CVT 向 CAS 发出的操作请求来决定 CAS 的工作类型，并保持或释放制动压力。

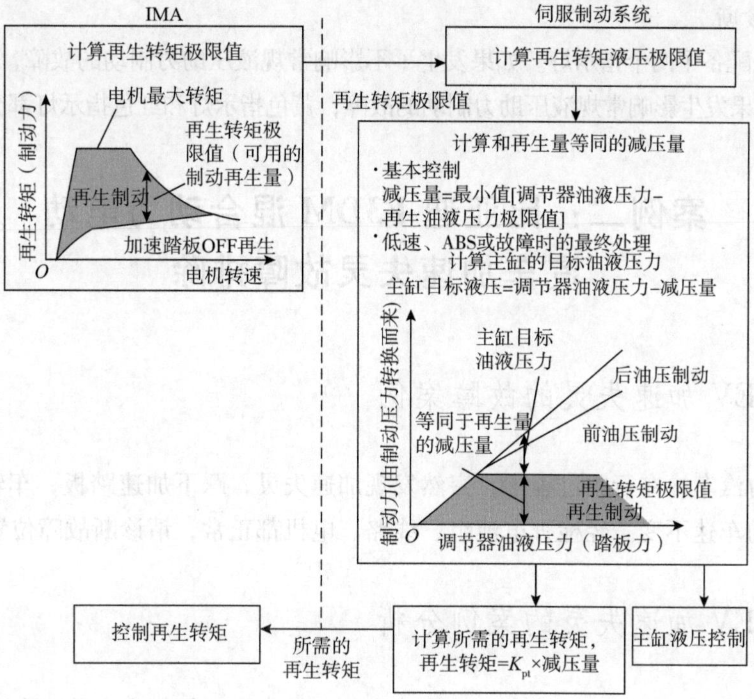

图 12-23　协同再生控制计算

车辆上坡施加制动时，制动开关打开。在车辆减速且停止前，CVT 向 CAS 发出请求，使车辆轻载慢行。当松开制动踏板重新启动时，制动液压力开始下降，但保持了等同于慢行的制动压力。当踩下加速踏板产生驱动力时，它改变了制动力，使车辆前行。CAS 控制如图 12-24 所示。

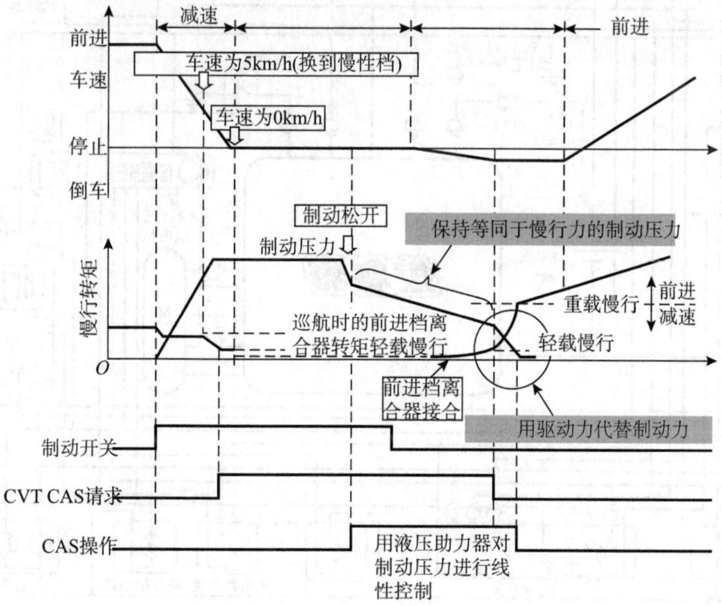

图 12-24　CAS 控制

4. 故障诊断

制动系统配备了两个指示灯。如果发生了不影响常规液压助力制动的故障，黄色制动系统指示灯亮；如果发生影响常规液压助力制动的故障，黄色指示灯和红色指示灯都会亮。

案例二：比亚迪 F3DM 混合动力电动汽车加速失灵故障排除

一、HEV 加速失灵的故障案例

混合动力汽车，在行驶过程中，突然发现加速失灵，踩下加速踏板，车辆行驶速度依然保持原来的车速不变。经检查电池组、线路、电机都正常，请诊断故障位置并检测。

二、HEV 加速失灵的案例分析

根据混合动力电动汽车加速失灵的故障案例，结合上述知识和电路(图 12－25)，可以分析到故障发生在 HEV 的加速踏板位移传感器上。可能原因是，加速踏板位移传感器滑动电位器的电刷有局部短路或接地，引起无法调速。

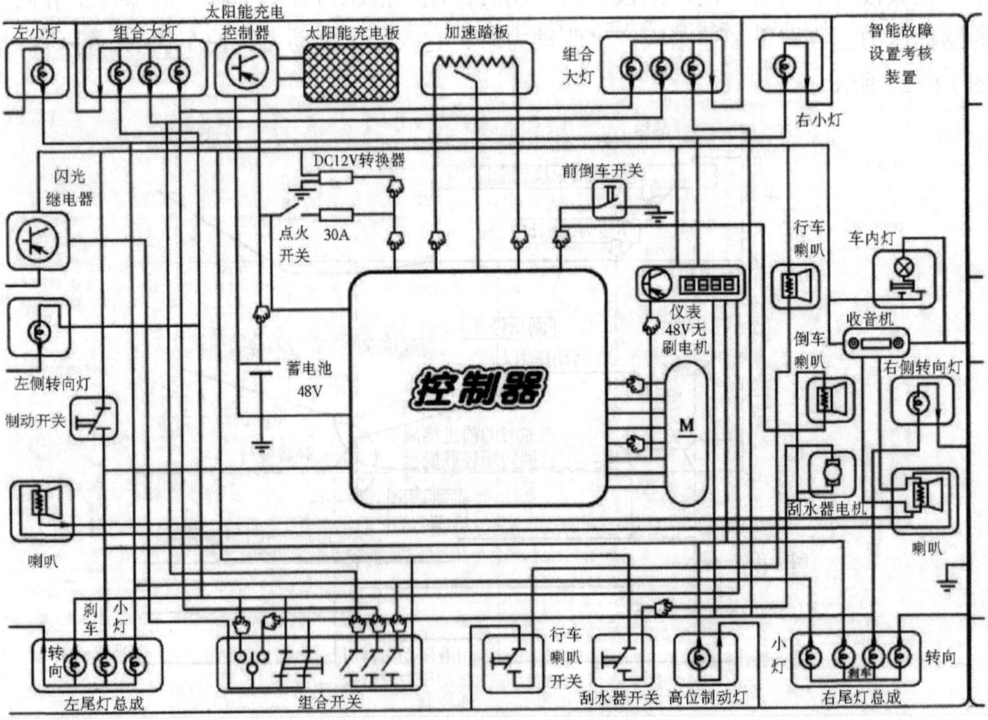

图 12－25　MZ－A01－H01－A01 混合动力汽车实验台电路图

加速踏板位移传感器安装在加速踏板下(图 12-26)，传感器内采用了电位计结构(图 12-27)，计算机供给传感器电路 5V 电压，加速踏板通过转轴与传感器内部的滑动电位器的电刷连接，加速踏板的位置改变时，电刷与接地端的电压就发生改变，ECU 内部的受压电路将该电压转变成加速踏板的位置信号，再根据 ECU 存储的脉谱图和该电压算出加速踏板的位置，进而控制电机输出电流，一旦失灵，信号无法送出，就会导致车辆无法行驶。

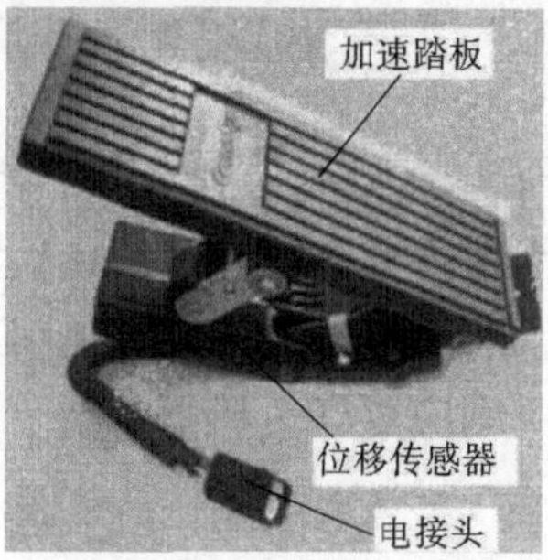

图 12-26　加速踏板与位移传感器

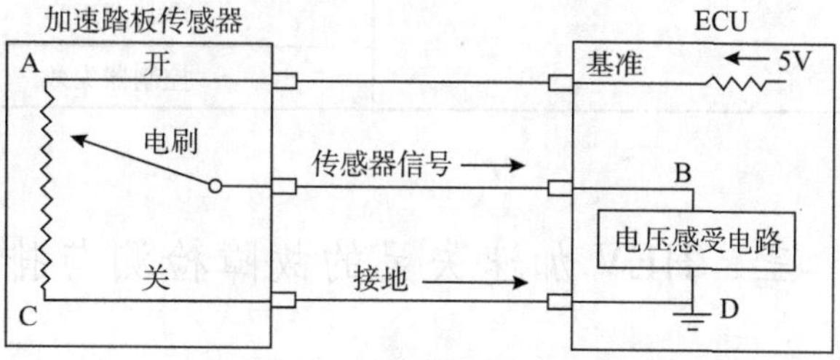

图 12-27　加速踏板位移传感器电路

HEV 动力系统一般常见故障见表 12-2，由于 HEV 动力系统的多样性，具体故障问题应该具体分析。

表 12-2　HEV 动力系统一般常见故障

故障征象	故障原因	故障处理
车辆不能行驶	熔丝或烧坏	更换
	开关坏	更换
	导线断路、短路、接地或接触不良	检查更换
	蓄电池组亏电	充电
	加速踏板电位器损坏	更换
	ECU 或控制器失效	检测维修或更换
	电机损坏	检测维修或更换
车辆在爬坡时行驶缓慢至停止	车辆过载或电池电量不足	减轻负载、充电
车辆刚起步就进入全速行驶	控制器损坏	检测维修或更换
	主接触器触点常闭合	维修或更换
	加速踏板电位器损坏	更换
车起步后就不动	电机卡死	检测维修或更换
	控制器损坏	检测维修或更换
	加速踏板电位器损坏	更换
低速正常，全速无力	控制器损坏	更换
	电机故障	检测维修或更换
	加速踏板电位器损坏	更换

续表

故障征象	故障原因	故障处理
行驶有异响	控制器未调好或损坏	调整、维修或更换
	电机轴承损坏	维修或更换
整车或部分辅助电设备不工作	辅助电设备熔丝或继电器损坏	更换熔丝，修复继电器
仪表板显示温度过高	电池冷却鼓风机损坏	维修或更换鼓风机
	温度传感器损坏、老化、变质	更换传感器
	严重超载	减负至规定值
	冷却液不足	按规定添加
	控制器失效	检测维修或更换

三、HEV加速失灵的故障检测与排除

1. 传感器电位器A、C电阻测量

从加速踏板传感器上拆下连接器，将专用的连接器安装到传感器上(图12-28)表测量A、C端子电阻(图12-29)。要求释放加速踏板时，电阻值为1500～3000Ω；踩下加速踏板时，电阻值为250～1500Ω。若电阻值不在规定范围内，则应更换传感器。

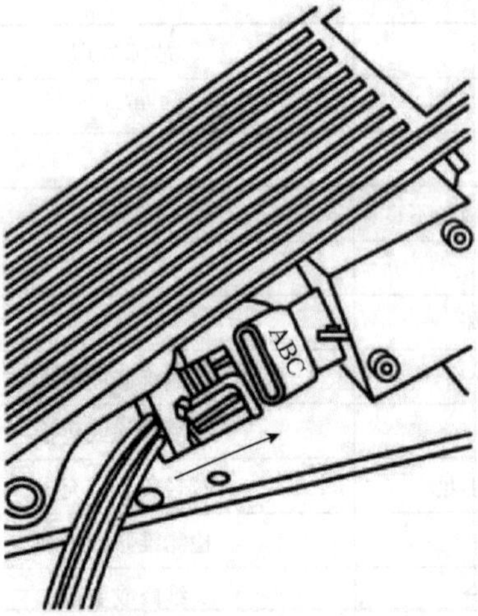

图12-28 连接专用连接器

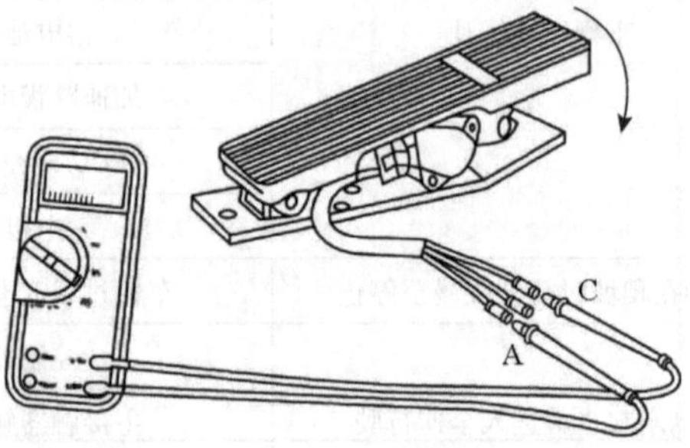

图12-29 测量A、C间电阻

2. 传感器电位器B、C电阻测量

用万用表测量B、C端子之间的电阻值。要求释放加速踏板时，电阻值为1500～3000Ω；踩下加速踏板时，电阻值为250～1500Ω(图12-30)。若电阻值不在规定范围内，则应更换传感器。

3. 检查是否存在短路接地

用万用表的一个表笔分别与A、B、C相连，另一表笔接地(图12-31)，万用表应显

示开路，若电阻值不在规定范围内，说明传感器有故障，应当更换。

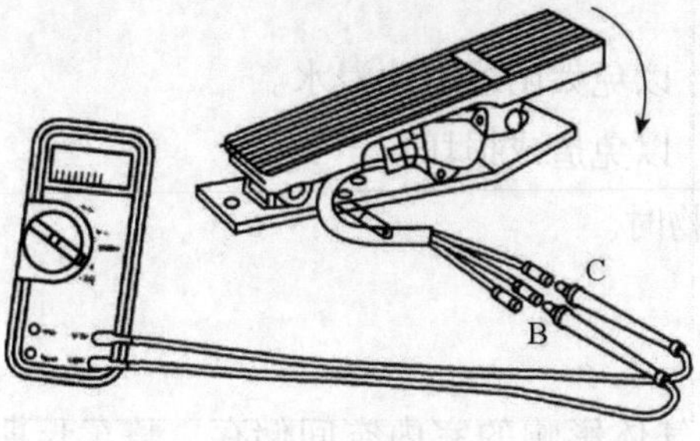

图 12-30 测量 B、C 间电阻

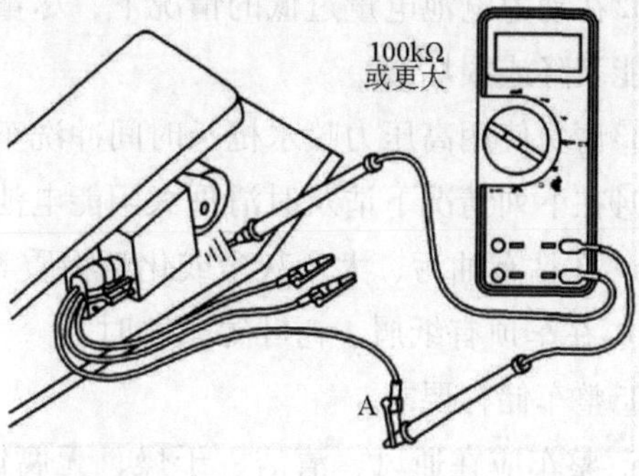

图 12-31 测量 A 的接地电阻

四、HEV 的使用维护

不同型号汽车使用维护方法有所不同，下面以比亚迪 F3DM 汽车为例进行介绍。

1. 混合动力汽车的使用

(1)使用注意事项

①车辆在停止后，请勿立即接触控制壳体、发动机等高温部件，以免烫伤。

②在充电时，将车停在通风的地方。

③车辆安装有动力电池，在雪天雨天的路面行驶，应躲避凹坑、积水路面，避免车辆进水。

④因为动力电池本身受环境温度以及人员操作影响明显，在电量较低时，SOC 显示值与真实值误差较大。动力电池管理器拥有消除此误差的修正功能，所以在电量较低情况下，有可能存在一定电量的跳变情况，此为整车正常修正功能，并非故障。

⑤与传动燃油汽车不同，电动汽车蓄电池放置在后行李箱护板内，若需要更换电池时，将钥匙打到 OFF 位置，拆开护板，并拔掉后行李箱紧急维修开关。

⑥为了保证车辆的优良驾驶性能，低燃油位警告灯点亮时，请及时加注燃油，当 SOC 低于 10% 时，请及时充电。

⑦车辆底部装有动力电池包，行驶时请注意绕开凹凸不平路面和路面上的坚硬障碍物(例如路中突出的石头等)，以免电池包受到磕碰损坏。

⑧请勿在温度低于零下 10℃ 的环境中使用。

⑨橙色线束均为高压线，非专业人员请不要接触此类线束。如要对有高压标记零部件进行操作请务必穿戴绝缘手套(手套耐压 500V 以上)。

⑩车辆在潮湿路面上行驶时，应避开积水较多的路面，防止大量水进入发动机室、动力电池包或高压电器，导致车辆发动机、动力电池包和电气部件受到损坏。

⑪长期存放不使用的车辆，请务必在存放前将动力电池充满。否则，会引启动力电池

过放，导致动力电池性能下降或损坏。

⑫在动力电池电量过低的情况下，尽量避免频繁加速或长时间高速行驶，以致动力电池性能下降或损坏。

⑬请勿使用高压力喷水枪长时间冲洗车顶，以免太阳能电池浸水。

⑭在下列情况下请及时清理太阳能电池板，以免造成损坏：

a. 在粘有油污、大量灰尘或化学物质等脏物时。

b. 在车顶有纸屑、树叶等杂物时。

⑮整车储存要求

a. 整车应在通风、清洁、干燥、无腐蚀性气体影响的室内空间储存。整车长期储存（储存时间超过6个月），需完全断电，厂家推荐储存在50% SOC荷电态下储存，储存环境湿度不低于95% RH。

b. 整车储存期间应避免阳光直射暴晒，整车底盘距离热源不得少于2cm。

c. 整车储存期间，电量应大于40%，储存期间每6个月应至少进行一次补充充电，慢充至电量超过50%。

(2)使用节能口诀

节能驾驶有口诀，匀速行驶是王道；轻抬刹车缓加速，避免急刹须做到；

上班下班短途跑，纯电行驶刚刚好；爬坡高速免不了，混合模式最为好；

及时充电要做好，避免低压高速跑；零下十度不宜跑，每周充电不可少；

电动汽车做得好，全靠程序控制巧，及时升级车大脑，性能优越比不了；

车辆故障要减少，定期保养要做好；音响灯光控制好，电器加装不要搞；

少开空调多通风，节能健康又环保；电动汽车满街跑，低碳环保都夸好。

(3)模式切换方法

①车辆无法自动切换成纯电动模式时，应该分析原因，根据电池电量做出合适的选择。

②EV和HEV开关是用来切换纯电动模式和混合动力模式的，按钮上的灯表明车辆正在以相应的模式运行。一般情况下，按下EV开关后，EV指示灯开关会点亮，整车会切换到纯电动模式下运行。

③车辆启动时，EV和HEV具有记忆效应，会执行上一次车辆停车时的状态。若电量很高时，车辆在HEV模式下发动机可能不会启动。

④DM系统会根据驾驶时的实际情况和电量来判断是否切换成混合动力模式，急加速或电量不足时，DM系统都可能自动切换成混合动力模式。

⑤车辆在纯电动模式行驶时，要特别注意车辆周边的情况，因纯电动模式声音较小，应避免车辆不易被察觉而发生意外事故。

(4)注视仪表板警告标志

①当发动机冷却液温度过高时，冷却液温度警告灯会点亮，同时显示“冷却液温度

过高”，表示发动机冷却液温度过高，必须停车检查或直接联系销售店进行专业检查维修。

②在车辆处于纯电动模式下工作时，转速表无指示转速为正常现象，转速表指示为发动机转速，车辆处于混合动力时，转速表工作。当电源挡位处于 ON 位置时，此表指示整车的功率。当功率表指示为负值时，表示整车处于能量回馈，不表示车辆存在故障。

③动力系统故障指示灯。当点火钥匙打到 ON 位置时，动力系统故障指示灯点亮。如果动力系统工作正常，则几秒钟后此灯熄灭。如果动力系统发生故障，或当点火钥匙打到 ON 位置时，此灯不亮或持续发亮，或驾驶中此灯点亮，都说明动力系统有故障。

注意：不要在警告灯点亮的状态下驾驶车辆，即使是一小段距离，否则将毁坏整车动力系统。

④DC－DC 故障指示灯。DC－DC 系统存在故障时，当点火钥匙打到 ON 位置时，此灯不亮或持续发亮或驾驶中此灯点亮。

⑤动力电池故障警告灯 BAT。如果发生点火钥匙打到 ON 位置时，此灯持续发亮或驾驶中此灯点亮，则表示由警告灯系统监控的部件中发生故障。

⑥电机故障警告灯。如果当点火钥匙打到 ON 位置时，此灯不亮或持续发亮或驾驶中此灯点亮，则表示由警告灯系统监控的部件发生故障。

(5)充电装置的使用车辆停放好后，将钥匙打到 OFF 位置，取出充电线，打开充电口盖，再将电源插头插入充电口，再将电源插头插入充电桩插座或充电盒(指定插座)，确定正确连接后，接通电源，此时车辆将自动进入充电状态。充电开始后，行李箱会有轻微的充电器风扇工作声音，这时请观察组合仪表显示充电，则表明充电正常进行。

充电结束后，首先将电源关闭，拔出电源插头，然后按住充电插头上按钮，缓慢地将充电插头从充电口中拔出并将充电线收好。

为了防止充电时线束发热，充电时禁止将有关充电线束(充电线或电源线)卷绕、包裹等，应将线束自然散开。

2. F3DM 汽车混合动力汽车的维护

F3DM 汽车的维护见表 12－3。

表 12－3　F3DM 汽车混合动力汽车的维护

保养间隔 / 保养项目		总里程和表读数或月数，以先到者为准																
	里程/1000km			3	8	13	18	23	28	33	38	43	48	53	58	63	68	73
	月数	首保			6	9	12	15	18	21	24	27	30	33	36	39	42	45
检查蓄电池		I		I		I		I		I		I		I		I		
检查发电机和电动机润滑油	一般使用条件	I	R			R		I		R		I		R		I		
	严酷使用条件	R：视需要缩短周期																

案例三：普锐斯混合动力汽车起步、行驶窜动的故障排除

一、普锐斯 HEV 起步、行驶窜动的故障案例

车辆挂入前进挡时，踩下加速踏板，车辆行驶窜动，挂倒挡，行驶窜动加剧。

勉强行驶中，车辆打滑，面板指示灯闪烁。车速达到35km/h 时，VSC OFF 指示灯亮，混合动力监视系统报警，车辆自动由 D 位回到 N 位，再挂 D 位，无法入挡。

二、普锐斯 HEV 动力系统结构组成

丰田普锐斯(PRIUS)动力系统主要由发动机、发电机、驱动电机、蓄电池组和一些传动机构组成(图 12-32)。发动机采用 1NZ－FXEI. 5L 汽油发动机；驱动桥内含 500V 交流永磁同步电机。丰田混合动力系统组成如图 12-33 所示。

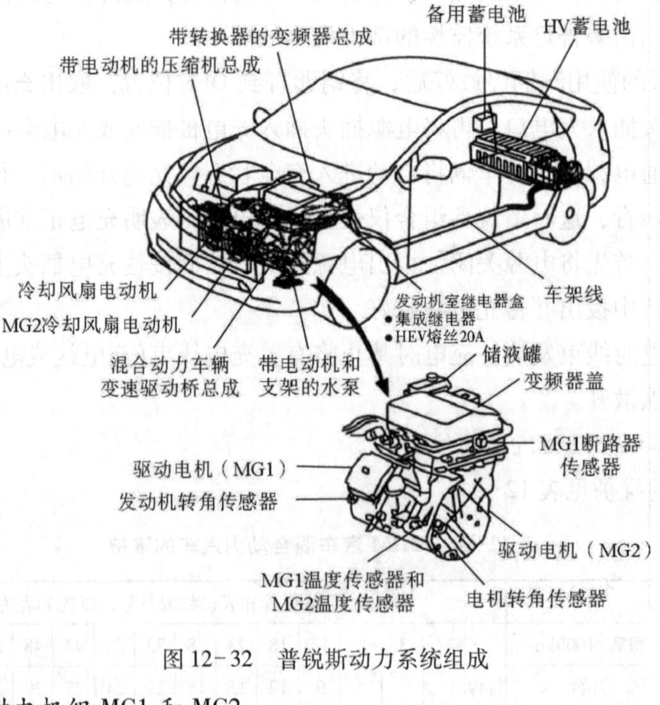

图 12-32　普锐斯动力系统组成

发电机－驱动电机组 MG1 和 MG2

(1)MG1 和 MG2 的作用　MG1 和 MG2 用来驱动车辆、发电和提供再生制动。再生制动过程中，MG2 将车辆的动能转换为电能，并存储到 HEV 蓄电池内。MG1 对 HEV 蓄电池再充电并供电以驱动 MG2，此外，通过调节发电量(改变发电机转速)，MG1 有效地控制

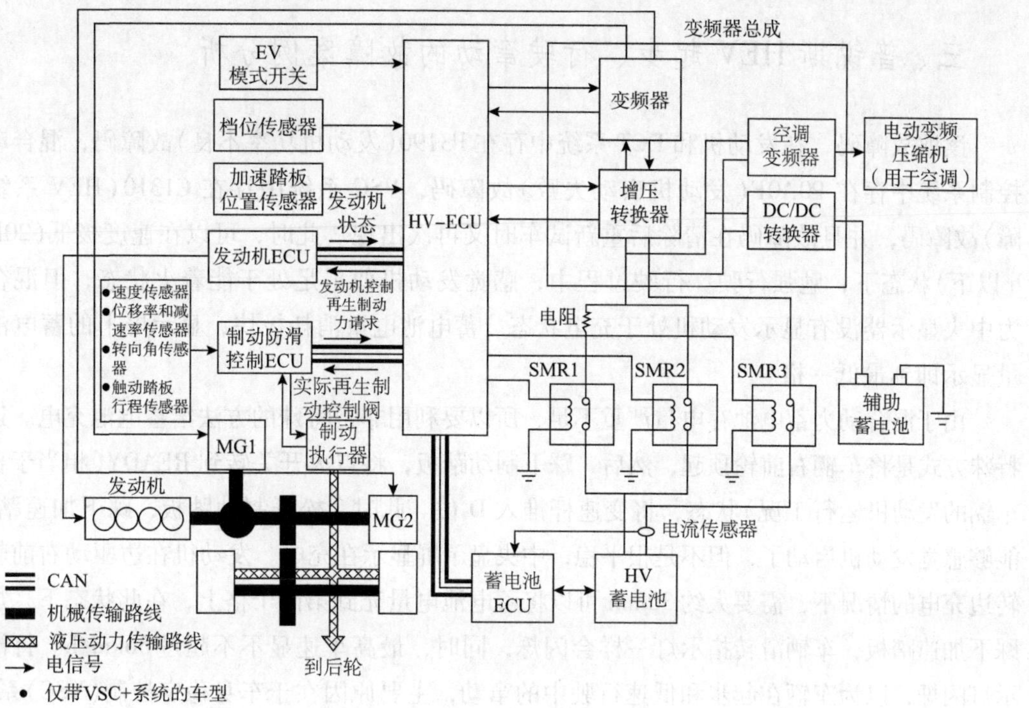

图 12-33　丰田普锐斯混合动力系统组成

传动桥的无级变速功能，同时 MG1 还可作为启动机来启动发动机。

（2）MG1 和 MG2 的结构　MG1 和 MG2 为紧凑、轻型和高效的交流永磁同步电机，所使用的转子含有 V 形布局的高磁力永久磁铁，可最大程度地产生磁阻转矩。它们所使用的定子由低铁心耗损的电磁钢板和可承受高压的绕组线束制成。通过上述措施，可在紧凑结构下实现大功率和高转矩：MG1 和 MG2 采用带水泵的冷却系统。MG1 和 MG2 的结构原理如图 12-34 所示。

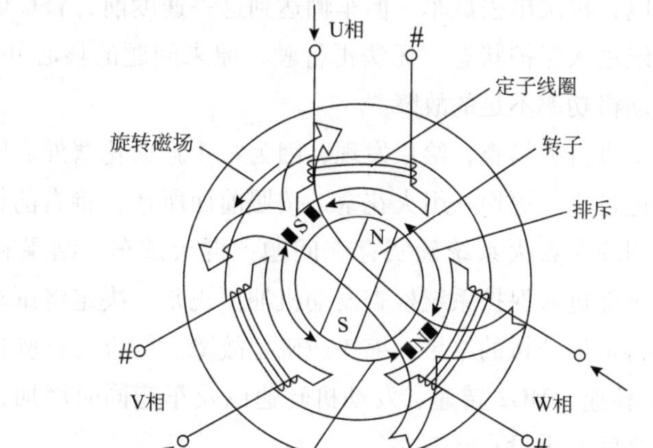

图 12-34　交流永磁同步电机工作原理

三、普锐斯 HEV 起步、行驶窜动的故障案例分析

读取故障码，在发动机和 ECT 系统中存在 P3190(发动机功率不良)故障码，混合动力控制系统中存在 P0A0F(发动机启动失败)故障码，VSC 系统中存在 C1310(HEV 系统故障)故障码，并且故障码在清除后重新试车时又再次出现。此时，可以在速度极低(20km/h 以下)状态下，勉强行驶。行驶过程中，感觉发动机似乎足处于能着火状态，但混合动力中央显示器没有显示发动机处于充电状态。蓄电池电量消耗极快，显示屏上的蓄电池电量显示即到最低一格。

由于混合动力蓄电池存电量严重不足，所以要利用非常特殊的方法给蓄电池充电。这种特殊方式是将车辆右前轮顶起，然后，踩下制动踏板，将点火开关转到 READY(相当于普通车辆的发动机运行工况)状态，将变速杆推入 D 位。此时，松开制动踏板，踩下加速踏板，能够感觉发动机启动了，但不是很平稳，中央显示屏显示在充电。发动机在边驱动右前轮旋转边充电的情况下，需要大约 30min 可以将蓄电池电量充到第四个格上，在此状态下，加深踩下加速踏板，车辆滑转指示灯一样会闪烁，同时，最高车速显不不超过 56km/h。打滑指示灯闪烁，以为车辆在起步和低速行驶中的窜动，主要原因在于车身稳定控制(VSC)系统。对 ABS/VSC 系统行驶中的数据流进行了跟踪监控，确实发现在行驶过程中，ABS 有作动。

因为车辆行驶过程中，转向角度传感器的数据始终是 11500 不变，所以，以为 VSC 系统异常动作的原因在于转向角度传感器工作不良。重新对减速度及偏摆率传感器进行初始化操作，然后继续试车，发现转向角度传感器的数值仍然是 11500 没有变化。当时怀疑是转向角度传感器损坏了，但更换零件后，数值仍旧没有变化。由于检测仪上没有转向角度传感器初始化的选项，查找相关资料得知“保持车速 35km/h 以上直线行驶 5s，转向角度中点位置自动记忆”。

将蓄电池充足电，再次出去试车，但车辆达到这一速度前，VSC OFF 指示灯就开始闪烁，然后，整个系统进入保护状态，无法再行驶，原来问题的核心并不在系统是否打滑，前提还是要解决发动机功率不足的故障。

首先对点火系统进行了检查，给果发现，因为第 4 缸火花塞外表已经严重锈蚀，显然是以前火花塞孔处进过水。更换一组火花塞，按照前面所述，将右前轮支起，此时发动机很容易启动，这说明原车点火系统确实存在问题：再次试车。结果和原来一样，起步窜动，车速稍高，系统即进入保护系统检查发动机油压正常。决定将试车过程中记录的数据先进行分析，然后再根据分析的结果，缩小或确定故障。新查看行驶过程中记录的混合动力数据。发现 MG1 转速、MG2 转速、发动机转速以及车速同时增加，也同时减少，而且最重要的是前三者之间几乎没有转速差。

根据丰田混合动力工作原理可以知道，在轻负荷下车辆加速，发动机的转速要高于 MG1 的转速，而低于 MG2 的转速。但实际测得数据完全不同，问题究竟是出在哪里？由

于 HEV 可以使用“检查模式”单独对发动机进行检查，进入“检查模式”后，HEV 可以在这一特殊模式下强制启动发动机，使发动机以 1500r/min 的转速下作不熄火。

在“检查模式”中，虽然能听到继电器的动作声音和电流噪声，但发动机根本没有转动。在“检查模式”下，得到的启动状况下的数据流。

从 MG1 转速、MG2 转速以及发动机转速数据看，在 MG 处于制动锁定时，MG1 产生了很多杂波。电源电流也有很高的增长，电流强度上升为 12A，然后降到 8A，1s 后，再降低到 6A 并保持在此水平上不变。但此时发动机转速仍旧为零，同时中央混合动力显示屏上的蓄电池电量显示也迅速下降。这说明确实有电流分别流入 MG1、MG2 线圈，却没有任何转动产生。结合前面路试得到的 MG1、MG2 线圈以及发动机转速变化完全一致几乎无转速差的情况分析，驱动桥产生故障的可能性非常大，而且可能是三者烧结在一起。通过对驱动桥分解检查，发现其内部存在大童的金属磨屑，尤其令人惊讶的是放油时，没有放出一滴油：其内部行星齿轮机构已卡死，更换驱动桥，重新加注变速器油，试车，车辆行驶正常，无窜动现象，发动机也能够顺利着车，进人“检查模式”显示数据流正常，发动机运转正常。至此，该故障完全排除。

由于 PRIUS 的动力传输是利用两个动力源，即发动机及 MG2，分别利用串、并联的方式进行工作的，在处理相关故障时容易混淆，所以，在对这种车型进行故障分析时，首先要搞清楚其相关部件之间的联系，然后再在数据流分析上下功夫，才能顺利地解决这种比较复杂的故障。

案例四：纯电动汽车启动困难的故障排除

一、EV 总体组成与基本工作原理

(1)EV 总体组 EV 主要由动力电池组、驱动电机、控制系统及安全保护系统等组成(图 12-35)。电池组是电动汽车的能源，驱动电机用于将电池组的电能转化为机械能，驱动车辆行驶。控制系统实施对电池组进行管理和对电机进行控制。安全保护系统在电动汽车发生紧急情况时，对人及机器进行保护。

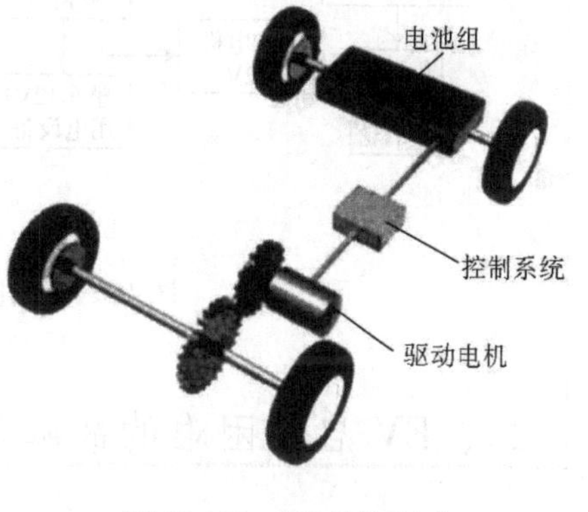

图 12-35　EV 结构组成

(2)EV 基本工作原理(图 12-36)EV 保留了传统汽车的加速踏板、制动踏板和各种操纵手柄等，但它不需要离合器。在电动汽车工作时，传感器将加速踏板、制动踏板机械位移的行程量转换为电信号，输入中央控制系统，经中央

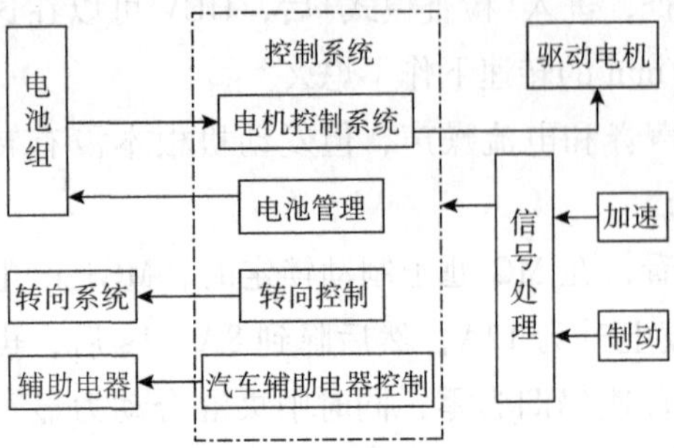

图 12-36　纯电动汽车结构组成

控制器处理后发出驱动信号，达到对电动汽车工况的控制。

当汽车行驶前进时，电池组输出的直流电经电机控制系统变为交流电后供入驱动电机，电机输出的转矩经传动系统驱动车轮。

当汽车减速时，车轮带动驱动电机转动，通过电机控制系统使感应电动机成为交流发电机产生电流，再将交流电变为直流电向电池组充电（制动再生能量）。同时，EV 控制系统通过各种传感器、电流检测器对动力电池组、驱动电机进行监控并及时反馈信息和报警，并通过电流表、电压表、电功率表、转速表和温度表等仪表进行显示。

(3) 比亚迪 e6 纯电动汽车工作原理（图 12-37）具体的 EV 结构与工作原理会比较复杂。电源接通，汽车前进时，主控 ECU 接收挡位控制器、加速踏板和角度传感器等各方面信息，传递给电机控制器，以控制流向前驱电机的电流，此时电池组电流通过应急开关、配电箱/继电器之后，一路经过电机控制器向前驱动电机供给需要的电流，从而使驱动电机运转，通过变速器/差速器和传动轴，带动左右前轮转动，使汽车行进；另一路经过 DC－DC 转换器，将电池组 330V 高压直流电转换为低压 42V，提供给电动转向系统 EPS 使用。同时电池组接受电池管理器管理，将电池组的瞬时电压、电流、温度、存电情况等信息传递给电源管理器，以防止电池组过放电或温度过高损坏电池组。如果发生漏电情况，漏电保护器起作用。一旦发生紧急短路等情况，保护装置熔丝即熔断保护。

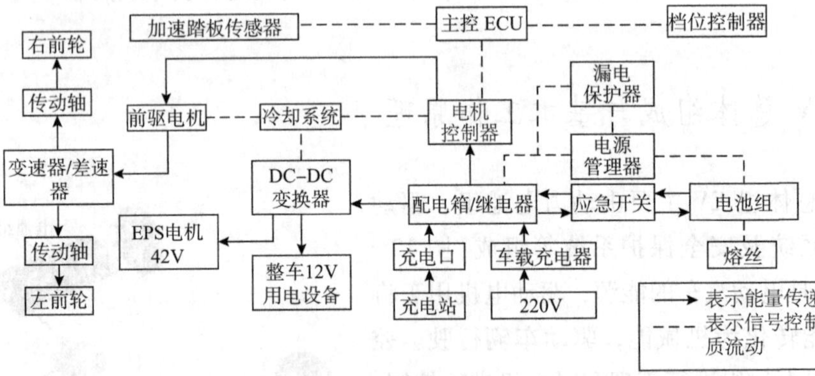

图 12-37　比亚迪 e6 纯电动汽车工作原理

二、EV 启动困难的故障案例

纯电动汽车，钥匙开关旋至启动位置，汽车无法启动。经检查熔丝、线路、电机都正常，请判断故障位置并检测。

三、EV 启动困难的故障案例分析

根据 EV 启动困难的故障案例，结合上述知识，生在电动汽车的电池及其管理控制装置。

电动汽车一般都安装有两套电池，一套动力电池用于驱动汽车行驶，部分低压直流供电。电池种类有铅酸电池、镍氢电池、锂离子电池等。电池常见故障见表 12-4。

表 12-4　电池装置常见故障

电池类别	故障名称	故障征象	故障原因	故障处理
铅酸电池	外壳或封胶裂纹、渗液	裂纹；渗液	剧烈振动；老化；质量问题	更换
	极柱氧化、腐蚀	极柱表面出现白色氧化物或出现烧蚀	接线不牢固	用砂纸砂去氧化物，紧固连接线
	极柱松动	松动	使用不当；老化；质量问题	更换
	极板硫化	放电时，电压急剧降低；充电电压上升过快，电解液温度迅速升高，过早产生气泡	长期过量放电或充电不足；电解液液面过低；电解液密度过高、成分不纯	轻度硫化可用小电流充电和换加蒸馏水来解决，硫化严重者更换蓄电池
	极板拱曲、活性物质脱落	正极板表面有褐色物质；电解液浑浊	充电电流过大；经常低温大电流放电；汽车行驶颠簸振动	更换
	自放电	充足电的蓄电池放置不久就没有电	电解液不纯；电解液堆积在电池盖上	更换电解液；清洁电池盖
	极板短路	端电压为零	隔板损坏；活性物质沉积过多；极板拱曲	更换
镍氢电池、锂电池	单体电池极板短路	出现故障显示；检测出现故障码；单体电池端电压为零；总电压偏低	隔板或隔膜损坏；极板变形	更换单体电池
	各单体电池失衡	检测出现故障码；检测各单体电池的电压、内阻差大于标准值	单体电池损伤、老化、质量问题	更换失衡的单体电池
	电池管理系统失效	出现故障显示；检测出现故障码	电池管理系统内部电路或电器元件失效	维修或更换电池管理系统
	ECU 失效	检测出现故障码	ECU 内部电路或电器元件失效	维修或更换 ECU

续表

电池类别	故障名称	故障征象	故障原因	故障处理
镍氢电池、锂电池	电池冷却鼓风机损坏	检测出现故障码；电池冷却鼓风机不转或转速过低	鼓风机损坏	维修或更换鼓风机
	充电电压偏高	检测出现故障码；电池电压超过规定值	电极材料老化、变质	维修或更换单体电池
	温度等传感器失效	检测出现故障码；检测传感器失效	传感器损坏、老化、变质	更换传感器
	电池组漏电	检测电池组绝缘电阻过低	绝缘不良、老化	维修或更换单体电池
	外壳或封胶裂纹、渗液	裂纹；渗液	剧烈振动；老化；质量问题	更换
	极柱氧化、腐蚀	极柱表面出现白色氧化物或出现烧蚀	接线不牢固	用砂纸砂去氧化物，紧固连接线
	极柱松动	松动	使用不当；老化；质量问题	更换

四、EV 启动困难的检测与故障排除

根据上述知识，EV 启动困难的故障主要在电池组及其管理、控制装置。

EV 主要故障一般在驾驶室仪表板显示器上显示，可以直接读取。如比亚迪 e6 汽车，当启动按钮处于 ON 时，仪表板显示图 12-38(a)指示灯点亮进行动力电池自检，如果正常，几秒钟后就熄灭为正常，如果不亮或亮后不熄灭，说明动力电池有故障，应停机检查。在正常驾驶中，该灯应该熄灭，如果点亮，说明动力电池有故障。

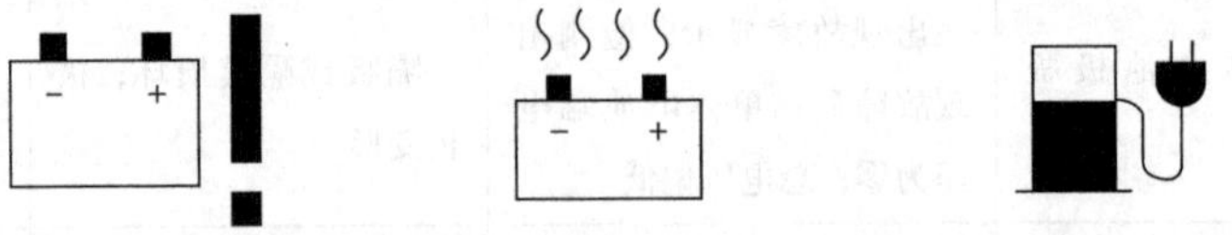
(a) 动力电池故障警告灯　(b) 动力电池过热警告灯　(c) 动力电池充电状态指示灯

图 12-38　比亚迪 e6 指示灯

如果仪表盘显示图 12-38(b)指示灯点亮，表示动力电池温度过高，应停车降温，以免发生电池意外情况发生。在炎热的夏天长途爬坡，或频繁加减速、拖挂、超速超载等可能会出现动力电池过热，应该注意避免。

如果仪表盘显示图 12-38(c)指示灯点亮，提示动力电池电量接近用完，应充电。

由于动力电池组电压高(比亚迪 e6 汽车 307V)，检测维修需要戴绝缘手套，使用专用

的检测仪器读取故障码和数据流，对照维修手册进行查找故障，没有条件应送专门维修站维修。

对于传统的铅酸电池，可以通过一般仪器进行检查，主要检查内容如下：

1. 外部检查

目视检查蓄电池表面是否有外壳或封胶裂纹，有否渗液，极柱有否松动、氧化、腐蚀。极柱连接线松动、表面氧化是最常见的故障，会造成发动机无法启动。可用砂纸磨去极柱表面氧化物，然后紧固连接线。

2. 蓄电池电解液液面高度的检查

电解液液面高度检查可用玻璃管测量(图 12-39)。电解液液面应比极板上表面高出 10～15mm。

当电解液液面过低时，应加注蒸馏水，以恢复正常的液面高度。除非确知电解液溅出，否则不许添加硫酸溶液。

3. 蓄电池电解液密度的检查

蓄电池要经常检查电解液的密度，一般汽车蓄电池每行驶 6000～7500km，应检查电解液的密度。检查电解液密度用吸式密度计检测(图 12-40)。

由于充放电过程中，电解液密度随之变化，因此通过测量电解液密度可判断蓄电池允放电程度。12V 蓄电池充电程度与电解液相对密度见表 12-5。

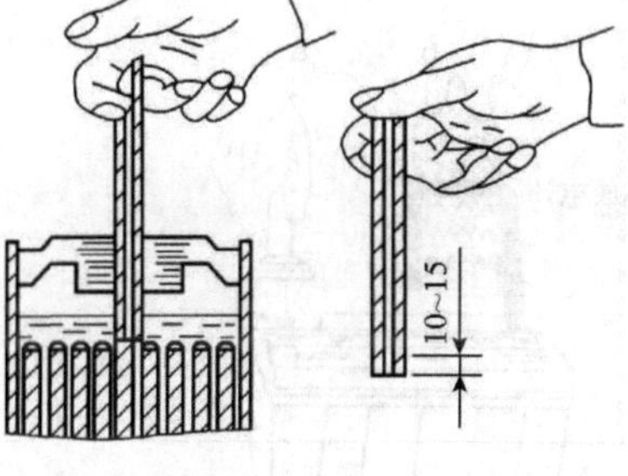

图 12-39 玻璃管观察电解液液面高度

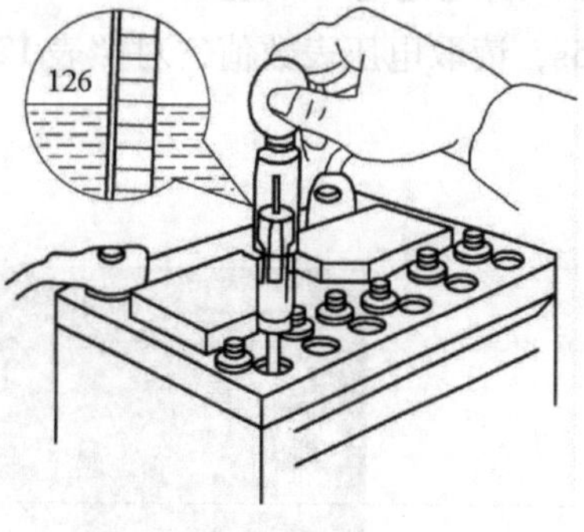

图 12-40 检测电解液密度

表 12-5 蓄电池的充电程度与电解液密度

充电状态/%	100	75	50	25	0
电解液密度/(g/cm³)	1.27	1.23	1.19	1.15	1.11

不同温度电解液的密度有一定的误差，需要对测得的电解液密度值进行修正。电解液密度以 15℃时为基准．故测量时，若电解液温度高于或低于 15℃时，每高 1℃，应从实际测得的密度数值上加上 0.0007；反之低于 15℃时，每低 1℃，应减去 0.0007。

4. 蓄电池放电程度的检侧

蓄电池的放电程度用高率放电计检测。高率放电计有 3V 和 12V 两种，前者只能测量单格电池电压，后者可测量3格12V电池电压。

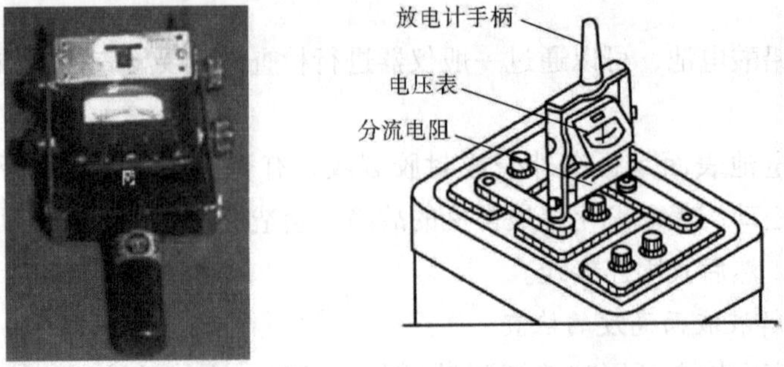

（a）3V高效放电计　　（b）测量放电程度

图12-41　铅酸蓄电池放电程度检测1

单格电池电压检测如图12-41所示，将高率放电计两个触脚紧压蓄电池单格两极不超过5s，读取电压表数值，对照表12-6，可判断篇电池存电情况。

表12-6　高率放电计测量电压与存电量关系

电压/V	1.7~1.8	1.6~1.7	1.5~1.6	1.4~1.5	1.3~1.4
存电量/%	100	75	50	25	0

12V蓄电池电压测量如图12-42所示，将高率放电计两个触脚紧压蓄电池单格两极不超过5s，读取电压表数值，对照表12-6，可判断蓄电池存电情况：

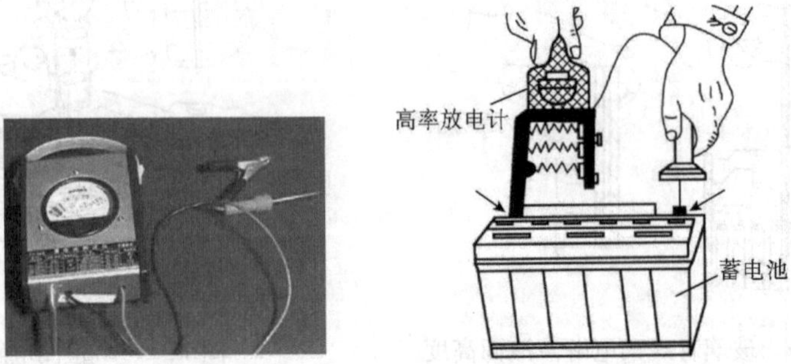

（a）12V高率放电计　　（b）测量放电程度

图12-42　铅酸蓄电池放电程度检测2

将“电流调节旋钮”逆时针旋转至切断放电电路，将电流检测电缆上正（红）、负（黑）夹子夹到蓄电池正、负极柱上，再将电压检测线上正（红）、负（黑）夹子夹到蓄电池正、负极柱上，顺时针转动电流调节旋钮至规定放电电流，放电15s，观察电压表指针位置，判断蓄电池技术状况和故障，参照表12-7。逆时针转动电流调节旋钮停止放电。

表 12-7　测量电压判断蓄电池存电和故障

测量电压/V	指针位置	蓄电池存电/%	蓄电池故障
>12.5	白色区域或绿色区域	100	正常
11.5~12.5	由绿色区域下降至黄色区域	60~70	容量不足
12.0 左右	由绿色区域很快下降到黄色、红色区域	<50	电极钝化
11.5 左右	黄色区域或红色区域	30~50	负极板硫化
10.0 左右	黄色区域，蓄电池内冒气泡	容量极低	单格蓄电池内部短路
0	无指示	0	内部短路

五、EV 电池的日常维护

1. 钾电池、镍氢动力电池日常维护

(1)密切注视汽车驾驶室仪表板显示器上动力电池指示灯的显示，出现不正常，即刻停车检查。

(2)电动汽车动力电池一般安置于汽车底部，注意车辆不要行驶在较大起伏不平的道路，也不要行驶在过深的水中。

(3)电动汽车动力电池使用温度一般在 -20~60℃，请避免在极端气候和环境条件下工作。

(4)当动力电池充电状态指示灯点亮时，应尽快进行补充充电，注意充电时环境温度要求在 0~55℃。

(5)安全行车，注意避免剧烈碰撞，以免引起电池爆炸。

(6)在使用过程中，如果电动车的续行里程在短时间内突然下降很多，很可能是电池组中某单体电池出现断格、短路等故障，应及时到专业电池修复机构进行检查、修复。

(7)进行蓄电池充电或保养检测时，必须先取下负极上的接地电缆并在最后将其安装：在电缆未断开时给蓄电池充电，可能会产生重损坏车辆的电子控制单元、电气设备：使用工具时避免同时接触电池的正、负端子，以免造成短路。

(8)车辆长期不用，应该充足电保存，以后每月补充充电一次。

2. 铅酸蓄电池日常维护

(1)经常检查蓄电池连接线是否牢固、接触良好。电池卡子产生的氧化物、硫酸盐必须刮净，并涂以凡士林，以防再受锈蚀。

(2)经常清除蓄电池盖上的灰尘污物及溢出的电解液，必要时用苏打水溶液清洗(图 12-43)，保持清洁干燥，防止自放电。

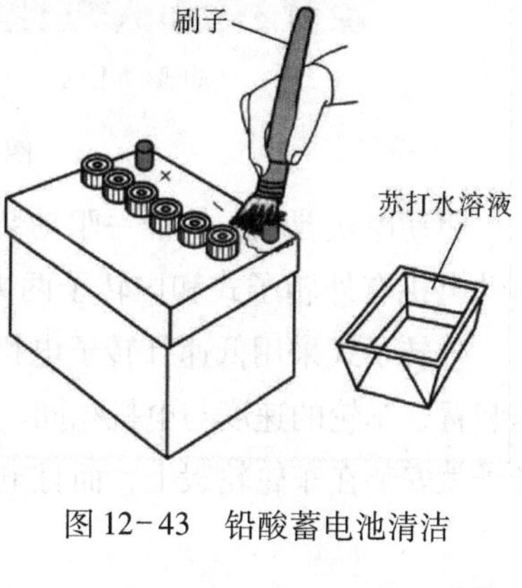

图 12-43　铅酸蓄电池清洁

(3)防止蓄电池长时间大电流放电。

(4)当蓄电池存电不足时，应及时进行补充充电，亏电会使极板硫化损坏。

(5)防止蓄电池过充电，过充会使活性物质脱落，要保证调节器电压不能过高或过低。

(6)使用过程中，应经常检查蓄电池排气孔是否畅通，以防电池变形或爆裂。

(7)电解液液面应始终保持在要求位置，并视液面下降情况，适当补充蒸馏水(纯水)，切勿加酸，除非确认是硫酸不足。

(8)汽车在寒冷地区行驶，要避免蓄电池完全放电，以免电解液冻结。

(9)车辆长期不用，应该充足电保存，以后每月补充充电一次。

案例五：纯电动汽车行驶无力、电机发热的故障排除

一、EV 行驶无力、电机发热的故障案例

EV 汽车出现行驶无力现象，经检查直流电机外壳发热烫手，其他方面正常，电池组电量充足，请判断故障位置并检测。

二、EV 电机系统的总体结构原理

EV 电机系统主要由驱动电机及其管理、控制装置组成，图 12-44 为比亚迪 e6 驱动电机及其控制器。

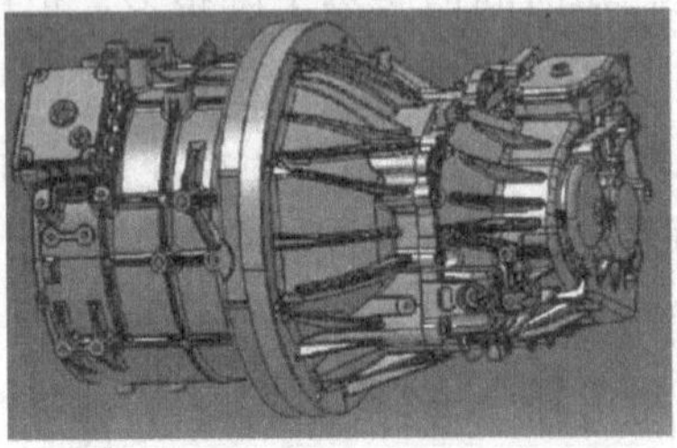

(a) 驱动电机

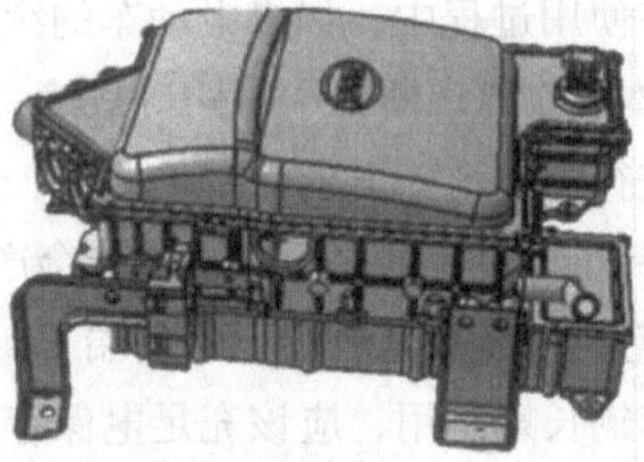

(b) 控制器

图 12-44　驱动电机及其控制器

驱动电机是 EV 的唯一驱动装置，是 EV 的心脏，其重要性相当于传统汽车的发动机。驱动电机有外转子式和内转子两大类。

外转子式采用低速外转子电机(图 12-45)，电机的最高转速达 1000～1500r/min，无减速装置，车轮的速度与电机相同。采用低速外转子速度电机，则可以完全去掉变速装置，外转子就安装在车轮轮毂上，而且电机转速和车轮转速相等，因而就不需要减速装置。

内转子式(图 12-46)则采用高速内转子电机，配备固定传动比的行星减速器，也称轮边减速器，为获得较高的功率密度，电机的转速可高达 10000r/min。所选用的行星齿轮变速机构的速度比为 10∶1，而车轮的转速范围则降为 0～1000r/min。随着更为紧凑的行星齿轮减速器的出现，内转子式轮毂电机在功率密度方面比低速外转子式更具竞争力。如图 12-46 所示为通用开发的为 150t 的重型货车的高速内转子轮毂电机。

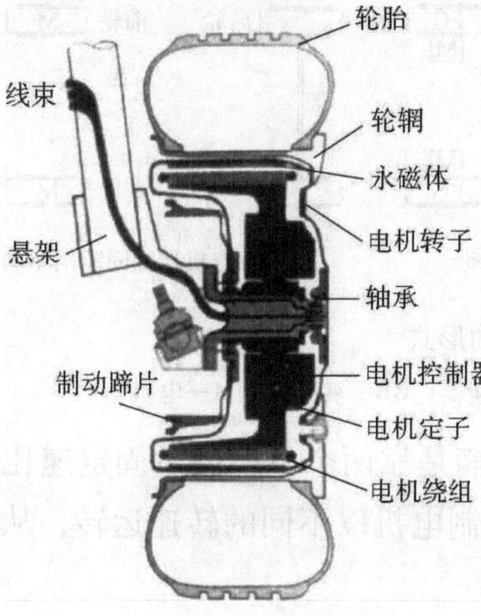

图 12-45　外转子轮毂电机

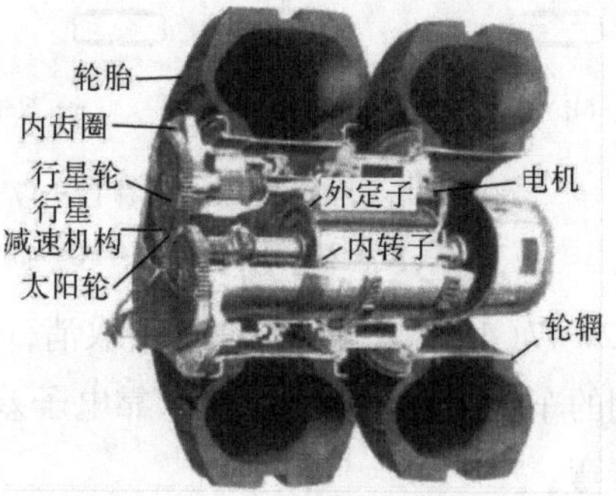

图 12-46　内转子轮毂电机

对于电动汽车，如果采用双电机或四个电机驱动，由于每个电机的转速可以有效地独立调节控制，实现电子差速，在这种情况下，电动汽车可以不用机械差速器和减速器。电子差速器比机械差速器体积小，质量轻，在汽车转弯时可以实现精确的电子控制，提高电动汽车的性能。

由于 EV 电驱动特性的多样性，纯电动汽车有多种动力系统架构，图 12-46 为常见的几种 EV 结构形式。

图 12-47(a)电机、固定速比的变速器和差速器一起构成了纯电动汽车动力系统。该动力系统结构利用电机低速阶段恒转矩和大范围转速变化中所具有的恒功率特性，采用固定速比的减速器替换多速比的减速器，可以取消离合器，减小机械传动装置的体积和质量，简化驱动系统控制；但该系统结构的缺点是无法对变工况下电机工作效率进行优化，同时为满足车辆加速/爬坡和高速工况要求，通常需要选择较大功率的电机。

图 12-47(b)中，电机替代了传统发动机汽车中的发动机，并与离合器、变速器及差速器一起，构成了类似传统汽车动力驱动系统。电机替代发动机输出驱动动力，通过离合器可以实现电机驱动力与驱动轮的断开或连接，变速器还提供不同的传动比，以变更转速-功率(转矩)曲线匹配载荷的需要，差速器是实现转弯时车辆两侧车轮以不同转速驱动。

图 12-47(c)中，电机、固定速比的减速器和差速器进一步集成甚至可组合成单个部件，与车轮相连的半轴直接与该组合相连，驱动系统进一步简化和小型化，在目前的 EV 中是最为常见的一种驱动形式。

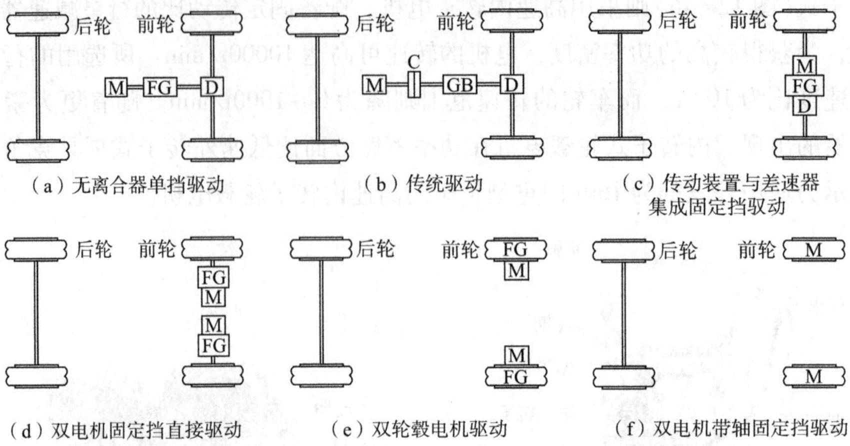

图 12-47　EV 结构形式

C—离合器；D—差速器；FG—固定速比减速器；GB—变速器；M—电机

图 12-47(d)中，机械差速器被取消，驱动车辆是靠两个电机通过固定速比减速器驱动各自侧的车轮，在车辆转弯时，靠电子差速器控制电机以不同的转速运转，从而实现车辆正常转弯。

图 12-47(e)中，驱动电机和固定速比的行星齿轮减速器被安装在车轮中，可以进一步简化驱动系统。行星齿轮减速的主要作用是降低电机转速并增大电机的转矩。

图 12-47(f)中，完全舍弃了电机和驱动轮之间的机械连接装置，用电机直接驱动车轮，电机的转速控制等价于轮速控制。这样的驱动系统结构对电机提出了特殊要求，如车辆在加速或减速时要具有高转矩特性，这样的电机一般选用低速外转子式电机。

还有一种特殊的 EV 动力驱动结构—双电机四轮驱动系统，如图 12-48 所示。前轮和后轮都是由电机通过差速器来驱动，在不同工况下可以使用不同的电机驱动车辆，或是按照一定的转矩分配比例联合使用两个电机共同驱动车辆，从而使得驱动系统效率最大。

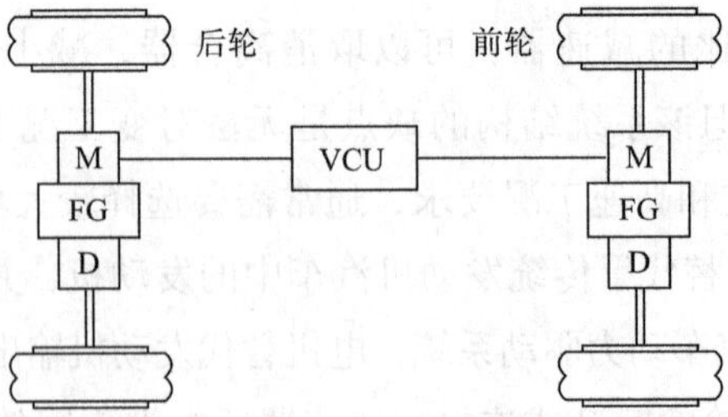

图 12-48　双电机四轮驱动系统

D—差速器；FG—固定速比减速器；M—电机；VCU—整车控制单元

EV 所采用的驱动电机种类繁多，如图 12-49 所示，目前主要有直流电机、感应式交流电机、永磁电机、开关磁阻电机等。

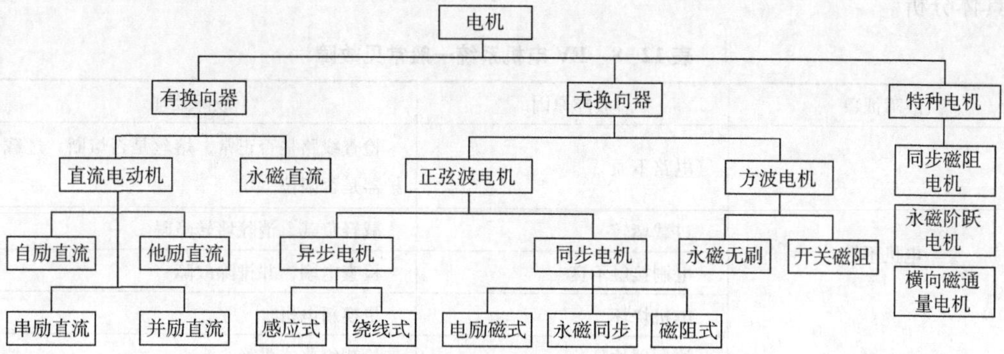

图 12-49　驱动电机种类

三、EV 行驶无力、电机发热的故障案例分析

根据纯电动汽车行驶无力、电机发热的故障案例，结合上述知识和电路(图 12-50)，可以分析到故障发生在 EV 的直流电机上。可能原因有：电机电枢绕组有局部短路或接地、励磁线圈局部短路或接地，引起电磁转矩减弱，使汽车行驶缓慢。也可能是换向器部分烧蚀，电刷磨损严重或弹簧弹力不足、控制器失效、电枢轴变形卡滞等引起。

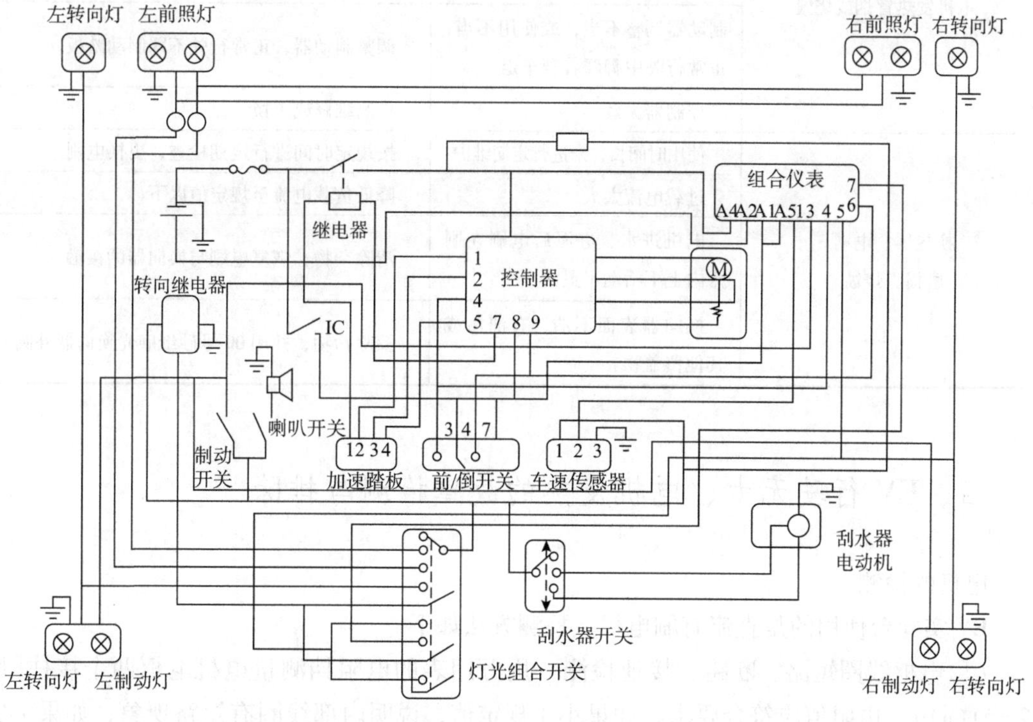

图 12-50　MZ－ZC－CDD 纯电动汽车实验台电路图

EV 电机系统一般常见故障见表 12-8，由于电机与控制器的多样性，具体故障问题应

该具体分析。

表 12-8　EV 电机系统一般常见故障

故障征象	故障原因	故障处理
电机不转	电路不通	检查线路是否正常，熔丝是否熔断，过载保护器是否限位
	过载堵转	减轻负载，消除堵转障碍
	电刷接触不良	检查电刷，并排除故障
	电机烧坏	更换新电机
	控制器故障	检测维修或更换
传动噪声大	电机噪声大，轴承已损坏	拆下电机单独检测判断
	控制器未调好	调试控制器
花键轴或花键套过早磨损	电机轴或套老化	更换
	电机安装不当，造成电机轴弯曲变形	检测维修或更换
	长期过载运行	按正常运行
电机发热冒烟或烧毁	严重超载	减负至规定值
	冷却液不足	按规定添加
	爬坡度或坡道长超过规定值	按规定值运行
	制动器调整不当，或使用不当，正常行驶中脚踩着刹车走	调整制动器，正常行驶不踩制动踏板
	控制器失效	检测维修或更换
换热器、电刷磨损、烧蚀	使用时间长，未进行定期维护	按规定时间进行定期检查，更换电刷
	过载电流太大	降低负载电流至规定值以下
	电机进水、进泥后电刷在刷盒内上下活动不灵活	清除杂物，恢复电刷与换向器的接触
	换向器表面不洁，有油污或其他覆盖物	擦除污物，并用 00 号砂纸磨光换向器外圆

四、EV 行驶无力、电机发热的故障检测与排除

电机的检测

EV 实验台使用的是直流有刷电机，检测方法如下。

(1)电枢线圈短路、断路、接地检测　用万用表的电阻挡测量电机电枢两个接柱[图 12-51(a)]，电阻值应符合要求，如果小于规定值，说明内部线圈有短路现象，如果无穷大，说明线圈断路；再检测电枢任一个接柱与壳体的电阻值应该无穷大[图 12-51(b)]，否则说明电枢接地。上述检查也可以在实验台面板相应端子进行检查。

(2)励磁线圈短路、断路、接地检测　用万用表的电阻挡测量电机励磁线圈两个接柱[图12-52(a)]，电阻值应符合要求，如果小于规定值，说明内部线圈有短路现象，如果无穷大，说明线圈断路；再检测励磁线圈任一个接柱与壳体的电阻值应该无穷大[图12-52(b)]，否则说明励磁线圈接地。上述检查也可以在实验台面板相应端子进行检查。

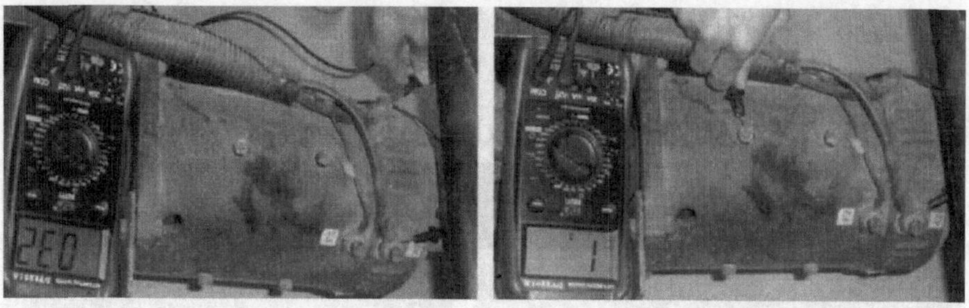

（a）短路、断路检测　　（b）接地检测

图12-51　电枢线圈检测

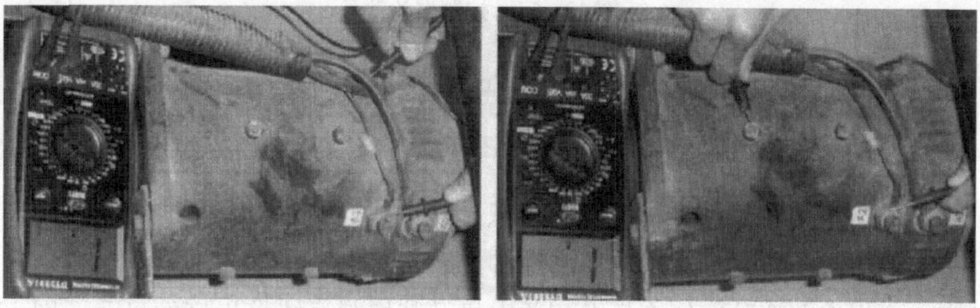

（a）短路、断路检测　　（b）接地检测

图12-52　励磁线圈检测

(3)换向器检测(图12-53)换向器检测需拆解电动机，先观察换向器表面应无凹坑、烧轻微烧伤磨损可以用细砂纸砂去，严重应该更换。再测量凹槽深度符合要求，深度不够，可用锯条刮低。最后检查电刷磨损情况及其加紧弹簧弹力，酌情修复或更换。

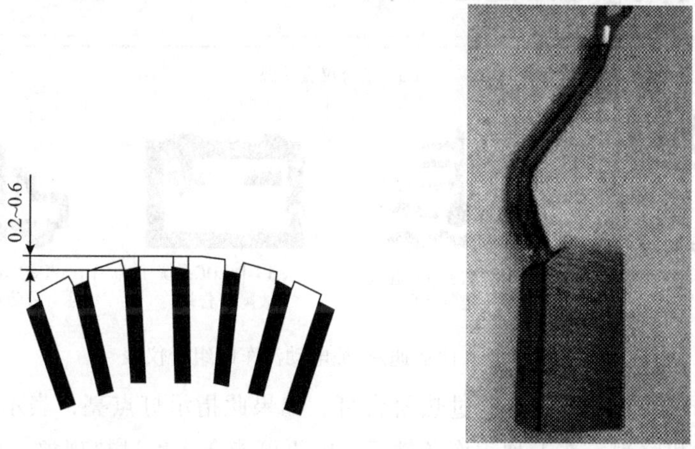

(a) 槽深检查　　(b) 电刷检查

图12-53　换向器及电刷检测

(4)控制器检测

为了方便，可以在实验台面板上进行检测。用万用表的电阻挡测最控制器插头 1、2 端子[图 12-54(a)]，电限值应符合要求，如果小于规定值，说明内部电路故障，如果电阻无穷大，说明内部断路，上述检查也可以在实验台面板相应端子进行检查[图 12-54(b)]。

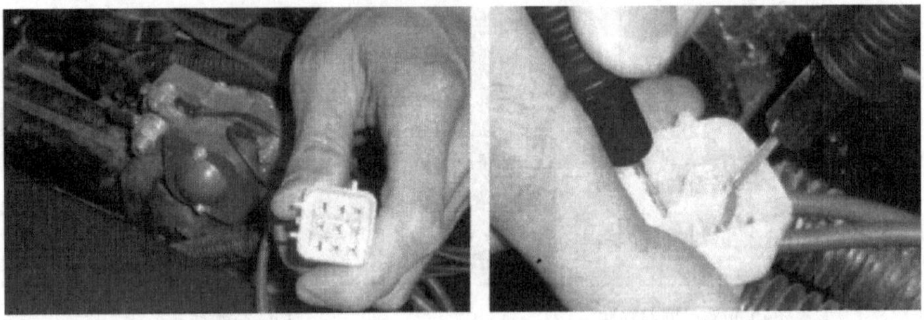

（a）控制器检测　　（b）在面板端子测量

图 12-54　控制器检测

五、EV 电机系统的使用维护

由于 EV 电机与控制器的多样性. 这里只是作一般性概述

(1)按照使用说明书要求进行使用和维护。

(2)密切注视汽车驾驶室仪表板上相关电机及其控制系统警告灯的显示，图 12-55 是比亚迪 e6 纯电动汽车的组合仪表，出现不正常，即刻停车检查。

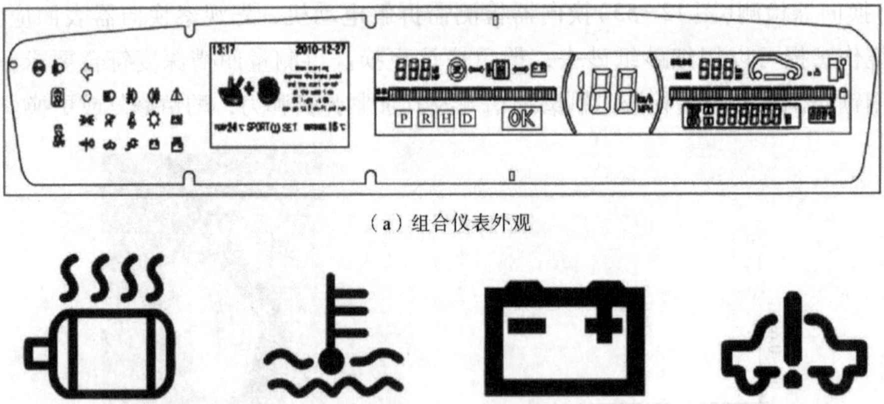

（a）组合仪表外观

（b）电机及控制器过热警告灯　（c）电机冷却液温度过高警告灯　（d）DC/DC系统故障警告灯　（e）动力系统故障指示灯

图 12-55　比亚迪 e6 纯电动汽车的组合仪表

图 12-55(b)为电机及控制器过热警告灯。如果此指示灯点亮，表示电机温度太高，必须停车并使电机降温。在下列工作条件下，电机可能会产生过热现象，例如：在炎热的天气进行长途爬坡；频繁急制动、急加速的状态；拖曳挂车时。

图 12-55(c)为电机冷却液温度过高警告灯。如果此指示灯点亮，表示电机冷却液温度太高。必须停车并使电机降温。在下列工作条件下，电机可能会产生过热现象，例如：在炎热的天气进行长途爬坡；频繁急制动、急加速的状态；拖曳挂车时。

图 12-55(d)为 DC/DC 系统故障警告灯，此灯用于显示 DC/DC 模块的工作状态，如果在行驶中此灯点亮，表示 DC 系统存在问题，应立即关闭空调、风扇、收音机等，到维修站维修。

图 12-55(e)为动力系统故障指示灯。当启动按钮处于 ON 时，此灯点亮。如果动力系统工作正常，则几秒钟后此灯熄灭。如果此灯不亮或持续发亮，或行驶中此灯点亮，则表示由警告灯系统监控的电机、控制器等部件中发生故障，须尽快检查维修。

注意：不要在警告灯点亮的状态下驾驶车辆，即使是一小段距离。否则将毁坏电机！

(3)注意车辆上的安全注意标识。为了避免人身伤害，不要接触电机及控制器的高电压电缆(橙色)及其接头(图 12-56)。刚驾驶完的车辆的温度很高。因此须小心，切勿触摸。发动机室电动机、DC-DC、电机控制器、散热器等管路里的油液温度也同样很高。

图 12-56　比亚迪 e6 汽车发动机室

(4)发现电机运行突然出现异常振动、噪声、过热、异味、无力等现象，应及时检查排除。

(5)禁止 EV 超载超速，以免电机长期过载损坏。

(6)长期不用的纯电动汽车，应保存在通风、干燥、清洁的地方，以免电机受潮损坏。

案例六：奇瑞 MIEV 故障诊断

一、MIEV 系统组成原理

MIEV 纯电动车采用纯电力驱动系统，实现零油耗、零排放。

整车配备 29/40kW 永磁同步电机、336V 高压锂电池，采用自主研发的整车控制系统、高压电池管理系统及 DSP 控制技术，采用固定速比减速器，通过整车控制器与电机控制器及电池管理系统的协同控制，可实现整车较强的动力性和舒适性。

整车同时配备了 ABS，更好地保证了整车制动安全。整车系统各网络节点间通过 CAN 总线通信，数据通信实时性强。

二、MlEV 故障诊断

1. 高压安全注意事项

(1)如果发现整车异常，在未得到专业维修人员的许可下，不允许使用车辆，不允许擅自修理。

(2)禁止随便触摸或者拆卸高压部件：高压电池、电机控制器、高压线束(高压电缆的颜色为橙黄色，粗细明显区别于传统的低压线束)。

(3)维修人员对车辆进行维修时．必须按照维护说明操作，不正当的操作会对车辆及人身安全造成非常危险的后果。

(4)当电池着火时，不能用水和磷酸铵盐灭火器灭火，着火时应用干沙、氮气和氩气灭火器。

2. 故障指示

动力电池过热：动力电池温度过高时，LED 常亮。

动力电池切断：动力电池处于切断状态时，LED 常亮。

动力电池故障：当动力电池发生故障时，LED 常亮。

低电量指示：当动力电池的 SOC 低时 LED 常亮，提示驾驶人需充电。

系统故障：当系统出现故障，不能正常工作时，LED 常亮或闪烁。

车辆准备就绪指示：只有该灯亮时，车辆才可以正常行驶，且驾驶过程中常亮。

电机及控制器过热报警：当驱动电机或电机控制器过热时，LED 常亮。

外接充电指示灯：当车辆外接充电手柄连接或者正在充电时，LED 常亮。

注意：当钥匙打到 ON 位置的时候，相关警告灯会进行自检，自检完成以后，如果系统正常，故障灯为熄灭状态。

3. 故障诊断与排除

故障一

故障现象：钥匙打到 ON 位置后，仪表所有灯不亮，或闪烁、比较暗。

诊断：

仪表灯不亮：12V 蓄电他的端子被拔掉或者蓄电池严重亏电。

仪表灯闪烁或者比较暗：蓄电池亏电。

排除：

(1)检查前舱 12V 蓄电池的端子是否被拔掉。若被拔掉，连接后再试。

(2)在蓄电池连接时仪表灯不亮，说明 12V 蓄电池严重亏电，需更换电他。

(3)仪表灯闪烁或变暗，说明 12V 蓄电池亏电，需要及时对 12V 蓄电池充电或者更换。

故障二

故障现象：钥匙打到 ON 位置后，仪表所有灯不亮，或闪烁、比较暗。

诊断：

仪表灯不亮：12V 蓄电池的端子被拔掉或者蓄电池严重亏电。

仪表灯闪烁或者比较暗：蓄电池亏电。

排除：

(1)不更换解电池的方法：在高压电池电量良好并且充电线断开的情况下，可以通过搭铁线将蓄电池与有电的 12V 蓄电池连接，钥匙拧至 ON 位置使高压继电器吸合，DC－DC 开始工作以后即可断开搭铁线连接。在操作过程中应注意安全，正负极不要反接或短接。

(2)判断 DC－DC 工作的方法：①仪表 LED 指示电池电流为负值；②通过电压表测试蓄电池两端的电压大于 13V。

故障三

故障现象：蓄电池故障灯常亮。

诊断：

由于存放时间过长或者使用不当导致 12V 蓄电池电压较低。

高低压转换器 DC－DC 故障，不能给小电池充电。

排除：

(1)首先尝试通过钥匙重复上电、断电操作能否熄灭故障灯，如不能参照下述方法。

(2)更换蓄电池或者给蓄电池补充电。

(3)如 DC－DC 是不能给小电池充电的原因，需要维修人员对故障进行排查。

可能原因包括下述一个或多个：线束问题 DC－DC 熔丝烧断 . DC－DC 本体损坏。上述问题需要维修人员根据整车维修手册进行维修。

故障四

故障现象：高压电池故障灯常亮，整车不能“Ready”。

诊断：

高压电池系统(BMS 或电池本体)故障。

高压环路绝缘故障。

排除：

(1)首先尝试透过钥匙重复上电、断电操作能否熄灭故障灯，如不能清除故障灯，执行下述方法。

(2)维修人员通过诊断仪读取故障码，根据具体故障参照整车维修手册进行维修。

注意：检测高压部件应通过专业人员进行，禁止用户私自操作。必须注意高压安全事项，按照手册中要求进行维修。

(3)如果是高压环路绝缘故障，注意不要触碰高压部分部件，高压线束有特别颜色标注。

故障五

故障现象：系统故障灯常亮或者闪烁，整车不能“Ready”。

诊断：

电机系统（MCU或电机本体）故障。

整车控制器及相关部件严重故障。

排除：

(1)首先尝试通过钥匙重复上电、断电操作能否熄灭故障灯，如不能清除故障灯，执行下述方法。

(2)维修人员通过诊断仪读取故障码，根据具体故障参照整车维修手册进行维修。

故障六

系统故障灯和高压电池故障灯不亮，电池断开指示灯亮。

诊断：

高压熔丝烧断。

继电器控制线束有问题。

继电器本身损坏。

排除：

此问题涉及高压检查和维修，非专业人员，禁止操作。

专业人员在检查时，应严格遵守操作要求，注意安全。

故障七

系统故障灯或者高压电池故障灯亮，电池断开指示灯亮。

诊断：

电机系统故障。

整车控制器及相关部件严重故障。

高压系统故障。

排除：

(1)首先尝试通过钥匙重复上电、断电操作能否熄灭故障灯，如不能清除故障灯，执行下述方法。

(2)维修人员通过诊断仪读取故障，根据具体故障参照维修手册进行维修。

(3)当解决系统故障或者高压电池故障以后，电池仍然不能联系，按照上一问题中所描述的现象进行检查和维修。